科研综合训练与学术论文撰写

王国伟　王翠娥　主编

Comprehensive Research Training and Academic Paper Writing

化学工业出版社

·北　京·

内容简介

《科研综合训练与学术论文撰写》共九章内容，包括：科学与科学研究，科学研究方法与科研思维，科学研究程序，大学生科研—理论与实践，信息检索，本科毕业论文（设计）及撰写，学术论文撰写，学术论文的投稿及发表和发明专利撰写与申请。本书从理论和实践两方面指导本科生开展科研活动，使学生掌握科学研究的基本理论，把握科研方法及科学思维，熟悉自然科学研究过程，培育科学精神、创新思维、科研素养，提高创新精神和实践能力，进而全面提高其综合素质。

本书可作为化学、化学工艺与工程、应用化学、轻化工程、食品科学与工程、环境工程等专业本科生的创新创业指导课程配套教材，也可供相关专业人员参考学习。

图书在版编目（CIP）数据

科研综合训练与学术论文撰写/王国伟，王翠娥主编．—北京：化学工业出版社，2024.5

ISBN 978-7-122-44730-2

Ⅰ.①科…　Ⅱ.①王…②王…　Ⅲ.①科学研究-高等学校-教材②论文-写作-高等学校-教材　Ⅳ.①G3 ②H152.3

中国国家版本馆CIP数据核字（2024）第073504号

责任编辑：汪　靓　宋林青　　　装帧设计：史利平
责任校对：宋　玮

出版发行：化学工业出版社
（北京市东城区青年湖南街13号　邮政编码100011）
印　　刷：北京云浩印刷有限责任公司
装　　订：三河市振勇印装有限公司
787mm×1092mm　1/16　印张12¾　字数312千字
2024年9月北京第1版第1次印刷

购书咨询：010-64518888　　　售后服务：010-64518899
网　　址：http://www.cip.com.cn
凡购买本书，如有缺损质量问题，本社销售中心负责调换。

定　价：39.80元

前言

世界各国都把培养高素质的创新型人才作为适合未来经济社会发展的重要战略。党的二十大报告也对教育提出了“落实立德树人根本任务”以及“培育创新文化，弘扬科学家精神，涵养优良学风，营造创新氛围”等要求。因此，国内各高校都将培养本科生的科研创新思维、创新能力作为实施全面素质教育的重点工作，而本科生参加科研活动无疑是培养本科生科学精神、创新精神和创新思维的重要手段之一。培养大学生创新实践能力有助于社会经济发展，有助于高等教育和高校发展，有助于大学生增强自身竞争力、实现个人价值、追求自身全面发展。

本教材从理论和实践两方面指导本科生开展科研活动。通过系统的理论学习，掌握科学研究的基本理论，把握科研方法及科学思维，熟悉自然科学研究过程，培育科学精神、创新思维、科研素养，有效提升本科生的创新精神和实践能力。通过文献检索方法与实践，本科生科研项目的申报、实施、结题，科研成果（学术论文、发明专利等）的撰写、发表等，培育科研思维、科研素养，提高学生独立思考的能力，开阔学生的视野，提高学生的综合素质。

教材由九章内容构成：科学与科学研究，科学研究方法与科研思维，科学研究程序，大学生科研—理论与实践，信息检索，本科毕业论文（设计）及撰写，学术论文撰写，学术论文的投稿及发表，发明专利撰写与申请等内容。

本书由南京工业大学王国伟、王翠娥、孙巧、庄玲华等老师共同编写。王国伟编写第一章、第四章、第五章、第八章；王翠娥编写第三章、第六章和第七章；庄玲华编写第九章；孙巧编写第二章。全书由王国伟统稿并审读。

本书能够顺利出版，离不开许多同志的关心、帮助和支持。感谢南京工业大学教务处领导的支持，感谢食品与轻工学院领导的支持、鼓励和帮助，感谢邓玉珮、李发辉、沈怡玥等研究生，感谢化学工业出版社编辑的支持和帮助。谨向上述人员以及其他关心、支持本书出版的所有同仁表示最衷心的感谢。

由于编者水平有限，篇幅所限，编写过程中难免有一些不足及疏漏之处，恳请读者提出宝贵意见，以便我们不断完善教材内容，更好地指导和帮助本科生参与科研创新活动。意见可直接发送至主编邮箱（17541141@qq. com）。

编者

2023 年 8 月

目录

第一章 科学与科学研究 …… 1

第一节 科学 /1
第二节 科学研究 /3

第二章 科学研究方法与科研思维 …… 9

第一节 科学研究方法概述 /9
第二节 经典科学研究方法 /12
第三节 现代科学研究方法 /19
第四节 创新科研思维 /26

第三章 科学研究程序 …… 32

第一节 科研基本过程 /32
第二节 自然科学研究程序 /34
第三节 如何进行科研规划 /42

第四章 大学生科研—理论与实践 …… 46

第一节 大学生科研训练的内涵 /46
第二节 大学生科研训练实践 /49

第五章 信息检索 …… 59

第一节 信息与信息源 /59
第二节 信息检索原理及步骤 /63
第三节 图书信息检索 /65
第四节 期刊全文数据库 /76
第五节 引文索引数据库 /92
第六节 文摘数据库 /106
第七节 特种文献数据库 /123

第六章　本科毕业论文（设计）及撰写 …… 132

第一节　本科毕业论文（设计）概述　/ 132
第二节　本科毕业论文（设计）流程　/ 136
第三节　本科毕业论文（设计）撰写规范　/ 140
第四节　本科毕业论文（设计）评价及答辩　/ 148

第七章　学术论文撰写 …… 154

第一节　学术论文概述　/ 154
第二节　自然科学论文的撰写准备　/ 158
第三节　自然科学论文的撰写　/ 161

第八章　学术论文的投稿及发表 …… 171

第一节　选择期刊　/ 172
第二节　准备稿件　/ 173
第三节　投稿　/ 174
第四节　专家评审　/ 179
第五节　稿件退修　/ 181
第六节　发表或拒稿　/ 182
第七节　投稿注意要点和状态术语　/ 183

第九章　发明专利撰写与申请 …… 184

第一节　专利的基础知识　/ 184
第二节　专利申请、审查和批准　/ 185
第三节　发明专利申请文件的准备　/ 188

参考文献 …… 195

第一章

科学与科学研究

Chapter 1

[要点提示]

介绍科学（science）的概念、分类、特征，科学研究（research）的定义、内容、特征、价值、类型，为本科生参与科学研究做好理论铺垫。

第一节　科　学

一、科学的概念

“科学”（science）来源于拉丁文“scientia”，原意为“知识”“学问”，逐渐衍生并确定为科学。

在中国古代，科技水平较为发达，但形成“科学”概念并确定该名词晚于西方。约16世纪，引入“science”，翻译为“格物致知”，简称“格致”，意指通过接触事物而穷究事物的道理；近代，康有为在1885年翻译日本文献时，将“科学”引入中国；1894—1897年，严复在翻译《天演论》《原福》等著作时，把“science”翻译为“科学”。

科学是人类对自身及周围客体的规律性认识，随着人类对自然、社会、自身的认识不断增加、积累与发展，人类将这些正确的认识提炼、整理，并加以演绎归纳，逐渐形成了对某些事物比较完整而系统的知识。

广义科学概念：科学是指人类对客观世界的规律性认识，并利用客观规律造福人类、完善自我。该定义指出了科学的目的、方法和特征。

一般科学概念：科学是反映客观世界（自然界、社会和思维）本质联系及其运动规律的知识体系，它具有客观性、真理性和系统性。科学包括三个方面的含义：一是科学的知识体系，二是科学方法，三是科学的社会建制。

人类对科学的理解是伴随着社会历史的发展而不断演化的。

二、科学的分类

通常以研究对象对科学进行分类，可将科学分为哲学、自然科学和社会科学。

1. 哲学

哲学是从总体上研究人与世界关系的科学，它既包括人们从总体上认识、处理与外部世界的关系，也包括人们对这种关系的驾驭程度。哲学是自然科学与社会科学的概括与总结。

广义的哲学包括：自然、历史、认识、道德（伦理）、艺术（美学）、宗教、人生哲学等。

2. 自然科学

自然科学是研究自然界的物质结构、形态和运动规律的科学，是人类生产实践经验的总结，反过来又推动生产不断地发展。

现代自然科学由基础科学、技术科学和应用科学三部分组成。

① 基础科学　物理、化学、生物、天文学、地学、数学六个学科及交叉学科、边缘学科、综合性学科。

② 技术科学　通过生产技术所需要解决的某些共同问题进行区分，如环境科学、能源科学、材料科学、自动控制理论等。

③ 应用科学　通过物质生产部门所需要解决的应用问题进行区分，如农学、医药学、水利工程学、土木建筑学等。

3. 社会科学

社会科学是研究与阐述各种社会现象及其发展规律的科学，一般属于意识形态和上层建筑范畴。在现代科学发展中，新科技革命为社会科学研究提供了新的方法手段，社会科学与自然科学相互渗透、相互联系的趋势日益加强。

三、科学的特征

科学具有客观性、系统性、普遍性、实证性、开放性、应用性等典型特征。

（1）客观性

客观性是科学的根本特征，是科学理论建立的基础。客观性主要表现在三方面：研究对象是客观存在的，内容是客观的，评价标准是客观的。自然界的一切事物都有其原因，但所有的自然现象并不以其表面上的偶然性因素，或以任何人的意志为转移，科学的目的就在于发现这些客观现象之间的因果联系，并通过这种发现来改造自然。

（2）系统性

系统性是逻辑化知识的形式特征。科学的系统化是把科学材料用准确的概念、范畴通过判断和推理的逻辑程序而前后一贯地表示出来。科学旨在揭示自然的奥秘，揭示自然现象之间规律性的联系，它与一些单个的、简单的公理、发现或判断以及箴言等共通。科学的概念、范畴和客观对象之间具有内在的联系，形成一个合乎逻辑的系统。因此，科学通常表现为逻辑上相互联系的知识体系。

（3）普遍性

科学揭示的是规律性的联系，这种联系就表现在其普遍性上，即在相同条件下，同样的原因往往会产生同样的结果。

（4）实证性

科学是从观察自然现象开始的，所有发现与结论都必须经过实践的检验才能确证，不能通过实验确证的知识不能叫作科学。

（5）开放性

科学上的所有发现都要面对经实践或实验验证后成功或失败的可能，而且人类对自然的认识是一个不断地由浅入深、由片面到全面的过程，科学处于动态之中，科学不相信一劳永逸，不接受自古不变，科学是开放的。

（6）应用性

应用性揭示了科学的功能，每一门科学不仅应该成为解释世界的科学的知识体系同时也应该成为变革与改造世界的方法和手段。

第二节　科学研究

一、科学研究的定义

科学研究一词来源于英文“research”，前缀“re”（反复、再度）与“search”（探索、寻求）组合，意思为反复探索。习惯用“研究与开发”（research and development，R&D）来表示科学研究。

《牛津大辞典》和经济合作与发展组织（OECD）对研究与开发（科学研究）的定义：为了增进知识，包括人类、文化和社会的知识，以及利用这些知识去发明新技术而进行的系统的创造性工作。“系统创造性工作”便是创造知识、整理知识以及开拓知识新用途的探索工作。

科学研究一般是指利用科研手段和装备，为了认识客观事物的内在本质和运动规律而进行的调查研究、实验和试制等一系列的活动，为创造发明新产品和新技术提供理论依据。

科学研究由两部分组成：一部分是创造知识，即创新、发现和发明，是探索未知事实及其规律的实践活动；另一部分是整理知识，即对已有知识分析整理，使其规范化、系统化，是知识继承的实践活动。

由此可以定义**科学研究**：科学研究是人们探索未知事实或未完全了解事实的本质和规律以及对已有知识分析整理的实践活动。

这个定义的前半部分是指科学研究的创新活动，后半部分是继承活动。包括了探索未知的创造知识部分，又包括整理知识的继承前人知识的部分。所以说，在科学研究中，整理知识与创造知识是不可分割的两个组成部分。

科学研究是科学领域中的探索和应用，是科学活动的具体表现和中心内容。它包括已经产生的知识的整理、统计、图表及其数字的搜集、整理、编辑、加工和分析工作。

二、科学研究的内容

科学研究的内容是整理知识、继承知识，验证知识、完善知识，探索未知、创造知识。

科学研究的内容包括 3 个层次：阐释前人智慧（已有的知识）；完善前人智慧；创造新的智慧（知识）。

科学研究的具体内容是通过各种科学研究方法，对客观存在的事实和确凿材料进行加工整理，从感性认识上升到理性认识，以找出客观事物和过程的发展变化规律，创造出新的科学知识，发明和创造出新技术、新工艺、新设备、新产品等。

根据科学研究的定义，科学研究应该包括三方面的实践活动：

① 观察或探索未知事实的本质及其规律的实践活动；

② 验证与发现有关事实的本质及其规律的实践活动；

③ 对已有知识的分析、整理、综合以及规范化、系统化的实践活动。

三、科学研究的特征

科学研究工作是一项极其复杂的、难度较高的脑力劳动，其本质是创造知识或继承知识。科学研究与一般的社会活动相比有着自己的特性。具体表现在以下几个方面。

（1）创造性

创造性是科学研究最根本的特点，也是区别于其他社会活动的显著特性，创造性是科学研究的灵魂。科学研究就是把原来没有的东西创造出来，没有创造性就不能成为科学研究。这一特点要求科研人员具有创造能力和创造精神。

创造性包括三个方面的内容：发现、发明和创新。科学发现引导发明创造，促进知识增长和技术发明。开创性发明是“无中生有”，如中国古代四大发明；改进性发明是“有中生无”，如汽车系列。发明创造过程可以是：科技查新→专利申请→论文投稿。它是发现目标、确定任务、构思方案和实验试制的过程。

（2）继承性

科学研究的创造是在前人成果基础上的创造，是在继承中实现的，这就是继承性。它包含两层意思：一是继承前人或他人建立起来的科学技术作为继续研究的工具；二是将前人探索过但又没有完成的事业继续探索下去。这一特点决定了科研人员只有掌握了一定的科学知识，才有资格和可能进行科学研究。具体内容包括：

① 科学思想。这是研究方法、目的和研究过程的指导思想。

② 科学理论。这是指系统性、规律性的知识体系。

③ 科学研究方法。这是认识客观事物的本质和规律的基本途径。

④ 经验事实材料。这是进行理论概括的客观依据。

（3）探索性

科学研究就是不断探索，把未知变为已知，把知之较少的变为知之较多的过程。因此，科学研究是永无止境的探索活动。探索实际上就是有目的地改变研究方法、设计构思、计算步骤等。探索是创造的前提，创造是探索的发展和结果。在科学探索中，既会有成功，也会有失败，但重要的是不断总结经验和吸取教训。

（4）独立性

科学研究的集体性，并不是否认科学家的独创能力，恰恰相反，任何一项科学研究，只有在科学家具有独立的个体研究的基础上，才能形成集体，才能形成相互启发、深入探讨、促进集体智慧充分发挥的气氛，从而产生更多的创造性成果。任何一个研究集体都不需要没有独立研究能力的合作者，因为课题组的本质是对课题诸方面工作的分工合作。

（5）竞争性

科学研究与人类的其他社会活动一样，是不断发展变化的。在同一个问题上，往往挤满了跃跃欲试的拼搏者，这就决定了科学研究的竞争性。其表现主要为争夺优先权、专利权和发明权等。哈格斯特朗研究发现，在1400名科学家中，大约有2/3的人在他们自己的贡献中被别人占先。竞争是科学研究的社会互动的各方，为了达到同一个目标而争夺的过程，争夺的结果是分出优劣的名次。这种竞争不断地启发、激励、帮助科研工作者。要使自己处于不败之地，必须不断更新自己的知识结构、思维结构和科学研究方法。因此，良性的科研竞争是发展科学技术、推动历史发展的动力。

（6）科学性和严密性

从科研课题的确定到观察、实验的进行，从发展理论思维活动到提出假说，建立理论的过程中，都必须严格地遵循客观规律和认识规律。在探索客观事物的本质及其规律时，必须实事求是，绝不能夸大其词，东拼西凑实验数据和计算结果，更不能牵强附会地对结果进行解释。严密性必须贯彻全面原则、系统原则和逻辑原则。

（7）一次性和连续性

一次性即是研究课题不重复，已经解决了的问题不再去研究，而只研究尚未解决的问题。连续性则是研究过程的连续性、脑力劳动的连续性和群体劳动的连续性。科学研究是一个系统工程，从选题开始到最后出成果，其中包含着许多相互联系的环节和过程。脑力劳动是最怕中断的，只有集中精力和时间专心致志地思考一个问题，才能获得最高的科学研究效率。从科研群体来看，科学研究是一代接一代进行的，具有连续性。

（8）艰巨性和复杂性

科学研究是一项艰巨复杂、难度较高的脑力劳动。任何科研成果都是科研人员经过一点一滴的积累资料和废寝忘食的钻研而取得的。有的人甚至奋斗一生都不能取得预想的成果，而需要别人替他继续研究下去，就像爱因斯坦的统一场论一样。科学思维要求立体思维，设计科学实验或数学推导是一项很复杂的工作，不仅要求先进、合理，而且要同时考虑到各种参数、条件的作用，还需要资料、观察、计算、分析论证和表达等的精确性。因此，科学研究是一项艰巨复杂的工作。

（9）协作性和集体性

“大科学”出现后的今天，科学研究日趋社会化，一项重大的科研课题不再只是一两个科学家的事了，而是涉及多门学科和社会许多部门，有众多科学家、工程技术人员等参与的分工合作的科研有机集体。

四、科学研究的意义

科学研究最根本的作用是探索未知、揭示规律，不断提高人们认识自然和改造自然的能力。科学研究的意义具体表现在三个方面：创造学术价值，推动科学不断发展；促进技术进步，推动生产力不断发展；促进社会发展，推动社会不断进步。

（1）创造学术价值，推动科学不断发展

科学研究的意义之一是创造学术价值，推动科学不断发展。科学研究的目的在于发现新的科学现象或事实，阐释世间万物运动、变化的内在规律。人类通过科学研究活动，提出新思想、新理念，不断充实、更新已有的科学知识，创新科学体系，改进人类世界观，提升人类智能，丰富人类文明，促进社会进步。

进化论的发展，使人类摆脱了神创万物观念的禁锢；万有引力定律的建立，让人类能够真正掌握宇宙中星辰的运动；元素周期律的提出，使看似杂乱无章的元素世界变得井然有序；电磁理论的创立，使人类认识了光的本质；量子理论的出现，打开了人类认识微观世界的大门；相对论的出世，让人类在经典力学的基础上更进一步。随着科学技术的发展，人类对自然本质的认识变得更加丰富、更加深刻。

（2）促进技术进步，推动生产力不断发展

科学研究的意义之二是促进技术进步，推动生产力不断发展。通过科研活动，人类不但能够获取对客观世界规律的认识，而且能够运用已掌握的客观规律逐步地认识自然、理解自然和改造自然，并从科学认识活动中逐步完善自我。科研活动作为一种满足人类基本需求的技术手段，在人类社会发展进程中发挥了不可替代的作用。人类社会发展历史证明，每一次技术创新，都会对社会发展进程产生深刻的影响。

牛顿力学体系的建立、蒸汽机的发明和蒸汽技术的进步，加速了第一次工业技术革命的完成。麦克斯韦电磁学理论的建立、电机的发明和电力技术的进步，促进了第二次技术革命的完成。爱因斯坦相对论和哥本哈根学派量子力学体系的建立，促进了原子能、电子计算机和空间技术的进步，加速了第三次技术革命的进程。而激光技术、合成材料的兴起和超级计算机的研制成功，则刺激了光纤通信、新材料技术、生命科学等的诞生，有力地促进了现代信息技术、生物工程、新能源技术、空间技术、海洋开发技术、环境保护技术等高新技术的发展。

（3）促进社会发展，推动社会不断进步

科学研究的意义之三是促进社会发展，推动社会不断进步。科研活动是促进社会变革的主要动力之一，科研之所以具有促进社会发展的力量，是因为科研活动能够提供认识社会和改变社会的“物质手段”和“思想方法”。人们一旦掌握科学的理论和实践的技能，就能将其转化为改造社会的巨大力量。科研活动促进社会发展的方式，首先是通过科学知识和科学理论教育影响人们对自然和社会的科学认识；其次是通过技术革命改变人们的生活方式，间接地对社会产生影响；最后是通过思想解放及思想变革直接地促进社会变革。

上述科学研究的三个意义是相互关联的。其中，创造学术价值是最基本的意义。科学理论只有运用于生产领域和社会领域，才能发挥其科学价值并转化为直接的生产力，进而推动技术进步并促进社会发展。而科研只有“物化”于生产实践和社会活动之中，才能够不断创造价值，得到持续的发展。

五、科学研究的类型

1. 按研究过程分类

从研究过程看，自然科学研究可分为基础研究（fundamental research）、应用研究（application research）与开发研究（development research）。

（1）基础研究

基础研究是指没有特定的商业目的、以创新探索知识为目标的研究，通常是指数学、物理、化学、天文学、地学和生物等六大基础学科中的纯理论研究。在基础研究中，还包括一种有特定目标但运用基础研究方法进行的研究，即定向基础研究或目标基础研究，也称为应用基础研究，通常是指定向的基础理论研究，如工程科学、农业科学、材料科学、计算机科学等技术科学方面的基础理论研究。

基础研究的特点：没有特定的实际要求和应用目的，但探索性强；研究周期长，一般没有时间限制；不急于评价；研究成败的关键是学术带头人的水平；多数情况对费用没有固定要求；一般没有保密性；成功率小，一般不到5%～10%，实现商业化、企业化的占2%～3%，然而一旦成功，其影响很大，甚至会导致科学技术的深刻革命；成果形式为学术论文和学术专著。

（2）应用研究

应用研究是指运用基础研究成果和有关知识，为创造新产品、新方法、新技术、新材料的技术基础所进行的研究。它是一种直接解决当前生产中存在问题的研究，研究对象的核心是技术，在整个科学活动中起着承上启下的作用，起着使科学理论与生产实践相联系、相结合的作用。

应用研究的特点：有明确的目的；有时间限制，但有一定的弹性；在适当的时候做出评价；研究的选题和组织工作起重要作用；需要的费用较多，但控制较松；有一定的保密性；成功率在50%～60%之间，实现商业化、企业化的可能性较大；成果形式为学术论文、产品、专利、原理模型。

（3）开发研究

开发研究是指利用基础研究、应用研究的成果和现有知识，为创造新产品、新方法、新工艺、新材料，以生产产品或完成工程任务而进行的技术研究活动。开发研究是比基础研究、应用研究更为普遍的科学活动形式。应用研究的成果是在实验室条件下取得的，还存在如何在生产实际中应用的问题。开发研究的基本任务就是将实验室条件下已经试验成功的新技术、新工艺、新材料、新产品通过中间试验或扩大试验，推广到实际生产中去。因此，为发展生产开展的技术攻关项目也属于开发研究。开发研究是科学理论转化为生产力的最重要环节。

开发研究的特点是：有明确而具体的目标，针对性和计划性强；研究周期短，有严格的时间限制；完成后立即评价；在研究中需各方面协调配合，更须注重组织和集体的作用；费用投入较大，控制较严；有很强的保密性；成功率达90%以上，实现商业化、企业化的可能性大；成果形式为专利、设计报告、图纸论证报告、技术专著、中试产品等。

2. 按研究性质分类

从研究性质看，科学研究可分为探索性研究（exploratory research）、发展性研究（developmental research）。

（1）探索性研究

探索性研究是一种属于开拓或探索新研究领域的研究。此类研究一般很少有前人的经验可以借鉴，研究者要冒一定的“风险”可能获得重大发现而一鸣惊人，也可能毫无收获、一事无成。

（2）发展性研究

发展性研究是一种在前人开拓性研究领域中已有成果的基础上，发展已有成果的研究，包括进一步验证、巩固成果的研究或对已获得成果的应用研究等。此类研究比较“保险”，因其有现成的经验可以借鉴，因而一般不会一事无成，但往往缺乏创造性。

我国把自然科学研究分成基础研究、应用研究与开发研究。三类自然科学研究的比较分析见表1-1。

表 1-1 三种类型的自然科学研究的比较分析

项目	基础研究	应用研究	开发研究
研究目的	扩展科学知识 建立科学理论	以技术为目标，探讨知识应用的可能	把研究成果应用到工程和生产上
研究性质	探索新事物	发明新产品、新工艺、新流程	完成新产品、新工艺、新流程的实用化研制
研究特点	追求事物的内在联系，预测规律产生的后果、意义和作用	追求最佳条件系统，实现人工产物（产品、技术）	产品设计、产品试制、工艺改进
典型实例	电磁感应原理研究；核裂变原理研究	发电机研究、发明； 核能应用研究	建立发电厂； 研制核潜艇
计划性质	比较自由，无实际指标	比较有弹性，有战略意义	比较确定，解决实际问题
时间要求	不作具体规定，要求提出一般的研究时间表	不严格规定，要求提出大致的研究时间表	严格规定，一般研究时间较短
人员要求	科学家；要求具有深厚的理论基础，富有探索创新能力	科学家、工程师；要求既有创造能力，又有解决实际问题的能力	工程师、技术员。要求有相当的专业知识、丰富的经验和较强的实践能力
成果名称	学术论文、学术专著	学术论文、专利或研究工作报告	设计图纸、数据专利或产品样品
成果应用	转化时间较长，一般不能预测	转化时间较短，一般可以大致预测	很快可以应用，能较准确地做出预测
成果意义	对科学有广泛深远的影响，能开拓新技术和新生产领域	对特定的专业技术有广泛的影响，能为基础研究提出新课题	影响特定的生产领域，对经济和社会有直接的作用影响
成功率	无冒险性，成功率小	冒险性很大，成功率较大	冒险性较小，成功率大
管理特点	科学家的自主性强，自由度高；须尊重科学家的意见，支持个人；成果由同行评议，不需要急于做出评价	管理要求严，定期检查进度；尊重个人的创新精神；需集体协作，在适当的时候进行有组织的评价	管理严格，一般限期完成；管理人员要参与计划；组织严密，强调集体协作；最后验收，并交付使用

第二章

科学研究方法与科研思维

Chapter 2

[要点提示]

介绍科学研究方法的概念、意义、层次，经典科学研究方法；重点阐释科学研究方法层次，经典科学研究方法的分类；介绍科研思维概念、价值，典型科研思维（判断、推理、想象和直觉等），创新思维的概念、特征、形式、过程及如何培养创新思维。

科学研究工作者（简称科研工作者，指从事科学研究的人）应该了解并掌握科学研究方法。科学理论博大精深，科学技术精细复杂，这些辉煌的科学研究成果是如何取得的？其研究过程采用了什么方法？科学研究方法在科学研究和技术创新过程中具有哪些重要作用？这是需要认真思考和回答的问题。

科研思维是科研工作者在科研工作中为解决科研问题而采用的科学思维方式。科学研究工作者若能够有意识地学习并实践科学研究方法，以科学、理性的思维去处理研究工作中碰到的问题和难点，则可极大地提升成功的机会。

第一节　科学研究方法概述

一、科学研究方法的概念

科学研究方法是从事科学研究所遵循的科学、有效的研究方式、规则及程序，也是广大科学研究工作者及科学理论工作者长期积累的智慧结晶，是从事科学研究的有效工具。科学研究方法是用科学的理论、原则和手段来指导和进行科学研究的方法。正确的科学研究方法不仅是“打开科学宝库的钥匙”“攻克科学堡垒的武器”，还是“驶达真理彼岸的航船”。在科学发展历程中，不同的历史阶段有着不同的科学研究方法。即使是在同一时代内、同一学科中，不同科学家及科学研究工作者所创立或应用的科学研究方法也不尽相同。科学发展和技术进步是科学研究方法形成的基础，而新的科学研究方法的创立，又使科学研究工作得以有效进行，从而促进科学和技术的新飞跃。

科学研究方法，与科学方法是不同的两个概念。二者的不同之处在于：科学研究方法是指在科学研究过程中，为解决课题研究中出现的科学问题、技术难点所使用的研究方法，它注重科学研究过程中，解决实际问题的有效性和可操作性。而科学方法一般是从哲学的视角，将具体科学研究过程中总结出来的科学研究方法加以提炼，力图使其系统化并具有普遍性，强调采用的方法是否科学，注重研究方法的指导意义和学术价值。

二、科学研究方法的意义

作为科学研究者个人，一旦掌握了正确的科学研究方法，可以提高科学研究工作效率。从这个意义上讲，科学研究方法能够物化为科学研究生产力，促进多出成果、出好成果、出重大成果。

(1) 决定科学研究成败

正确的科学研究方法对科学研究工作的成功起着至关重要的作用，它是构建知识体系和科学大厦必不可少的要素，而且能扩展和深化人们的认知能力与辨识水平。

例如，古希腊数学家欧几里得（Euclid of Alexandria，约公元前330—前275）是以他的《几何原本》而著称于世的。他的贡献不仅源于在这部巨著中总结了前人积累的经验，更重要的是他从公理和公设出发，用演绎法把几何学的知识贯穿起来，构建了一个知识体系。直到今天，他所创建的这种演绎系统和公理化方法，仍然是科学研究工作者不可或缺的手段。后来的科学巨人诸如牛顿（Isaac Newton，1643—1727）（经典力学体系的创造者）、麦克斯韦（James Clerk Maxwell，1831—1879）（经典电磁理论的创造者）、爱因斯坦（Albert Einstein，1879—1955）（狭义相对论和广义相对论的创造者）等，在创建自己的科学体系时，都运用了演绎方法。

再如，俄国化学家门捷列夫（Omitri Ivanovich Mendeleev，1834—1907）并未发现过任何一个新元素，但他却用分析和归纳的方法，将当时已经发现的63种元素排列进一张科学的周期表，并在某些地方为可能存在的未知元素留下了空位。化学工作者们以这张元素周期表为指导，不但改正了一些元素原子量的测量错误，而且还发现了一些被预测的新元素。门捷列夫创立的这种研究方法，同样给了后人以极大的启迪，而且是一种有着普遍意义的科学研究方法。

欧氏几何学大厦和门捷列夫周期系理论的建立，是与他们采用正确的科学研究方法密切相关的。可以说，科学研究方法贯穿于科学研究工作的始终，对科学研究工作的重要性不言而喻。

(2) 制约科学进程

错误的科学研究方法往往会导致荒谬的结论甚至伪科学，有时会严重阻碍科学研究发现的进程。

例如，在氧气的发现过程中，最大的障碍就是“燃素说”，该理论严重阻碍了人们对燃烧过程的科学认识。“燃素说”认为：空气中有一种可燃的油状土，即为燃素；这种燃素是“火质和火素而非火本身”，燃素存在于一切可燃物中，并在燃烧时快速逸出；燃素是金属性质、气味、颜色的根源，它是火微粒构成的火元素。按照“燃素说”的观点，一切燃烧现象都是物体吸收和逸出燃素的过程。“燃素说”在化学界统治时间长达将近一个世纪，而在18世纪初期，由于盲从这种理论而形成的非科学的研究方法，曾经导致一些科学家步入歧途，致使氧气的发现经历了漫长而曲折的过程，其中的教训是深刻的，很值得深思。

（3）攸关科技创新

科学研究方法在一定程度上也决定着研究者能否在科学研究工作中取得创新的成就。

例如，生活在文艺复兴时期的意大利科学家伽利略（Glileo Galilei，1564—1642）以其科学的批判精神、严谨的分析和实验的结论，对亚里士多德的一些错误观点发起了冲击，所依据的就是实验科学方法。伽利略所做的摆动实验，否定了亚里士多德所做出的“单摆经过一个短弧要比经过一个长弧所用的时间短一些”的结论；他所做的落体运动实验，否定了亚里士多德“落体的运动速度与重量成正比”的结论；他还通过实验观察，支持和发展了哥白尼（Nicolaus Copernicus，1473—1543）的“太阳中心说”，否定了“地球中心说”。伽利略所创立的实验科学方法，已经成为后来的研究者所遵循的最基本的科学研究方法之一。

三、科学研究方法层次

科学研究方法属于科学认识的“软件”，是指科学认识活动中长期积累的、科学有效的研究方式、规则以及程序等。由于科学技术发展迅速，各个学科相互交叉、融合，导致各种新的理论不断被提出，诸多新的技术不断被应用，与之相适应的科学研究新方法也在不断被提炼。就研究对象的层次而言，科学研究方法一般可分为三个层次，即哲学方法、一般方法和特殊方法。

（1）哲学方法

哲学方法是指以哲学理论为基础，对各类事实材料进行处理的方法。哲学方法对一切科学（包括自然科学、社会科学和思维科学）具有最普遍的指导意义，处于研究方法体系中的最高境地。与哲学方法密切相关的逻辑方法，是加工科学研究材料、论证科学问题等普遍适用于各门学科的具体思维工具，包括抽象与具体、归纳与演绎、分析与综合等分析方法。

哲学既是世界观，又是方法论，它与一般的或具体的科学研究方法不同。哲学方法是最根本的思维方法，是研究各类科学研究方法的理论基础和指导思想。一般的或特殊的科学研究方法通常局限于某个特定的学科或专业领域，其研究方法所具有的针对性和实用性限制了它们在其余学科或领域中的应用。而这种局限性需要从哲学的角度加以分析，并给出科学、逻辑的阐释，从而帮助研究者充分、正确地运用一般的或具体的科学研究方法，自觉地注意避免或克服其局限性，少走弯路，早出成果，出高质量的研究成果。

（2）一般方法

一般方法是架设在哲学方法与特殊方法之间的纽带和桥梁，它是将各门学科中的特殊方法加以归纳和提炼，形成适用于诸多学科的一般的科学研究方法。一般方法吸纳了特殊方法中具有普遍意义的研究方式和手段，在促进自身发展的同时又为哲学方法提供了有益思想和分析工具，使哲学的内容不断得到充实和提高。

一般方法是以哲学方法为指导，对各门学科研究具有较普遍的指导意义。如逻辑方法（包括归纳与演绎、分析与综合、抽象与具体等方法），经验方法（观察、实验、类比、测量、统计等方法），数理方法（包括数学、模拟、理想化和假说等方法）和现代方法（包括系统论、控制论和信息论等）等。

（3）特殊方法

特殊方法是指适用于某个领域、某类自然科学或社会科学的专门研究方法。由于各门学科具有自身的研究对象和特点，因此其科学研究方法也就各有不同。

如轻化工程专业中通过测色配色仪确定织物颜色、色深；表面张力仪确定表面活性剂的表面张力数据，进而确定表面活性剂的临界胶束浓度；通过核磁共振氢谱或碳谱分析有机化合物的结构；通过综合强力仪测试织物拉伸强力及伸长率等。

特殊方法是各门学科的研究者从事本专业科学研究工作的基本方法。一般方法是连接哲学方法与特殊方法的纽带和桥梁，哲学方法是贯穿其中的灵魂和指导思想。科研工作者一方面要深入学习并掌握本专业、本学科中的特殊科学研究方法，这是最基本的要求；另一方面，也要学习并理解一般科学研究方法的价值和意义，通过科学研究实践，不断借鉴并充实新的科学研究方法，增进科学研究的自觉性，减少盲动性；最后，要正确认识哲学方法在科学研究工作中的指导作用，努力成为一个自觉实践科学研究方法的科研工作者。

第二节　经典科学研究方法

根据科学研究方法的适用范围、概括层面以及学科的研究特点，将科学研究方法归纳为经典科学研究方法与现代科学研究方法两大类。经典科学研究方法包括逻辑方法、经验方法和数理方法。现代科学研究方法包括系统论、控制论、信息论、耗散结构理论、协同学理论和突变理论。

一、逻辑方法

逻辑思维和方法是哲学体系中极为重要的一部分。在科学体系之中，同一学科的内部，一般具有严密的逻辑关系；不同的学科之间，也可以通过逻辑关系而紧密地联系在一起。在科学研究过程中，逻辑方法同样发挥着巨大的作用。逻辑方法包括归纳与演绎、分析与综合、抽象与具体等方法。

1. 归纳与演绎

归纳与演绎是科学研究认识过程中的两种相反的逻辑方法。

（1）归纳

归纳法指通过对一些个别的经验事实和感性材料进行概括和总结，从中抽象出一般的公式、原理和结论的一种科学研究方法，即从个别到一般的逻辑推理方法。

根据是否概括了一类事物中的所有对象，可划分为完全归纳法和不完全归纳法两种基本类型。前者是根据对某类事物中的所有对象进行研究，从而对该类对象概括出一般性结论（即全称判断）的推理方法；后者是根据对某类事物中的部分对象与某种属性之间的本质属性和因果关系的研究，从而对该类对象做出一般性结论（即非全称判断）的推理方法。

科学归纳法指根据对某一类事物中部分对象与某种属性之间的本质联系和因果关系的研究，从而推论出该类事物中所有的对象均具有这种属性的一般性结论的逻辑推理方法。根据因果关系判断方式的异同，科学归纳法可分为五种形式，即求同法、求异法、同异并用法、剩余法和共变法。

（2）演绎

演绎法与归纳法相反，是指从已知的某些一般公理、原理、定理、法则、概念出发，从而推论出新结论的一种科学研究方法，即从一般到个别的逻辑推理方法。

使用演绎法推理得到正确的推理结论，必须满足以下两个条件：一是前提必须真实；二是逻辑联系必须正确。

演绎推理的主要形式是三段论，即大前提、小前提和结论。大前提是已知的一般原理，是全称判断；小前提是研究的特殊场合，是特殊判断；结论是把特殊场合归纳到一般原理之下，得出新结论。

归纳与演绎是互相对立又相辅相成，不可分割的两种逻辑思维和推理方法。归纳为演绎提供大前提，并检验和丰富演绎；演绎为归纳提供补充和逻辑操作。二者相互渗透，相互补充，互为条件。在一定条件下，归纳与演绎可以相互转化，从而实现从个别到一般，再从一般到个别的循环往复、不断发展的科学认识过程。

2. 分析与综合

同归纳与演绎的关系一样，分析与综合既相互区别，又相互联系，二者不可分割。科学分析是科学综合的基础，科学综合是科学分析完成后的发展。在一定条件下，二者可以相互转化，从而实现分析—综合—再分析—再综合……这样一个不断前进、不断深化的发展过程。

（1）分析

分析指研究者在思维活动中，把研究对象的整体分解为各个组成部分的方法，即将一个复杂的事物分解为简单的部分、单元、环节、要素，并分别加以研究，从而揭示出它们的属性和本质的科学研究方法。它是从未知到已知、从全局到局部的逻辑方法。

分析具有两个特点。一是深入事物的内部，了解其细节和关系，从而揭示其本质；二是将整体暂时分割成各个部分，孤立地研究事物的部分属性，可以化繁为简，化难为易，提高研究效率。

实现分析的途径有两个。一是实验分析，即将研究对象的各个组成部分、各种因素从整体上分解开来，从实验上单独进行观察和分析；二是思维分析，即在思维中把研究对象的有机整体分解成各个组成部分，通过逻辑思辨单独加以分析和研究。

（2）综合

综合指在分析的基础上，对已有的关于研究对象的各个组成部分或各种要素的认识进行概括或总结，从整体上揭示与把握事物的性质和本质规律的科学研究方法。它是从已知到未知，从局部到全局的逻辑方法。

科学综合与科学分析正相反，其特点是从整体上、从研究对象内部各组成要素之间的关联去研究和把握事物，是变局部为整体、变简单为复杂的方法，侧重对整体规律的把握。在科学研究和技术创新上，运用综合方法常常导致重要的发现或发明创造。从物理发现的角度看，科学史上每一次大综合，都促进了新概念、新方法、新理论、新体系的建立。

3. 抽象与具体

人们的认识总是从感性具体出发，经过科学抽象达到思维中的具体，从而获得对事物的完整、本质的认识。而抽象与具体就是这一科学研究认识过程中的重要逻辑方法。

（1）抽象

抽象指研究者在思维过程中将那些对研究对象影响不大的非本质因素剔除，抽取其固有的本质特征，以达到对研究对象的规律性认识的科学研究方法，即对事物本质和规律的概括或抽取的逻辑方法。

抽象一般遵循以下四种原则。①实践第一：抽象的第一手材料必须从科学研究实践中采集。②材料充分：掌握充分、必要和可靠的科研材料是进行正确科学抽象的前提。③逻辑思辨：科学的思维方法和思维规律是进行正确而有效科学抽象的有力武器。④综合概括：科学抽象的意义在于抽提的内容能够反映同类科学研究对象的本质特征，综合概括则是达到这一目标的有效途径。

毛泽东对抽象的过程曾有过精辟的概括："去粗取精、去伪存真、由此及彼、由表及里"。即从"感性的具体认识"上升到"理性的抽象认识"，再由"理性的抽象认识"上升到"思维的抽象规定"。

科学抽象作用于研究对象将直接导致科学概念的产生，有助于深刻理解科学研究对象的性质和本质特征，有助于推动科学理论的建立和技术发明与创造。

（2）具体

具体是指研究者思维过程中将诸多的特征因素或规定进行综合，使之达到多样性统一的研究方法，即将高度抽象的规定"物化"为思维中具有某种特性的对象的逻辑方法。

具体具有两种形态。一是感性具体，亦称完整的表象，是客观事物表面的、感官能够直接感觉的具体性的反映；二是理性具体，又称思维的具体，是客观事物内在的各种本质属性的统一反映，是人的感官不能直接感觉到的。具体具有多样性和统一性。多样性，即事物因具体而呈现多样的特点；统一性，即具体的事物是作为多样性的统一而存在的。

同分析与综合的关系一样，抽象与具体既相互区别，又相互联系，二者不可分割。抽象是具体的基础，具体是抽象的综合。无抽象规定作基础，则无法形成思维中的具体；思维的具体是诸多抽象的综合。在一定条件下，抽象与具体可以相互转化，从而实现从感性具体到抽象规定这一认识飞跃的目标。思维是在实践的基础上，通过揭示各个抽象规律的认识过程、内在联系，构建完整的思想体系，完成将抽象的规律转化为思维中的具体的认识过程。

二、经验方法

科学研究中的经验方法是收集第一手材料、获取科学研究事实的基本方法，是形成、发展、检验科学理论和技术创新的实践基础，是科学研究中一类重要的研究方法。经验方法包括观察、实验、类比、测量、统计等方法。

（1）观察

科学观察，是指人们通过感官或借助于精密仪器，有计划、有目的地对处于自然发生状态下和在人为发生条件下的事物，进行系统考察和描述的一种研究方法。观察方法是探索未知世界的窗口。

科学始于观察，观察为科学研究积累最初的原始资料。捕捉信息，是思维探索和理论抽象的事实基础，也是科学发现和技术发明的重要手段。科学观察是一种具有明确目的，并且需要获得问题答案的观察，该过程有时需要长期进行且反复多次才能完成。

科学观察包括四个原则，即①客观性原则：从实际出发，实事求是地对待观察对象，务求剔除假象。②全面性原则：要尽可能地从多方面进行观察，比较全面地把握研究对象。③典型性原则：选择有代表性的对象，选择最佳时机、地点，保证观察的结果既具有典型意义，又不使观察过于复杂化。④辩证性原则：在对观察的结果进行理解和处理时，要特别注意观察的条件性、相对性和可变性。

观察有直接观察与间接观察之分。前者凭借人的感官感知事物，而后者则需借助于科学仪器或其他技术手段对事物进行考察。

科学观察产生偏差主要受两方面因素影响，即①主观因素：兴趣爱好、思维定式、知识技能、心理影响等。②客观因素：感官错觉、生理阈值、仪器精度、对象周期等。

（2）实验

科学实验方法是指根据一定的研究任务和目的，运用科学仪器、设备等物质手段，在主动干预、控制或模拟研究对象的条件下，使自然过程以纯粹、典型的形式表现出来，以便进行观察、研究，从而获取科学事实，探索客观规律的一种研究方法。

实验有多种分类方式：①根据不同的实验研究目的进行分类，可以分为探索实验、验证实验、模型实验等；②根据实验在科学研究中起到作用的不同进行分类，可以分为析因实验、判决实验、探索实验、比较（对照）实验、中间实验等；③根据实验结果性质的不同进行分类，可以分为定性实验、定量实验和定性定量实验等；④根据实验场所的不同进行分类，可以分为地面实验、空间实验、地下实验等；⑤根据实验对象的不同进行分类，可以分为化学实验、物理实验、生物实验等。随着自然科学的不断进步和实验手段的日益提高，实验的类型会愈来愈多。

实验的基本要求：①过程规范；②实验记录详细周密；③实验数据真实可靠；④实验结果能够重复；⑤实验结论经历理性思辨。

实验的要领：①有明确的目的性；②有准确性和排他性；③有简单性和可行性；④有可再现性；⑤注意结果的反常性。

（3）类比

类比方法是以比较为基础，根据两个研究对象存在某些相似特征，进而推测它们在其他特征上也可能存在相似性的一种科学研究方法。类比方法通过两个研究对象之间的相互比较，找出研究对象之间的相似之处，从中发现规律，进而产生新的设想。类比就是异中求同，同中求异。类比过程能够诱发人的想象力，刺激创造性设想。类比法是一种常用的推理方法，能否灵活地使用类比法分析问题和解决问题，是衡量一个人的思维是否具有创造性的标准之一。

类比具有或然性和创新性。或然性指类比的根据不充分，可能造成类比的失效；创新性则指充分的类比，可以发现研究对象的新特征、新规律，进而获得科学和技术的发明和创造。

在科学发展史上，有许多利用类比法取得成功的实例。

例如：物质波的发现——法国物理学家德布罗意（Louis de Broglie，1892—1987）发现力学和光学理论有许多相似之处，当光的量子性得到证明之后，他联想到：既然光具有波粒二象性，那么物质（粒子）是否也具有粒子性和波动性呢？德布罗意运用类比方法提出了物质波理论，并且进一步提出物质波的定量显示——德布罗意关系式，为量子力学的创立奠定了坚实的理论基础。

类比研究的基本步骤：①明确类比的目的，选定类比主题；②通过查阅文献、调查等，广泛收集、整理资料；③采用恰当的类比方法，对资料进行比较分析；④通过理论与实践的论证，得出较为科学的结论。

（4）测量

测量是对所确定的研究内容或参量（指标）进行有效的观测与量度。具体而言，测量是根据一定的规则，将数字或符号分派于研究对象的特征（即研究变量）之上，从而使自然、社会等现象数量化或类型化。测量方法属于定量研究方法。

有效性是测量的基本要求，包括三个方面：准确性、完备性和互斥性。①准确性：指所分派的数字或符号能够真实、有效地反映测量对象在属性和特征上的差异。②完备性：指分派规则必须能够包含研究变量的各种状态或变异。③互斥性：指每一个检测对象（或分析单位）的属性和特征，都能以一个并且只能以一个数字或符号来表示。

实施测量需要建立相应的测量标准，即测量指标。指标是被测量对象（自然的、社会的）某种特征的客观反映，与现象的质的方面密切相关。指标的建立，是为了定量阐述现象的差异或变异，以便精确描述被测量对象的某一特征。由于被测量对象特征的非单一性，一般需要构建指标体系（或综合指标）以精确描述其多种特征。

测量信度是指测量数据（资料）与结论的可靠程度，即测量工具能够稳定地测量到所指定的测量指标的程度。信度是优良的测量工具所必须的条件，为了获得真实可靠的研究资料，需要对测量信度进行评价。在结构化、标准化程度较高的测量中，影响测量信度的主要因素是随机误差。一般而言，随机误差愈大，测量信度愈低。随机误差的来源主要有以下几个方面：①测量内容。变量含义不清楚，指标内容不确定，测量指标不完整等。②测量者。是否为专业人员，是否按规定程序和标准操作，测量记录是否认真、完整，是否对被测量对象产生影响（如社会科学研究）。③测量对象。是否耐心、认真、专注，是否受情绪波动影响，测量时间是否过长，测量环境是否改变等。④测量环境。是否在同一时间、地点进行测量，是否存在其他干扰因素，多次测量的稳定性、重复性问题等。

测量效度是测量的正确程度，即测量结果确能显示测量对象所需测量特质的程度。效度是任何科学测量工具所必须具备的条件。效度愈高，测量结果就愈能显示其所要测量的对象的真正特质。随机误差是影响效度的主要因素。

（5）统计

统计方法是运用统计学原理，对研究所得的数据进行综合处理，以揭示事物内在规律的方法。统计方法是定量研究社会现象的一种重要手段，为社会科学研究向深度和广度发展提供了新的可能。

统计方法具有数量性、技术性、条件性的特点。

统计方法的作用主要体现在三个方面：①分析解释；②简化描述；③判断推论。

在社会科学研究中，统计可分为描述分析和统计推论两种基本类型。描述分析是对整理出的样本数据（资料）进行加工概括，从多种角度显现样本数据（资料）所包含的数量特征和数量关系；统计推论是在随机抽样调查的基础上，根据样本数据（资料）去推论总体的一般情况以及变化与发展趋势等要素。

统计方法的局限性体现：①样本的有限性；②参量的模糊性；③研究对象限制。

三、数理方法

科学研究中的数理方法是模型建构、机理分析、结构设计、系统模拟等工作中不可或缺的手段，是科学研究中一类基础性的重要研究方法。数理方法包括数学、模拟、理想化、假说等。

（1）数学

数学方法是将研究对象进行提炼，构建出数学模型，使科学概念符号化、公理化，通过数学符号进行逻辑运算和推导，从而定量地揭示研究对象的客观规律的方法。数学是一种简明精确的形式化语言，数学方法是定量描述客观规律的精确方法，是科研工作者务必掌握的科研方法。

数学方法具有高度的抽象性、高度的精确性、严密的逻辑性、辩证性和随机性。

数学方法为科学研究提供简洁、精确的形式化语言，为科学研究提供了定量分析和理论计算方法。

用数学方法解决实际问题，关键在于如何提炼数学模型。建立数学模型的步骤如下：①根据研究对象的特点，确定数学模型和选用的数学方法；②确定能够反映所要研究的对象（包括要素、系统及子系统）及变化过程的基本参量和基本概念；③对模型进行深入研究，抓住主要矛盾和根本特征，进行科学抽象；④根据边界条件分析，对已获得的诸多关系式进行整理、简化，并对各个量进行标定；⑤对模型方程进行求解，由已知的特征值求出各参量之间的规律，即由特解推广至一般解；⑥验证数学模型，代入一系列特征值进行验算，充分检验数学模型的稳定性、收敛性及有效性等，并将各项指标与原型进行比较，进而修改并完善。

数学模型可分为确定性、随机性、模糊性和突变性等类型。确定性数学模型是由数学方程式来建立模型，各变量之间存在确定的关系；随机性数学模型是利用概率论和数理统计方法建立模型；模糊性数学模型是运用精确数学方法研究模糊信息中的规律；突变性数学模型是研究突变过程与现象中规律的一种数学模型。

科学研究中的数学方法的学习和实践，对于理工科大学生从事科学研究与工程设计意义重大。例如，信息与计算科学、金融信息技术、统计学，均要求从事人员掌握一定的数学方法。

信息与计算科学是以信息领域为背景的应用数学，用于在计算科学、信息、概率与精算领域从事科学研究、解决实际问题、设计开发有关软件。具体的应用有计算科学、信息科学、概率与精算等几个方向。

金融信息技术要求相关研究者具有扎实的数学、计算机技术和金融经济学基础，综合各种金融信息分析方法、金融决策技术、金融计算机网络技术及其相关软件的使用，通过熟悉各种金融产品、金融市场和金融工程，以期能在金融机构及相关领域从事高新技术工作或金融研究。相关数学主要包括证券投资分析、金融市场预测、金融运筹决策技术、保险精算学、数理金融学、金融信息系统、金融分析应用软件、货币银行学、金融工程学等。

统计学则运用数理统计、抽样技术、回归分析等方法解决经济部门及其他领域的统计问题。除此以外，国家统计部门、金融机构、市场分析及预测机构、大中型企业和科研部门从事统计分析、决策和计算机管理等工作也需要统计学的运用。

（2）模拟

根据相似理论，首先设计并制作一个与研究对象及其发展过程（即原型）相似的模型，然后通过对模型的实验和研究，间接地对原型的性质进行研究、探索其规律性，这就是模拟方法。

模拟方法是一种间接方法，其依据是相似理论，是工程设计的有力辅助工具，既可提高设计质量，又可缩短研制的工期。

模拟方法具有如下特点：首先，模拟方法以相似理论为基础，寻求建立模型与原型之间的对应关系，模型不是对原型因素的纯化，而是尽量涵盖原型的因素；其次，用已构建的模型去模拟原型的某些功能以及复杂的变化过程；最后，模拟的结果最终还是要通过真实的实验过程来验证。

模拟具有多种分类形式，如物理模拟、数学模拟、智能模拟等。①物理模拟：指以模型和原型之间在物理过程相似或几何相似为基础的一种模拟方法；如制造飞机模型进行风洞实验，以便研究飞机的空气动力学特征；②数学模拟：指在以模型和原型之间在数学方程式相似的基础上，用该模型去数值模拟原型的一种模拟方法。③智能模拟：指以计算机和生物体（包括植物、动物）的某些行为的相似性为基础，运用分析、类比和综合的方法建立模型，用该模型来模拟原型的某些功能或行为的一种模拟方法，计算机模拟在科学研究中的应用越来越广泛。

运用模拟可以提高工程和产品质量，缩短研发周期；用模拟方法培训复杂技术操作人员，安全有效；模拟方法特别适用于研究处于危险环境或极端条件下的对象，还可用于研究生理、病理等。

（3）理想化

理想化方法是根据科学抽象原则，有意识地突出研究对象的主要因素，弱化次要因素，剔除无关因素，将实际的研究对象加以合理的推论和外延，构建理想模型和理想实验，进而对研究对象进行规律性探索的方法。理想化方法是一种对问题本质高度抽象的研究方法。

理想化方法的一个重要应用就是建立理想化模型。理想化模型是指运用抽象的方法，在思维中构建出的一种高度抽象的理想化研究客体。由于理想化模型突出了主要因素而忽略了次要因素，因而具有推测性、类比性和极端性等特点。

理想实验是指运用逻辑推理方法和发挥想象力，在思维中将实验条件和研究对象极度简化和纯化，抽象或塑造出来的一种理想化过程的“假想实验”。

理想化方法是抽象思维的有效应用。采用这种方法，有利于在极端条件下探索研究对象的性质和运动规律，有助于科学理论体系的建立。

在科研工作中，有意识地培养和训练抓住主要矛盾而忽略次要矛盾的能力，对课题的研究意义重大：一是简化问题；二是通过对“理想模型”的研究，可以对实际发生的过程进行模拟，做到心中有数，了解一般变化过程及发展趋势。再通过实验检验，修正模型并使之符合实际；三是发挥逻辑思维的力量，使“理想模型”的结果超越现有条件，为课题研究指明方向，创建新的科学理论。

（4）假说

在科学探索过程中，人们在还没有深刻地认识其规律之前，往往先以一定的经验材料和已知的科学事实为基础，以已经掌握了的科学知识或经验为依据，对未知研究对象的内在本质及其运动、变化和发展的规律做出不同程度的猜测和推断，这种研究方法称为科学假说。因此，从一定意义上讲，科学假说是科学研究理论的先导。假说技巧的要点如下：发挥想象能力——大胆假设；运用各种技巧——小心求证；随时摈弃谬误——服从真理；不断更新观念——修正设想；及时总结经验——推陈出新。

假说比感性认识更有条理性和系统性，因而具有一定的科学性；假说能解释已知的事实，且对新的现象和规律具有预见性，而其体系的正确性尚待实验检验或生产实践去测评，故具有一定的推测性和待证性。

假说的形成过程：①提出基本假说。该阶段主要是以有限的事实为基础，依据相应的科学理论进行思维加工，提出能够解释现象、可以解决矛盾的基本假设。②初步形成假说。对提出的诸多假设进行考察、试验，进一步积累事实并进行广泛的逻辑证明，使其成为稳定的结构系统，形成假说的雏形。③假说的筛选。该阶段对已提出的各种假说雏形进行多方面的争论、甄别，剔除不合理的成分，完成假说的筛选。④建立较完整的体系。对筛选出来的假说进行深入研究，掌握更多的经验和科学事实，使之进一步充实和完善。通过论证和推导，使得该体系可以预言未来的事实和新的现象，并从中提出验证假说的实验方法。

假说是通向真理的必由之路；科学假说能够减少科研工作的盲目性，增强自觉性；各种假说的争鸣能够推动科学技术不断发展；自然科学技术的发展形式是科学假说。被大家公认的理论在经历了一段发展期后，新的科学事实出现了，以往的理论可能无法解释，这就需要更新观念，突破旧理论的束缚，提出新的假说。若假说通过了科学实验的验证，新的理论将随之诞生。

科学观察或科学实验是验证科学假说的最基本的方法。假说也可采用直接验证法、间接验证法、逐步逼近法、排除法、反证法等进行验证。这些方法为科学假说的验证提供了一些合理而有效的途径，但是不能代替科学观察或科学实验。

第三节　现代科学研究方法

近年来，系统论方法、控制论方法、信息论方法、耗散结构理论、协同学理论和突变理论等现代科研方法的广泛应用，把科学研究的方法论推上了一个新台阶。这些现代科研方法正日益深刻地影响着自然科学的发展，影响着社会科学的进程，并逐步深入社会生产和人们的日常生活。

一、典型现代科研方法（老三论、SCI 论）

典型的现代科研方法包括系统论（systematology）、控制论（cybernetics）和信息论（information theory），于 20 世纪 30～40 年代创立，合称“老三论”，也称为“SCI 论”。

1. 系统论方法

加拿大籍奥地利生物学家贝塔朗菲（Ludwig von Bertalanffy）于 20 世纪 30 年代创立了系统论。

（1）系统的概念

系统是由相互联系、相互依赖和相互作用的若干部分（或要素）按一定规则组成的、具有确定功能的有机整体。

系统有三个特征：一是由相互联系的部分组成有机整体；二是有机整体具有新功能（即整体功能优于各部分的功能）；三是系统有确定的功能。

（2）系统论方法的特点

系统论方法具有如下特点：①整体性：系统是作为一个整体而存在的，整体性是系统论方法的基本出发点，即整体功能优于各组成部分（要素）孤立的功能。②协调性：组成系统的各个部分（要素）之间相互作用、相互制约，有机地联系在一起。因此，客观事物的一切活动都处于自我协调的运动状态中，具有自我调节的能力。③最优化：追求系统的最优化，是系统分析的出发点和归宿，从多种可能的方案中寻找最佳效果和达到此目的的最佳途径，这是系统论方法最突出的特点。④模型化：在考察、分析复杂的对象时，建立系统模型进行研究，以把握其基本的规律和功能。将系统模型数学化，可以实现对系统因素分析的定量化。⑤动态性：客观世界存在的一切系统，无论是在内部的各要素之间，或系统与环境之间，都存在物质、能量、信息的流通和交换，所以实际系统都处于动态过程之中，而不是处于静态，务必坚持动态性原则。⑥综合性：一方面指客观事物和工程是一个系统，是由诸多要素按一定规律组成的复杂的综合体，有其特殊的性质、规律和功能；另一方面指对任何客观事物和具体系统的研究，都必须进行综合考察，即从它的组成部分、结构、功能及环境的相互联系、相互作用和相互制约等诸方面进行综合研究。而系统的最优化目标就是根据系统科学方法，对研究对象进行综合考察和研究的结果来确定的。

（3）系统论方法的一般程序

应用系统论方法时，一般分为以下几个步骤：

① 问题表述

问题表述指通过调查研究，弄清问题的实质，明确所研究的对象中矛盾和问题的所在，用逻辑的、条理清晰的方式来表达对情况的了解。例如，要建设一条公路，需要明确公路的等级、公路经过哪些地区、建设公路所带来的效益如何、建设公路有无必要等问题。

② 系统设计

系统论方法的成功经验表明，如果能够明确提出系统目标，而且所要求的各种技术和科学足够成熟，工作进程就会顺利。因此，在弄清问题的基础上，应当提出解决问题需要达到的目标和标准。例如，建设一条公路，其目的是方便人们的出行以及促进经济的发展，但公路要选哪个等级、要经过哪些地区，才能满足最小成本、最大效益、最小影响环境的需要。确定了以上目标和标准，便可拟定解决问题的方案。

③ 系统综合

系统综合指把可能达到的预期目标的政策、活动、措施和控制，形成系统概念，综合为一个系统，并提出解决问题的多个方案。系统综合看来很简单，却往往是创造性所在，关键是综合的方案，要向最优化的目标努力。例如，建设一条公路，可以提出多个方案，经过专家论证比较，选择最优方案。

④ 系统分析

系统分析是系统工程中最重要的方法和过程，是系统工程的核心。追求系统的最优化，是系统分析的出发点和归宿。对于大型复杂的系统，为了对众多的备选方案进行分析比较，需要建立模型。对模型进行计算机模拟试验，了解系统的功能，评价系统效果。在系统分析中计算机起着非常重要的作用，现在系统仿真已被广泛应用于许多领域，例如，交通仿真是智能交通运输系统的一个重要组成部分，是计算机技术在交通工程领域的一个重要应用，可以动态、逼真地仿真交通流和交通事故等各种交通现象，复现交通流的时空变化，深入地分析车辆、驾驶员和行人、道路以及交通的特征，有效地进行交通规划、交通组织与管理、交通能源节约与物资运输流量合理化等方面的研究。

⑤ 系统选择

系统选择指对系统分析的结果做出评价，并与目标进行比较，选出最优化系统。现代科学发展过程中，最优化已形成一门专门的科学与技术，运筹学是求出最优解的有效方法，如线性规划、非线性规划、动态规划、排队论、对策论等。

⑥ 系统决策

在选择最优系统时，有时最优系统可能有好几个，除了定量目标外，有时还要考虑定性目标，如政策方针、社会环境等，这需要根据更全面和综合的要求做出决策，从中选出一个或几个方案、模型来试用，这就是系统决策。例如，在公路的设计过程中，在满足经济性的同时，要考虑生态保护，还要考虑到社会的方方面面，如人文观念、人文环境等；设计路线要从村庄边缘经过，少拆房屋、少占农田、保护水环境等。

⑦ 实施计划

实施计划指根据最后选定的方案、模型，对系统进行具体实施，并在实施中进行评价验证，将问题反馈到前面各个步骤中去，使问题进一步明确，使目标进一步集中，进一步修正综合方案，达到预期最优目标。

（4）系统论方法的作用

系统论方法的作用主要表现在以下方面：

① 高效管理。对于规模庞大、对象复杂、任务繁重的重大科学研究、技术开发课题以及工程项目，在实施过程中使用系统论方法，可以促进高效管理，提高研究质量，促进重要的科学发现、重大的技术发明。如研制原子弹的“曼哈顿工程”、载人航天的“阿波罗登月计划”、中国“神舟”载人航天工程，就是很好的例证。

② 科学决策。系统论方法为研究、解决或处理复杂问题提供了一种有效的科学决策手段。贝塔朗菲提出的关于系统的“非加和性原则”，在科学决策中具有重要的指导意义。如何调配人才，如何使之在最需要的岗位发挥作用，是科研工作中最基本的问题之一。战国时代的“田忌赛马”，就是一例科学决策的典型事例。

③ 指导意义。系统论方法是一种广泛适用的科学研究方法，在自然科学、工程技术、社会科学、经济管理等领域得到广泛应用。系统论方法对科研工作以及科研方法的发展具有重要的指导意义。

（5）系统论方法的典型案例

例 1：中国古代“一举三得”工程的设计与实施

中国古人成功运用系统论方法研究和解决复杂工程中的人力、物力和财力等综合调配问题。北宋科学家沈括在《梦溪笔谈》一书中记载的“一举而三役济”故事就是一个典型实例。

原文是：祥符中，禁火。时丁晋公主营复宫室，患取土远，公乃令凿通衢取土，不日皆成巨堑。乃决汴水入堑中，引诸道竹木排筏及船运杂材，尽自堑中入至宫门。事毕，却以斥弃瓦砾灰尘壤实于堑中，复为街衢。一举而三役济，计省费以亿万计。

该工程大意是：宋真宗大中祥符年间，都城开封里的皇宫失火，楼榭亭台，付之一炬。宋真宗命晋国公丁渭负责，限期修复被烧毁的宫室。开工初期，有两个棘手问题需要解决：一是填充地基需要大量土，但取土地点离皇城很远，运费高，速度慢；二是从皇城外运送材料的船只停泊在汴河边，需通过陆路将材料运送到较远的施工现场，时间长、劳力巨。根据实际情况，丁渭采取如下解决方案：一是“挖沟取土，解决土源”，命令工匠从皇宫周围的街道上挖土，数日内，街道形成沟渠，创造性地解决了第一个问题；二是“引水入沟，运输建材”，把汴河水引入新挖成的沟渠形成运河，再用很多竹排和船将修缮宫室要用的材料顺着运河运到皇宫周围，解决了第二个问题；三是“废土建沟，处理垃圾”，在宫殿修复工作完成后，把烧毁的器材和建筑垃圾填进深沟，平整后仍为街道，有效地解决了开发、建设与修复之间的矛盾。实施“一举三得”的优化方案，既大大缩短了工期，又“省费以亿万计”，堪称运用系统论方法解决复杂工程问题的典范。

例 2：中国“神舟”载人航天工程

中国古代先驱很早就有了“飞天”的梦想，而实现载人航天飞行一直是中华儿女的心愿。“神舟”系列飞船的研制与发射成功，圆了中国人的“飞天”梦想。自1999年开始，中国自行研制的“神舟”号飞船系列开始发射升空，至今已从神舟一号飞船发展到神舟十七号飞船（表2-1）。从神舟一号飞船到神舟四号飞船，以及神舟八号飞船，都是无人飞船。自2003年开始，神舟五号首次进行载人航天飞行，历经神舟六号至神舟十七号，其间共有二十位中国航天员被送上太空，实现了中国历史上第一次太空行走实验。中国航天员翟志刚出舱进入太空挥动中国国旗的一幕，开创了中国航天史上的新篇章，中国人登上月球并进行星际旅行指日可待。

载人航天飞行是一个典型的将系统论方法、控制论方法和信息论方法综合运用的工程。航天器结构异常复杂，推进舱、返回舱、轨道舱中的控制部件数以万计，操作指令不计其数，信息流时刻变化，其中的困难程度不可想象。要保证研制单位、科技人员、资源调配、跟踪控制、维护保障等诸多因素协调并有序运作，就必须采用现代科研方法加以管理。中国“神舟”系列飞船的研制及成功发射，是广大航天科技工作者付出无数心血和智慧而获得的成果。现代科研方法的应用，无疑是实现这一宏伟目标的助力之一。

表2-1　神舟飞船发射简况

编号	发射时间	返回时间	乘组	飞行时间
神舟一号	1999-11-20 06:30	1999-11-21 03:41	无人	21小时11分
神舟二号	2001-01-10 01:00	2001-01-16 19:22	无人	6天18小时22分
神舟三号	2002-03-25 22:15	2002-04-01 16:54	搭载模拟人	6天18小时39分
神舟四号	2002-12-30 00:40	2003-01-05 19:16	搭载模拟人	6天18小时36分
神舟五号	2003-10-15 09:00	2003-10-16 06:28	杨利伟	21小时28分
神舟六号	2005-10-12 09:00	2005-10-17 04:32	费俊龙、聂海胜	4天19时32分
神舟七号	2008-09-25 21:10	2008-09-28 17:37	翟志刚、刘伯明、景海鹏	2天20小时27分
神舟八号	2011-11-01 05:58	2011-11-17 19:32	搭载模拟人	16天13小时34分
神舟九号	2012-06-16 18:37	2012-06-29 10:03	景海鹏、刘旺、刘洋	12天15小时26分
神舟十号	2013-06-11 17:38	2013-06-26 08:07	聂海胜、张晓光、王亚平	14天14小时29分
神舟十一号	2016-10-17 07:30	2016-11-18 13:33	景海鹏、陈冬	32天
神舟十二号	2021-06-17 09:22	2021-09-17 13:34	聂海胜、刘伯明、汤洪波	93天
神舟十三号	2021-10-16 00:23	2022-4-16 09:56	翟志刚、王亚平、叶光富	183天
神舟十四号	2022-06-05 10:44	2022-12-04 20:09	陈冬、刘洋、蔡旭哲	183天
神舟十五号	2022-11-29 23:08	2023-06-04 06:33	费俊龙、邓清明、张陆	188天
神舟十六号	2023-05-30 09:31	2023-10-31 08:11	景海鹏、朱杨柱、桂海潮	154天
神舟十七号	2023-10-26 11:14	2024-4-30 17:46	汤洪波、唐胜杰、江新林	187天

2. 控制论方法（控制论）

美国科学家维纳（Norbert Wiener，1894—1964）是控制论的奠基者。中国著名物理学家、世界著名火箭专家钱学森于1945年首创工程控制方法，把控制论应用于工程技术领域。

（1）控制的概念

所谓“控制”，是指自然形成的和人工研制的“有组织的调控系统”。控制的目的，在于通过系统内外部的信息对其运行状态进行有效调控，使之保持某种稳定状态。“控制”现象普遍存在于自然界的生物系统、人体系统等诸多系统之中。在社会领域中，国家、政党、社团、科学、技术、军事等系统中，也存在着“控制”现象。

（2）控制论方法

控制论是以控制系统为研究对象的科学。控制论方法，是指系统在没有人直接参与的情况下，利用控制器，通过信息变换和反馈作用，使被控制的对象能够自动地按照人们预定的程序运行，最后达到最优化的目标。例如，导弹的发射并击中目标，人造地球卫星按预定的轨道运行，都是靠自动控制的方法来实现的。

（3）控制论方法的特点

① 类比性。控制论方法是将机器和动物的某些机制进行类比，找出共有的规律。控制论方法从控制系统运动规律的角度来考察系统的状态、行为和功能。具体的系统各种各样，有生物系统、工程技术系统、社会系统。但控制论方法在考察这些系统时，撇开了各系统所含的具体内容，只是一般地研究控制系统的行为和功能。

② 组织性。可调控物质系统的有组织性是实施控制论方法的必要条件。没有一定的组织性，就难以控制，难以实施控制论方法，即难以实现控制过程。

③ 综合性。控制论方法在研究被调控系统的运动状态时，必须考察系统周围环境对系统的影响。一个系统有多种信息，哪些信息对系统功能的影响起决定作用，或者说对哪些信息进行有效控制后，可使系统功能得到正常发挥，对此必须通过分析，做出正确的选择。

④ 反馈性。控制论方法的核心是反馈控制。信息反馈是实现控制的重要机制，反馈方法是控制方法的重要组成部分。把系统的输出通过一定的通道再返送到输入端，从而对系统输入和再输出施加影响的过程，就是反馈。反馈分为两类：一类是正反馈，它是倾向于加剧系统正在进行的偏离目标的运动，使系统趋于不稳定状态的一种反馈；另一类是负反馈，它倾向于反抗系统偏离目标的运动，使系统趋于稳定状态。控制论方法中一般采用负反馈来控制系统，从而克服系统的不确定性，使之稳定地保持某种特定状态。

⑤ 动态性。控制论方法在动态中考察物质系统的运行机制、结构和功能。

（4）控制论与科学研究

控制论方法在科学研究中把研究对象看作一个整体、一个系统，研究这个整体和周围环境的关系。而这一关系是通过信息和反馈来体现的，研究对象的信息输出和信息输入及其动态过程，反映了研究对象的控制功能和控制过程。将控制功能和控制过程抽象为信息的获取、传递、加工和利用，从而深刻地揭示了一切具有控制功能的生物系统、技术系统和社会系统的共同本质。控制论方法揭示了生物、技术、社会等系统的共同本质和规律，为科学研究提供了崭新的研究方法和独特的思维方式，展示了一个崭新的、广阔的视野。

例如，科学家仿照水母耳朵的结构和功能，设计了水母耳风暴预测仪，精确地模拟了水母感受次声波的器官；又如，科学家受蝴蝶身上的鳞片会随阳光的照射方向自动变换角度而调节体温的启发，将人造卫星的控温系统制成了叶片正反两面辐射、散热能力相差很大的百叶窗样式，在每扇窗的转动位置安装对温度敏感的金属丝，随温度变化可调节窗的开合，从而保持了人造卫星内部温度的恒定，解决了航天事业中的一大难题。

3. 信息论方法

1948 年，美国数学家申农（Claude Elwood Shannon）《关于通信的数学理论》一文，奠定了信息论的基础。

（1）信息的概念

有关信息概念的定义，至今尚未形成统一的认识。以下是代表性的观点：

① 狭义信息。信息就是消息，即通信系统所传输、检测、识别、处理的内容。

② 广义信息。信息是指事物的存在方式或运动状态，以及对这种方式、状态的直接或间接的表述，即人们感官直接或间接感知的一切有意义东西。如电话、电视、电报、雷达、

声呐等所传达的信号，生物神经传递的能量以及遗传因子等。

③ 申农观点。信息是负熵，可定义为“不确定性的消除”，即信息量的大小可用被消除的不确定性来描述。

④ 维纳观点。“信息是有序性的量度”，即信息是系统状态的组织程度或有序程度的标志。

(2) 信息的特点

信息具有普遍性、传递性、时效性、共享性、可转换性、载体依附性等特点。

① 普遍性：信息是普遍存在的，信息无处不在、无时不在。信息过程存在于一切运动的系统之中，系统的外在变化和内在变革能够通过信息的交换反映出来。

② 载体的依附性：信息不能独立存在，必须依附于一定的载体。信息载体形式多样，如：印刷型、机器型、声像型、网络型等。信息可以转换成不同的载体形式来存储或传播。载体的依附性具有可存储、可传递、可转换的特点。

③ 时效性：信息反映的是特定时刻事物的运动状态和方式。

④ 传递性：指信息在空间和时间上的传递，信息可以在空间上从一个地方传到另一地方。同样，信息也可以从一个时期传递给另一个时期，信息储存就是信息在时间上的传递。

⑤ 共享性：信息资源可以共享，信息资源的共享将极大推进人类文明的发展。

⑥ 可转换性：一是有价值的信息可以转化为效益、生产力和财富，正确而有效地利用信息，可以创造更多更好的物质财富，节约能量，节省时间；二是信息会随时间和空间的变化不断更新。

⑦ 可伪性：人们容易凭主观想象来认识理解信息，或孤立地认识理解信息，从而易于产生虚假信息。信息的可伪性提醒我们，一定要注重信息的来源和信息的筛选，注意防止“垃圾信息”或信息污染。

(3) 信息论方法的作用

信息论方法是指运用信息的观点，把系统的运动过程视为信息的传递和转换过程，通过对信息流程的分析和处理，实现对某个复杂系统运动过程内部规律性的认识。信息论方法的作用主要表现在以下几个方面。

① 功能抽象。信息论方法完全抛开对象的具体运动形态，将系统的运动抽象成为信息的变换过程，即从信息流的传输和变换以及输入和输出之间的关系出发，研究系统的特性和规律。因此，可以把类似相关的自然系统和社会系统抽象为信息过程，建立信息模型，对原型进行阐释。

② 科学预测。事先掌握丰富、可靠的信息资料，对于科学决策和正确预测事态发展至关重要。现代化的生产过程涉及组织、计划、指挥、协调、控制等诸多管理，需要建立管理信息系统，通过控制生产过程的信息流来提高生产效率和产品质量。

③ 结构探析。科研工作中经常遇到“黑箱”问题。信息论方法为解决“黑箱”问题提供了一种有效手段，即把“黑箱”视为一个信息系统，通过比较输入和输出的信息，揭示其内部结构与系统状态及功能之间的关系。

二、“新三论”

“新三论”，即耗散结构理论（dissipative structure theory）、协同学理论（synergetic theory）和突变理论（catastrophe theory）。“新三论”是 20 世纪 70 年代以来陆续确立并获

得极快进展的三门系统理论的分支学科，也称为“DSC论”。

（1）耗散结构理论

耗散结构理论是由比利时科学家普里高津（Ilya Prigogine，1917—2003）提出的。根据耗散结构理论的观点，普里高津提出一个著名论断，即“非平衡是有序之源”。其具体含义是：系统只有在远离平衡的条件下，才有可能向着有秩序、有组织、多功能的方向进化。该理论向传统科学的某些观念提出了严峻挑战，打破了经典科学中的平衡与非平衡、决定论与非决定论、可逆与不可逆、简单性与复杂性等截然对立的界限，以新的思维方式在更大的范围将它们统一起来，促进并形成了一种新的科学观和方法论，深化了科学内涵，充实了哲学内容，在科学界产生了深远的影响。自创立以来，被广泛地应用于自然科学、工程技术以及社会科学的各个领域。因此，普里高津于1977年获得诺贝尔化学奖。

（2）协同学理论

协同学理论的创始人是德国著名的理论物理学家哈肯（Hermann Haken）。

自然界是由许多系统组织起来的统一体，这诸多系统称为子系统（或元素），该统一体即为大系统。协同学理论认为，在一定条件下，系统内部各子系统之间存在相互影响和协同作用，这些作用将会使系统发生相变，在宏观上形成时间、空间或功能的新的有序结构状态。系统相变一般是指系统结构形态的质变，系统由旧的无秩序结构转变为新的有序结构遵循一定的规律，协同学理论即是研究这些规律的科学。

协同学理论是处理复杂系统的一种策略，其目的是建立一种用统一观点去处理复杂系统的概念和方法。该理论的重要价值体现在以下两个方面：一是该理论通过大量的类比和严谨的分析，论证了各种自然系统和社会系统从无序到有序的演化，都是组成系统的各元素之间相互影响又协调一致的结果；二是该理论在为一个学科的成果推广到另一个学科提供理论依据的同时，也为人们从已知领域进入未知领域提供了一种有效手段。

（3）突变理论

法国数学家勒内·托姆（René Thom，1923—2002）在《结构稳定性和形态发生学》中，正式提出了突变理论，并且对其进行了详细阐述，因此荣获国际数学界的最高奖——菲尔兹奖。

突变理论认为，系统所处的状态，可用一组参数描述。当系统处于稳定态时，标志该系统状态的某个函数就取唯一的值。当参数在某个范围内变化，该函数值有不止一个极值时，系统必然处于不稳定状态。系统从一种稳定状态进入不稳定状态，随参数的再变化，又使不稳定状态进入另一种稳定状态，那么，系统状态就在这一刹那间发生了突变。突变理论给出了系统状态的参数变化区域。简而言之，突变理论就是研究从一种稳定组态跃迁到另一种稳定组态的过程中的现象和规律的学说。突变理论研究的重点是在拓扑学、奇点理论和稳定性数学理论的基础之上，通过描述系统在临界点的状态，来研究自然多种形态、结构和社会经济活动的非连续性突然变化现象，并且通过耗散结构理论和协同学理论，将自身与系统论联系起来，借此对系统论的发展产生推动作用。

在自然界和人类社会活动中，除了渐变的和连续平稳的变化现象之外，还存在着大量的突然变化和跃迁现象，如水的沸腾、岩石的破裂、桥梁的崩塌、地震、细胞的分裂、生物的变异、人的休克、情绪的波动、战争、市场变化、经济危机等等。突变理论正是试图用数学方程描述这些过程。突变理论能够阐述和预测自然界和社会的突变现象，已经在许多领域取得了重要的应用成果。

第四节　创新科研思维

一、科研思维概述

任何一位科学家或研究者在从事科研工作的过程中，都必然需要运用理论思维，这是由科学本身的性质所决定的。科研过程是人对自然、社会以及精神活动的一种认识过程，它和人类的一切认识过程一样，都只能在一定的世界观、认识论和方法论的指导下进行。

1. 思维及科研思维

（1）思维

思维是一种认识活动，是认识的理性阶段，是对感性材料进行加工，形成概念、判断、推理的过程。思维具有抽象性、概括性、间接性、逻辑性、加速性等特点。

① 抽象性。科研的目的是发现研究对象中的内在规律，研究的过程就是发现规律的过程，即舍弃非本质因素而抽取本质属性的认识过程。

② 概括性。在科研工作中，研究者需要把所发现的研究对象本质属性进行概括，并凭借合理的假设、缜密的逻辑、足够的实验和科学的判断，将其推广到具有该属性的一类研究对象之中。

③ 间接性。研究者在借助科研工具（仪器）获取感性认识的基础上，通过大脑的科学思维活动，将其与记忆库中的知识进行比对、甄别，从而对研究对象产生间接的反映。

④ 逻辑性。科研思维属于抽象思维，而逻辑性是抽象思维的一种基本特性。因此，探索并总结科研活动中科研思维的逻辑方式及其规律，是研究者应该特别关注的问题。

⑤ 加速性。科研的目的在于探索并发现规律，而科研思维的运用则会有效地促进科学认识和科学发现过程。因此，科学思维是科研工作的加速计，正确地进行科学思维可以加速实现科技创新。

（2）科研思维

科研思维是研究者在科研工作中为解决科研问题而采用的科学思维方式。科研思维具有客观性、能动性、多样性、交叉性等特点。

2. 科研思维价值

（1）科研思维促进科研方法

任何理论思维活动的进行，都必须运用一定的思维方式，都要使用思维规定和逻辑范畴。而各种思维方式都是一定的方法论的体现，同时也促进了科研方法的发展。古今中外的科学家及研究者们在科学上的成败得失，既有客观因素，也有主观因素。在客观条件一定的前提下，支配他们进行研究的哲学思想和科研方法，将对其研究工作产生重要影响。

（2）科研思维促进全面发展

科研思维的重要性不仅体现在科研工作方面，在其他方面的作用也是不可忽视的。在当今竞争激烈的科学研究领域，大家在知识的广度与深度上也许相差不多，但不同的研究者一般拥有不同的思维方式，且在从事科研工作时对思维方式的运用也有一定区别，这导致他们最终的研究成果往往差别很大。

二、典型科研思维

人们对自然界的认识，是通过概念、判断和推理来进行的。而概念、判断和推理都是使人们通过科学抽象获得对客观事物全面、具体认识的思维形式。从事科学研究，掌握科学的思维方式，对于科学地认识研究对象、有效地揭示客观规律具有十分重要的意义。在科研工作中，典型科研思维主要有判断、推理、想象和直觉等类型。

1. 判断思维

（1）判断的含义

判断是反映客观现实的一种思想，是对研究对象有所断定的一种思维方式。与概念相比，判断是较为高级、复杂的思维形式，并以之为基础获得对研究对象本质、全体和内部联系的认识。

（2）判断的特征

一是有所断定，即必须对某一对象有所肯定或否定；二是或真或假，即判断本身是一个主观认识与客观实际的结合，若二者一致，则这一判断具有真实性，反之就是一个虚假的判断，即对某一判断，二者必取其一。

（3）判断的辩证性

一个判断的表述由主词、谓词和系词组成。判断由概念构成，概念只反映事物的本质属性，而判断则反映事物具有或不具有某种属性；概念与判断之间相互依赖，相互对立，判断通过概念反映事物的本质。

（4）判断的作用

判断是认识活动的成果，也是科研工作的工具。尤其是辩证判断，在当代科学研究中具有重要的意义。在科学研究活动中，对任何问题、过程都需要进行真实的判断。可以说，没有判断，科学研究将无法进行，认识亦无法前进。

（5）判断的局限性

判断具有一定的局限性，主要表现在判断不能够简单地进行移植或叠加等操作。如特殊判断过渡到一般判断是否成立，取决于判断的前提、概念的使用以及判断之间的关联程度。

2. 推理思维

（1）推理的含义

推理是由一个或若干个判断过渡到新的判断的思维方式，是比判断更为高级的思维形式。一切推理都是由前提（已知判断）、结论（推出的新判断）和推理根据（真实前提与结论之间的必然联系）三个部分组成。推理的要领如下：一是推理需要充分的基础；二是推理需反复深入的思索；三是推理要基于正确的假定；四是推理需采用正确的逻辑；五是在推理过程中，不能将事实混同于对事实的解释。

（2）推理的种类

推理有多种分类方式，如可分为直接推理和间接推理。前者是只有一个前提的推理，而后者则是有两个以上前提的推理。

（3）推理的意义

推理如同概念、判断一样，具有其客观基础。推理过程中涉及的研究对象并非孤立，而是具有内在一致的联系。推理过程受到研究者的控制，具有积极、主动的特征。推理最大的特点在于该过程可以使人获得新认识、新结论。

（4）推理的局限性

推理的局限性主要表现在需要拥有严格的前提、结论和根据，因此推理过程相当严谨，不能够随意使用未经证实的猜想或模糊的结论作为前提，也不能够得到模糊的结论。提出和证明猜想，已经成为当今创新的一条重要途径，仅仅使用严格的推理对创新有一定的约束作用。

3. 想象思维

（1）想象的含义

想象是人类所拥有的一种智能，是一种高级的形象思维活动。科学想象是指研究者在反复思考一个问题时，对已有的表象进行加工和重新组合而建立新形象的过程。想象往往能够激发灵感，有助于创造性的思考。

（2）创造想象

按照预定的目的，依据现成的描述，在人们的头脑中独立地创造出来新的形象“蓝图”的过程，即为创造想象。科学研究中的理论构建、工程技术发明等，均需具有创造性的想象思维。在创造想象中，建立新形象常用的手段是联想、拼接、移植、扩大或缩小等。

（3）想象的作用

物理学家爱因斯坦指出：“想象力比知识更重要，因为知识是有限的，而想象力概括着世界的一切，推动着进步，并且是知识进化的源泉。严格地说，想象力是科学研究中的实在因素。”可以说，想象力是科学发现和技术发明过程中不可或缺的因素，它并非单独工作，而是物化在整个研究过程之中，并起到催化科研成果诞生的作用。

（4）培育想象力

想象力是一种十分可贵的才能，但并非天生固有，而是通过后天的学习、锻炼而产生，并在科研实践中逐渐地被培育起来。渊博的知识积累、丰富的记忆表象储备、勤于动脑思考、善于吸纳他人智慧、勇于开拓创新以及有目的、有方向性的联想等，这些条件都有助于想象力的培养。科研实践亦证明，拥有良好的想象力，有助于挖掘灵感源泉，激励创新思想，突破科研难题等。

4. 直觉思维

（1）直觉的定义

直觉，一般指对研究情况的一种突如其来的领悟或理解，亦指突然跃入脑际的、能阐明问题的思想。所谓直觉方法，是指在经验基础上不经过逻辑推理，而凭借理性直观、直接且迅速地获得对事物本质认知的洞见能力和方法。恰当地利用直觉，有可能直接从大量错综复杂的数据中迅速提取出关键内容，总结出规则、定律。

（2）直觉的特点

直觉思维往往表现在研究问题时突然对问题有所领悟，直接跳过逻辑思维的某些论证环节而获得认识飞跃。直觉一般产生于大脑的潜意识活动，这时，大脑也许已经不再自觉地注意这个问题，然而却还在潜意识中继续思考它，一旦获得结果，就有可能被捕捉到而形成直觉思维。在该思考过程中，调用资料和进行判断均在潜意识中进行，因此思考速度可能远远快于表层意识。由于通过直觉得到的结论并未经过严格的逻辑推理与认证，因此该结论未必可靠，很可能存在疏漏甚至错误。从这个意义上说，直觉思维具有突发性、跳跃性、或然性和不可靠性等特点。

（3）直觉的作用

直觉在科研及创造活动中有着非常积极的作用，其功能主要体现两个方面：直觉有助于研究者提出创造性的预见。创造都要从问题开始，而问题的解决，往往有许多种可能性，能否从中做出正确的抉择就成了解决问题的关键；直觉能够促进研究者迅速做出优化选择。直觉往往偏爱知识渊博、经验丰富并有所准备的人，只有那些具备深厚功底的研究者，才有可能在很难分清各种可能性优劣的情况下做出优化抉择。

（4）直觉的产生

直觉出现的时机多为大脑功能处于最佳状态的时候，而思绪繁杂、混乱或疲惫时一般不容易产生直觉。在大脑功能处于最佳状态时，大脑皮层形成兴奋灶，对特定的信息进行迅速而准确的分析，使出现的种种自然联想顺利而迅速地接通。直觉经常出现在不研究问题的时候，要善于捕捉。直觉转瞬即逝，因此必须随时记录，最好是用笔记下，以备后查。专注的思想活动，诸如学术讨论、思想交流等形式，对直觉有积极的促进作用；使注意力分散的其他兴趣或烦恼、工作过劳、噪声干扰等，将阻碍直觉的产生。

三、创新思维

1. 创新概述

创新是一个非常古老的概念，英文为 innovation，起源于拉丁语。创新包括三层含义：一是“创造”，即由无到有；二是“更新”，即以新代旧；三是“改变”，即固而思变。

2. 创新思维概念

有关创新思维的概念，国内外学者有诸多观点，目前学术界还没有一个统一的定义。

① 创新思维是在非常规的刺激下，通过非逻辑思考方式产生的顿悟或启迪。它强调了思维活动中灵感、直觉、想象等因素的关联和激发作用。

② 创新思维是对常规思维的突破，是逆常规思维认识事物的一种新的思维方式。创新思维的产生通常是在偏离正常思维的轨迹上（如反向思维、发散思维等）实现的。

③ 创新思维是一种与生俱来的天赋。片面强调了天赋的作用，忽视了后天的学习和训练。天赋固然重要，但若无知识学习、经验积累以及技能培训，创新思维就无从谈起。

④ 创新思维是思维发散与收敛交替轮回的作用过程。

3. 创新思维特征

创新思维具有如下基本特征：创新性、批判性和灵活性。

① 创新性。创新性是创新思维的基本特征和主要标志，评价创新性最重要的指标是思维成果的新颖程度。

② 批判性。批判性一般指对新旧理论间矛盾的取舍。研究者在发现新现象、新事实与既有知识、经验和定律相矛盾且采用常规思维方式无法解决该矛盾时，创新思维的批判性就显得特别重要。

③ 灵活性。主要指研究者的思维活动不受常规思维定式的束缚与局限，并且能够根据具体的科研对象自由、灵活地采用多种思维方式探索问题的答案。

4. 创新思维形式

科研过程是一个创新过程，该过程的完成往往需要采取多种科研方法和思维方式。而其中的创新思维并非以单一的形式出现，而是表现为多种形式思维的综合运用。

① 弹性思维。是指思维在广度和深度层面具有弹性特点的思维方式。代表性的弹性思维包括发散思维、收敛思维和联想思维等类型。

发散思维是指大脑在思维时呈现一种扩散状态的思维模式，属于弹性思维基本类型之一，与收敛思维相对。其特点是思维视野广阔，不墨守成规，不拘泥于传统做法，从一个目标出发扩散思考，探求多种答案，创新途径宽阔。在科研活动中能否有效地利用发散思维，是衡量研究者创造力高低的重要标志之一。

联想思维是指在一个物体的启发下想到另一物体的过程，是一种基本的思维方法。联想思维属于弹性思维范畴，通过由此及彼的思维过程，开拓研究者的思路。联想思维在科研中具有重要作用。

② 多元思维。是指思维的指向不拘泥于单一的方向去分析、探索问题的思维方式。从一维思维空间的指向考虑，具体有正向思维和反向（或逆向）思维；从多维思维空间的指向考虑，有类比思维、水平思维、纵向思维等。

反向思维是相对于正向思维而言的，即沿着常规思维（或习惯思维）相反的方向去思考，以实现新发明和新创造的思维方法。正向思维一般是从原因到结果的思考，而反向思维则是从结果追溯原因。思维方向的改变，往往产生意想不到的奇迹。

③ 跳跃思维。是指思维直接越过逻辑思维的某些既定环节或改变某些操作步骤，非常规地获得结论。跳跃思维是非循序渐进的思维过程，其跳跃性会带来认识上的某种突变和飞跃。跳跃思维有多种具体形式，如灵感思维、直觉思维、想象思维等。

灵感思维，在科研工作中，研究人员一般习惯于遵循已定的研究路线朝前思考。研究期间必然会遇到疑问，某些难题可能难以按照原先的思路解决。这时，若是采取迂回方式，转个弯求解，或许会悟出灵感，求得破解难题的妙法。灵感思维是非直线式的，属于 U 形思维。迂回法在发明创造中具有特殊的价值，关键是要找出合适的“迂回中介”。

5. 创新思维过程

创造思维过程包括问题提出阶段、探索创造阶段和整理完善三个基本阶段。

① 问题提出阶段。该阶段是创造性科学思维活动的第一阶段，是进行有意识活动的阶段。在这一阶段，科研人员提出问题，并调动自己已有的知识去解决它。但当已有的知识不足以获得创造性的结果时，就必然要寻求全新的解决思路和途径，这时便开始进入思维的第二阶段。

② 探索创造阶段。该阶段是创造性科学思维活动的第二阶段，通常是进行无意识活动的阶段。由于问题如何解决仍然未知，因此研究者的思维异常活跃，概念、原理、公式、方法等各种已有的“知识单元”开始试探性地进行无意识的自由组合，同时通过直觉、经验对这些组合进行筛选。其中，最有价值的组合总能给人以最大的和谐感。对于直觉能力强的科学家而言，他们能够在一瞬间抓住这样的组合，并努力使之上升为创造性的成果。得到了创造性的成果，就可以进入思维的第三阶段。

③ 整理完善阶段。该阶段是创造性科学思维活动的第三阶段，是进行有意识活动的阶段。通过对创造思维成果进行逻辑组织和严密的表述，创造性成果会得到进一步的整理和完善。

6. 创新思维培养

一个民族要想自立，一个国家要想强大，就离不开创新的灵魂。科学思维，能够帮助我们掌握科学的创新方法，开展科技创新活动。从这个意义上说，学习、掌握科学的思维方式，对培养科学的思维习惯，取得科研的成功进而推动科技进步都有莫大的裨益。我们要在掌握典型科研方法和科研思维方式的同时，注重科研态度的培养和训练。无论在哪个领域从事科研工作，要想获得成功，我们都应该做到：要有追求真理的事业心，要有循序渐进的平常心，要有难以满足的好奇心，要有坚持不懈的进取心，要有一丝不苟的敬业精神，要有求真务实的踏实作风，要有克服万难的决心毅力，要有无私无畏的奉献精神，要有团结协作的合作精神，要有服从事实的宽广胸怀。

如何进行科研思维，特别是创新思维的培养和训练呢？

(1) 科研逻辑方法的学习与应用

学习并正确地应用科研逻辑方法是创新思维训练的必要前提。在科学研究和技术开发过程中，尤其是实验（或实证）性课题的研究，常常会获得大量的数据。要得出一般性的结论，就必须采用分析与综合的方法对这些数据进行处理。分析是在综合指导下的分析，综合是分析的提高，两者是相辅相成的，不可割裂。归纳与演绎、抽象与具体也是科研中常用的逻辑方法。归纳是从特殊到一般，可以看成是分析、综合、抽象的一个过程；而演绎则是从一般到特殊，由已知的一般性结论推出某些特定或具体条件下的未知情况。在开始某一实验之前，需要根据已知的理论，演绎可能出现的实验结果；实验结束后，对实验数据进行分析、归纳，得出较为普适性的结论。由此可见，逻辑方法在科研中具有重要的作用，要想在科研中取得成果，必须掌握逻辑方法。

(2) 科研思维方式的学习与实践

学习并实践科研思维方式，是训练创新思维的有效途径。

(3) 有效克服科研思维中的障碍

常识、习惯和经验常常会影响并束缚人们的创造力。思维定式是人们从事某项活动时的一种预设心理状态，这种状态一旦形成某种程度的固化，就容易导致思维活动出现障碍。从这个意义上说，科技创新必须跨越常识，突破习惯，修正经验。

(4) 大胆怀疑，缜密求证，超越自我

事实上，认识一个预想不到的新发现，承认一个与传统理论或观点不相符的新事实，即使它们已十分明显或确凿，对于普通的研究者也是有一定困难的。因此，在科技创新活动中，我们要树立大胆的怀疑精神，培养缜密求证的技能，提高超越自我的意识。

批判性是创新思维的基本特征之一。批判的前提是怀疑，对研究者而言，怀疑是一种科研的基本素养，是从事科研工作很有价值的一种思想素质。自信是对自己有信心的一种肯定性心理状态，从事科技创新活动，研究者需要在新发现的科学事实基础上，重新对以往的观点、理论、结论和经验等进行评价。而在这一过程中，研究者不断地怀疑、论证、评价，逐步建立起怀疑、批判的自信心，提高了求证的能力，最后超越自我，取得科技创新的成就。

第三章

科学研究程序

Chapter 3

[要点提示]

介绍科研基本过程，自然科学研究程序。

人类社会已进入知识经济时代和知识网络时代，经济的发展、社会的进步、人民生活水平的提高，都要依靠人的智力所创造的先进科学技术，而这些先进的科学技术是由科学技术人员掌握的。为促进经济的快速发展，必须培养足够数量的掌握先进科学技术的人才，世界各国都在为培养高端科学技术人才进行不懈的努力，我国也正在积极努力培养各类科学研究人员。

科学研究是一项特殊的任务，也是一项具体的工作。做好科学研究，既要了解成功及高效做事方法论的一般规则，也要了解科学研究的特点和具体要求。和做其他事一样，科学研究也需要有一个合理和有效的程序。做事的一般步骤是调研、规划、实施和检验，对科学研究来说同样适用。学习和运用科学研究方法论的体系和规则，以及系统化的程序和方法，再考虑科学研究的特点和要求，在规定的时间内脚踏实地地做好科学研究、整理好科学研究成果，便可以把科学研究工作做好。

第一节　科研基本过程

科研是一种探索性的艰苦劳动，也是一段复杂的实践过程和认识过程。科研最大的特点在于创新，科研过程绝不拘泥于固定不变的步骤。在一般情况下，科研过程往往包括几个相互衔接的环节，并由此构成科研的基本步骤。

一、科研过程概述

任何类型的科学研究都必须经过一个规范的科研过程。其间需历经诸如发现问题、梳理问题、确定选题、定义概念、确定变量、构建理论、测量指标、收集数据、分析讨论、获得结论等过程。科研过程是由上述一些相对固定的环节组成的，这些环节一般也称为科研步骤。所谓科研步骤，是指在科学研究中所采用的最基本和最有成效的环节。研究领域不同，科研步骤亦有所不同。在科研工作中，采用恰当的研究方法，并遵循有效的研究步骤，是事半功倍获得正确研究结果的必要条件。研究工作只有遵循科学、规范的科研过程，才能称之为“科学研究”。科研工作者既要追求科研结果，更要注重科研过程。这是因为任何研究结果均被包含在科学研究过程之中，并且在报告研究结果的同时亦需报告整个研究过程。

二、科研一般步骤

由上述科研过程阐述可知，科研过程具有基本的环节和步骤。实际上，科学研究既没有绝对的起点，也没有绝对的终点。具体的科研工作可以从科研基本过程当中的任何一点（环节或步骤）开始，亦可在任何一点结束，科研中的各项具体研究并不一定与基本过程相一致，也并非一定要经历一个一般的、共同的步骤。例如，有些研究课题仅仅停留在理论探索阶段，这些研究主要致力于探讨和澄清一些理论方面的概念，而有些研究从观察入手，直接进行实验或实地调查，抑或不直接去进行实验或实地调查，而是利用他人提供的实验数据、统计信息及文献资料进行分析和概括等。这类研究并非不科学，而恰恰反映出在各种具体的科研过程中，因课题的研究任务和研究方式不同，其具体科研步骤亦应有所差异。科学研究一般包括以下几个步骤或阶段。

① 提出问题和假设。该阶段首先需要确定研究课题以及研究所依据的理论；其次，通过对理论的演绎，提出研究假设或研究设想。

② 制订研究方案。该阶段将研究课题具体化，并确定研究方法和研究计划。

③ 实施研究方案。该阶段采用各种方法或手段（如观察、实验等）收集事实，获得相关数据和资料。

④ 整理和分析资料。该阶段对科学事实（数据和资料）进行归纳、概括，并对研究假设进行检验或验证。

⑤ 得出研究结论。该阶段是科研的最后阶段，即通过分析、抽象和综合得出理性认识，即科学结论。

三、科研基本过程

科研是一项集体的事业，需要团队成员协作攻关，要在许多人的努力和多项研究的推动下才能发展、前进，而每一项具体的科研过程都是科学事业的一个有机组成部分。科研的基本程序一般可以作为具体科研的“指南”或“模板”，它可以使研究者了解自己的研究在整个科研过程中的位置和作用，并从中把握科研的基本环节和具体步骤。图 3-1 是以问题为研究起点而构建的一种科研基本程序。

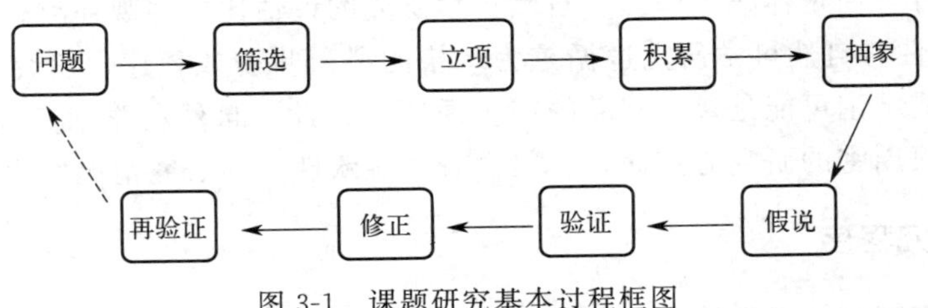

图 3-1　课题研究基本过程框图

由图 3-1 可见，课题研究从提出问题开始进入科研程序，其间历经问题筛选、科研立项、资料积累、科学抽象、建立假说、理论验证、假说修正、理论再验证等研究过程，如此周而复始，循环往复，最终完成科学研究。而其中各个相互联系的研究环节和阶段，则充分体现了科学研究的逻辑过程。科研基本程序表明，以问题开始是进入科研程序比较恰当的切入点。提出问题是为了解答，但这种解答并不是一次就能完成。科学研究中的任何一次解答，特别是理论上的解答，都不可能是绝对的真理，只是暂时性的或尝试性的假说，还需要在客观世界中经过无数次的应用和检验，才能不断得到验证与修正，并逐渐接近客观真理。从这个意义上说，科学研究是一个永无休止的过程。以上论述提供了一个从整体上把握科学研究过程脉络的方法。由于具体课题的研究过程各有特点，故其中有些阶段可能会发生交叉重叠或跳跃式变化，因此，在科研方法的学习与实践中，要结合科研实际，具体问题具体分析、具体对待，探索适合本学科、本领域的科研方法，并加以有效使用，是研究者从事科研工作获得成功的必要条件。

第二节　自然科学研究程序

一、自然科学研究概述

自然科学是研究自然界的物质结构、形态和运动规律的科学，由于自然科学追求的是永恒的真理，因此它更关注一些典型的现象。自然科学工作者在从事科研工作的过程中，需要利用典型的实例对所提出的理论或假设进行验证。通过典型实例，人们能够了解相关的或更深层次的机理。自然科学的重点，不在于具体现象的认识，而在于阐释典型的现象并揭示规律。自然科学研究具有如下一些特点。

① 确定性验证。自然科学工作者通常用实验（或试验）的方法来证明所提出的假设或推出的结论。

② 概念同一性。对于自然科学而言，概念的定义基本上是一致的或不变的。例如，化学元素周期表中的元素，其位置和特征是唯一的，不可移动；物理学中基本物理量的符号表征及单位规定在全世界范围内都是统一的，不可更改。

③ 因果决定论。自然科学因果关系在一定程度上是满足决定论的，即若给定环境条件（如物理、化学等条件），则自然现象的发生必遵循因果律。一个实验在一处得到某一结果，在另外一处也会得到同样的结果，只要保证该实验在两个实验地点均满足相同的实验条件即可。

④ 可量化研究。自然科学研究可以量化进行，如以克、千克、盎司等衡量重量，以立方米、加仑、公升等衡量体积。因此，自然科学研究的评估比较客观一致。

⑤ 注重直接性。自然科学研究遵循较为严格的科研步骤或程序，研究工作一环紧扣一环，前一个结果或结论可能是接续现象的产生原因。因此，自然科学研究注重这种直接性。对于已经制订得很周密的研究方案而言，很少有“跳跃性”的研究情况发生。

二、自然科学研究程序

自然科学研究（包括工程技术科学及应用科学研究）程序一般包括确立科研课题、获取科技事实、提出假说设计、理论技术检验与建立创新体系这五个主要环节。

1. 确立科研课题

此阶段是整个科学研究中具有战略意义的阶段，科研课题的选择与可行性论证直接关系到科研的成败。科研工作者必须以实事求是的认真态度去发现问题，并从中归纳、提炼出具有科学研究价值的课题。

（1）问题意识

在认识活动中，人们经常会遇到一些疑惑，因而在意识中产生一种怀疑、困惑、焦虑、探索的心理状态，这种心理驱使个体的思维活动更加积极。当这种疑惑不能被解释时，便产生了所谓的问题。现代思维科学研究认为，问题是思维的起点，任何思维过程总是指向某个具体问题。在科学研究和技术发明过程当中，科研人员需要经常思考“是什么”“为什么”“怎么办”等问题，为了回答这些问题，就会启动思考，从事创造，这就是问题意识。科研工作中的问题意识具有重要意义，主要表现在以下几个方面。

① 引导探索。在处理问题的过程中，不仅应当关心问题解决的结果，还需要注重获得知识或创新知识的过程。在积极思维、深入探索的过程中，知识通过组织和整合，由零散杂乱变得系统有序，问题也就从未知走向了已知，达到了解决的目的。

② 促进创新。问题意识不仅体现了个体思维的活跃性和深刻性，也反映了思维的独立性和创造性。强烈的问题意识，能够成为思维的动力，促使人们去发现问题、分析问题和解决问题，直至产生新的发现，这是创新的基础。

③ 培养能力。提出问题的顺序应该是先大后小、先难后易、先一般后特殊，使得研究者能够获得较为充分的思考和讨论空间，亦为研究者留有思考余地。培养问题意识能够有效地激励对问题的探索兴趣，引导和帮助研究者主动发现问题、分析问题和解决问题，在探索和研究过程中培养其科研能力。

④ 发展个性。富有问题意识的人，对新事物、新现象具有强烈的好奇心和探索欲望，在对问题的认识、表征、分析以及求解的过程中，其思维、认识、方法、能力、品格等方面都会经历多角度的训练，这一过程非常有利于其个性的发展和成长。

（2）科学问题

科学问题不同于一般问题，它不仅与科学发展有关，而且还与探索方式有关。一部科学发展史，就是一部对科学奥秘进行探索、对科学问题寻求解答的历史。提出并解决科学问题是科研人员的基本职责。那么，什么样的科学问题是“有研究价值的科学问题”呢？从培养科技人才、促进科研深化的角度考察，可从以下几个方面加以考虑：能够增强研究者对相关研究领域及学科核心概念的理解能力；能够帮助研究者理解科学家或资深人士从事科学研究的过程；能够提升研究者设计并实施科学实验（试验）或调查的能力；有助于使研究者养成科学思维习惯并掌握该领域的科研方法。

（3）问题层次理论

科学研究的探索性，决定了科学工作者必须具有发现“科学问题”的能力。科研工作者首先需要明确对科研“问题”的认识。发现问题是问题分析的基本层次；梳理问题是问题分析的中间层次，即在发现问题的基础上，将这些问题逻辑化，并从中梳理出可供科学研究的问题，对于有一定科研经验的研究者而言，进一步提高其对问题的归纳、梳理能力，加强对科学问题表征能力的训练，是提高科研工作质量和效率的有效途径。凝练问题是问题分析的高级层次，即将梳理出的可供科学研究的问题进行再一次的深化提炼，从中凝练出具有科学研究价值并有望解决的“科研选题”，需要研究者具备灵活的头脑、敏锐的观察力和悟性。

（4）科研选题原则

科研课题，一般是指以探索发现或应用开发为目标，以解决某种科学技术问题为目的，拥有某部门或团体的科研或开发资金支持，并要求在规定的时间内完成研究任务的计划或方案。因管辖机构、经费来源以及研究内容的不同，科研课题形式多样，其主要来源包括以下几个方面：科学本身的发展，社会生产实践的需求，国家的政治、经济特别是军事的需要，社会生活其他方面的需要等。正确地进行选题，需要遵循一定的原则。

① 创新性原则。如何理解科学研究中的创新？简而言之，科学研究中提出的新概念、新方法，建立的新理论，对引起某些特定自然过程新机制的发现，在研究开发过程中发明的新技术、新工艺等，都属于创新的范畴。是否有原创性工作，则是衡量科学研究成果水平高低的决定性因素。

② 可行性原则。要完成一项具体的科研课题，一般需要三个最基本的条件，即研究基础、实验设备和智慧技能。可以从下述几个方面进行斟酌：选择该课题是否具备足够的理论基础、实验设备，是否具备课题所要求的硬件和软件条件，是否具备比较完善的检测技术与分析方法，课题组成员的结构及智能状况是否能胜任该课题的持续研究等。

③ 需要性原则。要从社会发展、人民生活和科学技术等需要出发，优先选择那些关系到国计民生且亟待解决的重大自然科学理论和技术研究问题。科研选题要为生产实践服务，这就要求科研人员及时了解与发现生产过程中提出的理论和技术问题，从中筛选出符合科学原理和适合技术工艺开发的研究课题进行联合攻关。

④ 经济性原则。选题时，必须对课题研究的投入产出比进行经济分析，力求做到以较低的代价获得较高的经济收益或经济效果，在获得经济效益的同时，还要注意评价该课题的实施对环境的影响。

⑤ 实效性原则。科研选题需要考虑实效性原则，但不能绝对化。对于基础性研究课题，其经济效益和社会价值非短期内可估量，如数学类的课题等。这需要研究者和课题管理者相互理解，达成共识。

⑥ 团队性原则。现代科学研究是一种高强度、快节奏的集体行为，特别是重大课题的立项、申报、组织和运作，很少有人能单独承担，必须由课题组各个成员分别负责该课题的某一方面、彼此协同攻关才能完成。贯彻团队性原则，需要从多方面入手，如采用系统工程的方法进行课题申报，课题申报成功后进行课题分解，保证各个子课题平行推进，对重大科研问题进行协同攻关，课题管理采用过程控制、阶段性成果评价等方式量化考评等。

⑦ 发展性原则。科研选题时，要考虑课题是否具有推广价值、普遍意义和持续的创造性，可否促进一系列相关问题的解决，以此为基础是否能够衍生出新的研究领域和相关新课题。

（5）科研选题方法

科研课题不会从天而降，而是来自研究者的勤奋实践、刻苦钻研和筛选提炼，以下几种选题策略值得借鉴。

① 充分调研

课题调研是选题的基础。只有获取大量科研资料，并对其认真分析和研究比对，才能从中发现有价值的科研信息，进而梳理出研究课题。调研期间要精读几篇高质量的综述文章，从中把握该领域研究工作的整体脉络。那种只阅读几篇研究论文就匆忙确立课题的做法，在某些情况下也许有可能歪打正着，但这种偶然命中的概率是很小的，甚至不会出现。参加课题调研，对初学者也是一个很好的锻炼机会。查阅论文的过程，也是追踪前人研究的过程，这种锻炼对初学者很有益处，可以帮助他们在课题研究中少走弯路。

② 量力而行

初学者在科研选题时要量力而行，应根据研究条件和课题资源慎重选择，保证所选课题难度适中，即遵循“有限目标，量力而行；条件允许，能够完成”的原则选题。如果课题难度太大，很可能会半途而废。在科学探索过程中，每一阶段都会形成新的认识。当多次实验结果与最初的设想不同或者根本做不出来时，一种情况可能是原来的课题方案有问题，不可行；另一种情况也许是目前不具备做出预想结果的实验条件。在这种情况下，就需要根据实际情况调整课题。经验表明，科研工作中改题的现象时有发生，原因多样：或者选题存在问题，或者实验条件不具备，或者实验方法有问题，或者源于阶段性认识的不同等。需要指出的是，选题要慎重，改题更要慎重。对课题要充分调研，审慎确定。

③ 主动交流

导师是学术或技术方面的资深者，也是科研道路上的引路人。他们在长期的科研工作中积累了丰富的科研经验，在科学研究的漫漫长路之中、茫茫大海之上，就如稳固而长明的灯塔一般，指引着初学者在学术领域前进。向导师请教、与导师沟通和交流是必要的，但过分依赖则容易导致难以形成自己的观点，无法培养科研独立性，这对科学研究和技术创新很不利。导师应该保护年轻人的科研热情，介绍研究动态，为他们指明研究方向。对年轻的研究者而言，有关课题研究细节的问题，应该自己想办法解决，而不要一味地等待导师来处理，要有意识地在科研实践中锻炼自己独立分析和解决问题的能力。

2. 获取科技事实

获取科技事实是课题研究的基础，该阶段的主要工作是按照课题的需求，对科学事实或技术资料进行收集和整理。对所收集的资料，要分门别类地登记、存档。对于那些待验证的资料，一方面要运用理性思维对其进行分析和研究，去粗取精；另一方面，若条件许可，应设计相关的实验对其进行检验，以确定所获资料的可信程度。

科研信息，泛指在科研工作中使用、借鉴、参考到的相关信息。科研信息收集是科研工作中首要的、日常的工作，也是科研选题的基础。在自然科学研究中，基础理论的研究成果一般不予保密，而且常常为争得最先发现权而尽量抢先发表。以应用技术为研究成果的新技术、新配方、新工艺、新材料等真正的技术秘密，更需要及时申请专利加以保护。

（1）科研信息类型

科研信息的类型因其具体内容、承载形式及使用情况而多种多样，按文献的发布类型分，科研信息的类型包括：①图书，指一些记录的知识比较系统、成熟的文献，如专著、教科书、工具书等；②期刊，指一些记录的知识比较新颖、所含信息量比较大的连续出版物，一般都有固定的期刊名称；③特种文献，如科技报告、学位论文、会议文献、专利文献等。

（2）科研信息收集

为使科研选题能够顺利进行，研究者需要在科研信息收集方面下功夫。若能够掌握一定的方法和技巧，则可提高科研信息收集的质量和效率。

① 信息收集标准

科研信息浩如烟海，其中绝大多数可能都与研究者正在进行的科研选题毫无关联。要保证所收集的科研信息均能够对科研选题有所帮助，科研人员必须根据课题研究的需要，有针对性地收集资料。

现代社会中的科技文献数量之大、类别之多，已经远远超过以往的任何一个时代。就编辑出版的形式而言，有专著、期刊、专刊资料、会议论文、研究报告等多种类型。这些资料是以世界上的各种语言来撰写的，其中尤以英文资料居多。面对浩如烟海的资料，研究者需要根据课题的实际需要，重点阅读有代表性和权威性的资料，浏览一般性的资料，舍弃与主题关系不紧密的资料。

资料的可靠性首先表现为真实性，其次还包括时效性和可比性。现代科技发展迅速，信息容易老化，资料容易陈旧。在理论研究和实验分析中，凡涉及某一观点、结论与现行的看法相矛盾或者有重大冲突的，一定要注意查询相关作者的原著或原文，对叙述相关内容的段落进行透彻分析，尽量理解其原意，切不可仅凭转述、翻译或未经严格考证的评论便匆忙定论。

现代科技不断向纵深发展，人们对某一学科或领域内某些课题的研究不断深入，认识也在不断发展。学科间相互渗透和学科内多层次发展的出现，进一步提高了课题研究的深度和广度。因此，科研人员在收集资料时，应注意在深度和广度的结合方面下功夫，尽量收集较为完整的课题研究资料。

② 信息收集方式

信息收集有多种途径，以下是几种常见的收集方式。

科学文献，包括如下几种类型：图书类，具体有专著、教科书、年鉴、手册、百科全书等；期刊类，具体有杂志、学报、通报、简报、文摘、索引等；其他类，如研究报告、学位论文、专利文献、技术标准、产品介绍等。

学术会议，即通过学术会议收集信息，主要有报告、墙报、讨论、论文集、进展评论等。

信息交流，通过信息交流可以及时获取科研资讯，信息交流的方式主要有参观、访问、座谈、通信等。

网络查询，利用互联网，可以从专业网站检索、下载有关科研资讯和课题信息。

（3）科研信息检索

信息检索是指根据特定课题需要，运用科学的方法，采用专门的工具，从大量信息、文献中迅速、准确、相对无遗漏地获取所需信息（文献）的过程。在研究某一特定对象的时候，研究者必须有能力从收集到的科研信息中获取自己所需要的内容。而科研信息检索，就是实现这一目标的过程

① 检索要求。信息检索的要求，通常情况下会包括新颖性、网络化、系统性、高效率、最新信息追踪、现刊浏览等。在课题研究的三个阶段，检索的具体要求会有所差别，科研课题开题阶段，查找某概念的确切含义、跟踪相关研究进展；科研深入过程阶段，查询深入课题某一方面的相关文献、方法借鉴；科研成果鉴定阶段，比较该研究与相关专业、领域的先进性、科学性、新颖性。

② 检索方法。信息检索的方法主要有工具法和引文法：a. 工具法是利用书目文献数据库、全文数据库对课题相关知识点和文献进行检索，而利用网络检索引擎和数据库进行检索，将会大大提高检索效率；b. 引文法是通过文献原文后附有的参考文献查找文献的一种方法，它可以帮助研究者快速了解某些问题的来龙去脉以及相关研究的发展情况，从中发现

并确定适合自己的研究课题以及方法和策略。在实际检索中，亦可将上述两种方法结合使用。

③ 检索工具。检索工具是指用以报道、存储和查找文献线索的工具，它是附有检索标识的某一范围文献条目的集合，属于二次文献范畴。检索工具有不同的分类方法：a. 按照处理手段的不同，可分为手工检索工具和机械检索工具；b. 按照检索范围的不同，可分为大范围检索工具和某一范围（如针对某一专业领域）检索工具；c. 按照出版形式的不同，可分为期刊式、单卷式、卡片式、胶卷式等检索工具；d. 按照著录格式的不同，可分为目录型、题录型、文摘型和索引型等检索工具。在检索工具中，常用的索引类型有分类索引、主题索引、关键词索引、著者索引等。

典型检索工具主要有：a. 国际三大检索工具，即《科学引文索引》（Sciences Citation Index，SCI）、《工程索引》（Engineering Index，EI）和《科技会议录索引》（Index to Scientific&Technical Proceedings，ISTP），它们是国际公认的科学统计与科学评价检索工具，其中以 SCI 最为重要；b. 国内重要检索工具有《中国科学引文索引》《中国科技论文引文分析数据库》《中文科技期刊引文数据库》《中国期刊网》等。

3. 提出假说设计

要最有效地进行科学实验，必须用科学方法来设计。在设计实验的过程中，保证收集的数据适合于用统计方法分析，从而得出有效和客观的结论。这样一来，实验的设计和数据的统计分析是紧密相连的，分析方法直接依赖于所用的设计。

（1）实验设计的基本程序

如果在设计和分析一个实验时需要使用某种统计方法，那么参与实验的相关人员必须预先做出选择。对于如研究目的是什么、如何收集数据等问题，要有清晰的认识，至少对如何分析这些数据要有定性的了解。推荐步骤如下：

① 响应变量的选择，在选择响应变量时，实验者应确信这一变量真正会对所研究的过程提供有用的信息。最经常的是取测量特性的平均值或标准差（或两者）为响应变量。多重响应不常用。仪表性能（或测量误差）也是一个重要因素。如果仪表性能差，则只有相对大的因素效应才能通过实验检测出来，或者需要做附加的重复实验。

② 因素和水平的选择，实验者必须选择在实验中准备用来处理的因素，以及在做实验时规定这些因素的水平。还必须考虑如何将这些因素控制在所希望的数值上以及如何测量这些数值。在这个过程中，需调查研究所有可能是重要的因素，而不受过去经验的过分影响，特别是在实验的早期阶段或工序尚未成熟时。

③ 问题的识别和问题的提出，这一点看起来似乎是容易明白的，但在实践中，确认需要实验的问题却并不是那么简单，将问题摆明并变为都可接受的题目也不是那么简单的。需要弄清有关实验目的的全部想法。通常，重要的是吸引所有有关人员的参与（包括操作人员）。清晰的提问对更好地理解现象和最终求得问题的解答有重大帮助。

④ 实验设计的选择，如果前三个步骤正确完成，这一步相对容易。选择设计涉及考虑样本量（重复次数），对实验选择合适的实验次序，确定是否划分区组或是否涉及其他随机化约束。在选择设计时，重要的是思想上总要关注实验目的。在很多工程实验中，我们一开始就知道，有些因素水平会使响应得出不同的数值。因此，我们感兴趣于识别哪些因素引起这种差异并估计响应改变量的大小。在有的情况中，我们会更感兴趣于验证一致性。例如，

比较两种生产条件 A 和 B，A 是标准的，B 是成本较低的。则实验者感兴趣的是两种生产条件的产率是否有差异。

⑤ 进行实验，当进行实验时，谨慎监视实验的过程以确保每件事情都按计划做完是非常重要的，这个阶段中实验方法的错误通常会破坏实验的有效性。计划在先是成功的关键，还应当及时记录实验现象和数据，将在实验中观察到的现象如实、准确地记录下来。除了用文字进行记录外，还可以用数据或符号进行记录。

⑥ 数据分析，应该用统计方法分析数据，这样结果和结论都是客观的，而不是主观臆断的。如果实验设计正确，并且按设计实行，则可用很多软件来分析数据，在数据的解释中，简单的图解法起到重要的作用，方差分析和模型适合性检测也是重要的分析方法。统计方法不能证明一个因素（或几个因素）有特殊的效应。它们仅为实验结果的可靠性和有效性提供准则。从本质上说来，统计方法允许我们去度量结论中可能出现的误差。统计方法的基本优点是它对做出判决的过程加入了客观性。统计方法和良好的专业知识以及常识结合在一起通常会引出正确的结论。

（2）实验设计的原则

实验设计的一般步骤可表述如下：选题查询→方案设计→预实验→对比析因→初步方案→优化方案→正式实验→误差控制→初步结果→方案确定。实验设计要考虑专业性和统计性。从统计方面说，主要应当考查随机化、重复、对照等问题，这就是实验设计的重要原则。

① 局部控制原则。局部控制是指在实验时采取一定的技术措施或方法来控制或降低非实验因素对实验结果的影响。在实验中，当实验环境差异较大时，仅根据重复和随机化两原则进行设计不能将实验环境差异所引起的变异从实验误差中分离出来，因而实验误差大。为解决这一问题，在实验环境差异大的情况下，根据局部控制的原则，可将整个实验环境分成若干个小环境或小组，在小环境或小组内使非处理因素尽量一致。每个比较一致的小环境或小组，称为单位组（或区组）。因为单位组之间的差异可在方差分析时从实验误差中分离出来，所以局部控制原则能较好地降低实验误差。

② 重复原则。所谓重复，就是将一基本实验在相同实验条件下独立重做一次或多次。任何实验都必须能够重复，这是实验具有科学性的标志。一般认为重复 5 次以上的实验才具有较高的可信度。重复有两条重要的性质。第一，允许实验者得到实验误差的一个估计量。这个误差的估计量称为确定数据的观察差是否是统计上的实验差的基本度量单位。第二，如果样本均值用作为实验中一个因素的效应的估计量，则重复允许实验者求得这一效应的更为精确的估计量。

③ 随机化原则，所谓随机化原则，是指实验材料的分配和实验处理的顺序，都是随机确定的。统计方法要求观察值（或误差）是独立分布的随机变量。随机化通常能使这一假定有效。对实验进行随机化处理，一是可以消除或减少系统误差，使显著性检验有意义；二是有助于“均匀”可能出现的外来因素的效应，避免实验结果中的偏差。

（3）实验方案的拟定

实验方案是指根据实验目的与要求而拟定的一组实验处理的总称。实验方案是整个实验工作的核心部分，因此需周密考虑，慎重拟定。实验方案按实验因素的多少可区分为单因素实验方案和多因素实验方案。单因素实验方案是指整个实验中只比较一个实验因素不同水平的实验。单因素实验方案由该实验因素的所有水平构成，这是最基本、最简单的实验方案。

多因素实验是指在同一实验中同时研究两个或两个以上实验因素的实验，多因素实验方案由该实验的所有实验因素的水平组合而成。为了拟定一个正确的、切实可行的实验方案，应从以下几方面考虑：

① 明确研究工作的目的。根据实验的目的、任务和条件挑选实验因素。拟定方案时，对实验目的、任务进行仔细分析，抓住关键，突出重点。首先要挑选对实验指标影响较大的关键因素。若只考察一个因素，则可采用单因素实验。若是考察两个或两个以上因素，应采用多因素实验，从另外一个角度讲，任何研究工作在实验过程中都有可能出现一些意想不到的结果，沿着这个新发现做下去就有可能取得重大突破。这种情况不同于没有目的地做实验，探索性的工作本身也是有明确的目的性的。应该注意，一个实验中研究的因素不宜过多，否则处理数太多，实验过于复杂。

② 因素和水平的选择。安排一个实验之前，首先要考虑哪些因素会对实验结果产生影响。根据各实验因素的性质分清水平间的差异。各因素水平可根据不同课题、因素的特点及实验对象的反应来确定，以使处理的效应容易表现出来。

③ 实验方案中必须设立作为比较标准的对照。任何实验都不能缺少对照，否则就不能显示出实验的处理效果。根据研究的目的与内容，可选择不同的对照形式。

④ 实验处理（包括对照）之间应遵循唯一差异原则。该原则是指在进行比较时，除了实验处理不同外，其他所有条件应当尽量一致或相同，使其具有可比性，才能使比较结果可靠。

（4）实验的基本要求

① 数据表达。实验结果的表达应具有直观性、简便性。除了基本的数据之外，表示结果还有其他形式：表，如三线表、矩阵表等；图，如示意图、扫描图、直方图、线型图、圆形面积图等。

② 误差控制。实验误差是影响实验结果的重要因素之一，必须认真对待。需要控制的误差有抽样误差（个体）、感官误差（数字化）、系统误差、随机误差、顺序误差、理论误差、非均匀误差等。上述实验误差在某一个具体实验设计中的影响是各不相同的，应结合具体实验区别对待。

③ 实验标准化。整个实验过程必须采用标准化的方法进行，每一步必须有明确记录，特别留意实验过程中出现的意外现象及结果。

④ 失败分析。必须对实验失败的原因进行认真分析，修正后再实验。在失败中往往能够找到解决问题的办法，直至取得成功。

（5）资料与事实的加工整理

在获得关于研究对象大量、重要的感性材料和实验事实之后，首先要运用逻辑思维、形象思维、直觉思维等方法对其进行科学抽象建立科学概念，并运用比较、分类、类比、归纳、演绎、分析、综合等方法形成科学假说或提出技术设计；其次，对在研究过程中所发现的现象及其变化规律给出假定性的解释和说明，或者对技术进行原理性、革新性设计。这是从经验上升到理论、由感性上升到理性的飞跃阶段，也是技术改进、技术革新的关键阶段。该阶段的工作至关重要，直接决定了课题研究是否具有创新性。

4. 理论技术检验

该阶段的主要任务是对已提出的假说进行理论证明、实验验证和技术检验，从中发现问题、修正不足、补充证据、改进技术，使科学假说逐渐发展成为科学理论，使旧有技术逐步提升为具有“高科技含量”的先进技术。

5. 建立创新体系

该阶段是把已确证的假说同原有的理论协调起来，统一纳入一个自洽的理论体系或技术体系之中，使其形成结构严谨、内在逻辑关系严密的新理论体系（科学体系），或者建立起具有技术承接、转换连续的新技术体系。该阶段最能够反映出科学研究的创造程度，以及技术研发的创新程度。科学研究创新，是指科学研究中的创新活动，贯穿了科学发现和发明的全过程，如设计新的观察方法和实验手段，建立新的科学模型，提出新的科学概念、假说、学说、定理、定律和研制出新产品、设计出新的工艺流程、发现新的物种等。科学创新是一个复杂的思维过程，它充分体现了人的主观能动作用。新思想、新方法的突然出现，即所谓直觉或灵感的到来，实际上是思维过程的飞跃，这种飞跃表面上看来似乎是在无意识状态下发生的，但实际上却是过去的思维过程的一种特殊的继续，常常是由于某种偶然的类比、联想所提供的信息作为催化剂，造成原来的逻辑思维的中断，使头脑中原有的信息得到一种新的加工和改组，从而产生一种新颖的见解。新思想的出现会使人在心理上有豁然开朗之感，使认识获得新的起点，然而新思想的出现开始一般是朦胧的、不清晰的，为了判断这种直觉的思维是否正确，认识必须沿着一种新的思路重新进入逻辑思维的轨道，并进行实验的验证。

第三节　如何进行科研规划

爱因斯坦说：“科学研究好像钻木板，有人喜欢钻薄的，而我喜欢钻厚的。”大家在开题的时候，可能也选择了去钻厚的木板，那么接下来必须考虑如何做到，这需要做很多的思考和准备，尤其要理解科学研究的发展规律，然后充分利用这些规律来提高学习效率。

一、熟悉环境和流程

进入新的环境，首先要充分了解课题组的教学和研究资源。积极参加学校、院系和课题组组织的各种活动，有助于更迅速更全面地了解各项资源，融入环境。另外，也需要做好选修课程准备，选修课程既要在熟悉环境的基础上充分考虑各种因素，同时也是熟悉环境的一个重要环节。此外，多和高年级同学、导师沟通，接下来，尽快弄清楚获得学位的流程和要求。一般来说，需要按照要求学习一定数量的专业必修和选修课程，总学分达到所读专业的基本要求。

同时，需要做广泛的文献调研，与导师多次讨论商量，确定学位论文的研究方向，参加开题汇报。通过开题汇报后，必须开展系统而深入的研究工作。克服各种困难，取得明显的研究进展，然后申请参加中期考核。通过中期考核后，就可以专注于学位论文研究工作，取得更多的研究成果。每个大学或机构对学位论文的内容和形式都有非常具体的要求，必须按照这些要求认真做，因为学位论文需要通过导师、所在院系的评阅（研究生论文需要外审）。通过函评后，学院组织专家组成学位论文答辩专家组，计划最终的答辩。通过答辩后，在学术上已经毕业了，等待最终的学位授予仪式。

第一个阶段，是一个学习过程，要积极向前人学、向老师学、敢于自己学，要精读经典文献，深入理解自己的课题，吃透理论方法。同时，多跟着实验室的师兄师姐做一些实验，熟悉仪器设备的使用和实验操作方法。在这个阶段，努力培养自己的科研兴趣，客观上来说，绝大部分科研活动都是比较枯燥的，如果不能培养起自己的科研兴趣，很难在科研领域走得更远。培养科研兴趣，可以从提升科研视野来入手，简单地说就是多参加学术活动。

第二个阶段，试图应用并改进。把已有的理论运用于一个新的问题上，并稍微加以改进。就像婴儿学步一样，走出的第一步往往显得很笨拙，可是这一步是非常重要的。有些导师会要求大家定期交月度或者季度总结报告，这是一种很重要的练习方式，写了几篇总结报告以后，自然就会过渡到写学术论文和学位论文了。科学论文写作能力，就是这样通过不断积累来逐步提高的。其他重要的研究相关能力，比如学术报告能力，也需要采取类似的方式来提高。要充分认识到其必要性，并且主动利用各种机会锻炼。

第三个阶段，创造新方法，解决新问题。这一步才是真正做科学研究最重要的境界。但是，要创造新的方法、解决新的问题，如果没有前面两步，则完全是纸上谈兵，我们必须在前两步的基础上，扎扎实实地走到第三步。

二、实验计划和实验记录

失败的计划必然导致计划的失败，有效的工作计划是做好研究的重要环节。刚刚开始从事研究工作的本科生或研究生，一定要有合理有效的计划和安排。最好得到导师的帮助，尤其是新生做课题的时候，因为在开始的时候非常容易犯错误，研究的信心和热情在很多无谓的失败之后可能会丧失。尽量多与导师沟通讨论，科学中很多未知的东西是不能计划的，但做研究这件事情本身是可以计划的。研究过程中的进展和最后研究的结果具有不可预测性，但是在做研究的过程中，应该制订工作时间表和各个阶段的目标。

1. 阶段性研究计划

做好计划以后，可以进行阶段性研究，阶段性工作完成后，则需要跳出来，用挑剔和独立的眼光去看待和审视你的工作，得出客观的评判，以便制订下一步的计划并指引之后的工作。要坚持按照计划的节奏去做，保持平衡并有效控制节奏，导师才能掌握和关注你的进度，在一定的阶段达到预期的目标，这样才能最有效地一起工作。在工作过程中，也不要完全受计划的限制，因为可能碰到新的问题，或者可能有新的发现，需要在必要时调整甚至根本改变原来的计划。

一定要准备两个实验记录本。一本用于写实验计划，实验前用；另一本是实验记录本，实验结束后用。课题计划也要讲究方法和技巧，比如计划的时间节点安排，需要具有一定的逻辑性和可操作性。日有日计划，周有周计划，并根据计划准备必要的实验条件，安排实验工作。每周最后一天检查周计划完成情况，制订次周计划。由于基础研究实验结果有一定的不可预见性，随时根据实验结果修订计划也是必要的。现代科学的发展很快，瞬息万变，这反映在课题工作的研究路线和重要性上，也有一定程度上的不可预见性，必须随时根据文献上的最新动态，适当调整研究思路和课题计划。

2. 实验记录

实验记录是研究工作的一项极其重要的内容，是工作的基础。实验结束后，把实验步骤等细节一步一步清清楚楚地写下来。研究成功的主要因素往往体现在坚持有效记录实验的能力之中，这很必要但不容易做到。在准备好实验参数之前，不要贸然地开始实验。要先把所有的实验材料准备好，把所有实验细节都考虑清楚，而这常常不被重视。除了实验计划和实验记录，还应该准备一份参考书目，列出研究工作中实际有用的参考文献。从做研究的第一天开始记录，要使用利于查找的方式记录，并在整个研究过程中保持记录。完成阶段性的工作后，撰写报告和论文，尤其是写毕业论文的时候，它能在很大程度上提供帮助。

3. 高效率开展实验

关于如何高效率开展实验工作，要及时地把自己一点一滴的思想火花记下来。有了思想的火花后，要及时跟踪，要对问题的细节加以研究，并把所有的细节都记录下来。要经常回访这些思想的火花。

没有必要的条件，先进的创新学术思想有时难以实现。但是，要在科学上取得重大突破，先进的创新学术思想和勤奋工作是科研工作取得进展的内因。先进仪器是工作取得进展的外因和重要条件。在实验室条件不够的时候，可以采取与其他课题组同学合作的方式利用资源。

想要提高自己的科研效率，就要学会有效地利用时间来产生重要成果，仔细审视自己的工作，问问自己，哪些是应该集中精力去做的工作。如果以下表述成立的话，说明是在做无产出的工作：对课题不感兴趣，没有深入了解，这样的工作效率肯定不高，也得不出好的结果；经常急促地要去完成很多紧急的任务，如果所有的任务都是紧急任务，匆匆忙忙完成，一定不是一种好的状态；很少冷静思考复盘自己的研究工作；花了大量的时间去做一件自己不擅长的事情；完成某些事情的时间远远超过了预期。反之，以下情况证明是在做高产出的工作：所做的工作能促进整个工作目标的进展；可能对课题没有很高的兴趣，但是它对实现的目标至关重要，研究者愿意抽丝剥茧去做；虽然对它并不擅长，但是愿意去请教别人，目标可以通过寻求帮助来实现，研究者能感觉到成功的希望。

4. 可靠的实验结果

实验是一切实验科学的根本，所有结论都必须建立在坚实的实验结果之上。实验结果最主要的是可重复性，指每次都能得到同样的结果，不仅事后自己能够重复，别人在同样实验条件下也能够重复。实验结果的可重复性首先建立在实验材料上，其次是在实验条件的严格性和可重复性上。再者，实验环境的清洁、工作程序的严格有序也是可重复性的重要因素，在工作开始之前，对这些问题给予充分的注意，花费一些时间必要且经济。

现代科学在很大程度上依赖仪器，特别是现代仪器自动化程度很高，进样之后，启动程序自动取得数据并自动存储于计算机之中。但是，所有仪器都有一定的条件限制，必须充分认识到，超出允许的条件，仪器完全可能给出一个甚至一组完全不可靠的数据。因此，在使用仪器之前务必仔细阅读仪器说明书，充分地了解仪器的性能及适用范围，才能得到可信的结果。另外，还必须仔细阅读原始文献中的实验方法，论文中的引用文献必须核对，转引自其他文献同样可能发生错误。和实验结果的可重复性同样重要而又密切相关的是实验结果的精确度。不同实验结果的精确度有不同的要求，如果一项测定的精确度为三位有效数字，则给出三位以上有效数字是没有意义的，说明作者完全缺乏有效数字的概念。这不仅适用于直接获得的初始数据，对从初始数据得出的次级数据也同样适用。

5. 设计实验方案

好的实验方案应该能辨别两种不同假设之间的区别，好的科研结果与好的实验设计密切相关，确定实验设计包括：确定目标，指在实验中想要测试的东西（比如想要回答的问题，想要证实的假设等）；设计方案，包括如何达到目标，实验的规模和范围，计划重复几次；草拟出实验细节，包括需要哪些工具和仪器，实验要花费多长时间。学会如何设计实验，才可以得到可靠和可重复的结果。

为了以上目的，必须制订一份清单，记录需要回答的每个问题。这份清单就是实验步骤，实验步骤应该包括合适的方法、技术和设备。首先，准备材料和仪器，列出实验需要的所有东西的清单，包括化学试剂、反应仪器、测试仪器、电脑软件等，事先准备好所有的材料和仪器，确保一切就绪，并校准好仪器；其次，记录数据和现象，在每一个独立的测试中，改变不同的量会对系统产生不同的影响，测试这一响应并把数据记录在表格中。这些数据即为未经分析的原始数据，原始数据经过分析才能得出结果；记录实验中观察到的所有现象，并注明出现的所有问题。务必仔细注明每一件事，不管当时它看起来有多么微不足道，详细的数据收集和观察对实验至关重要。不要太依赖记忆，时间一长，写论文的实验部分时，必然会忘记细节。再次，通过实验数据和实验现象中找到的趋势，便能尝试回答实验开始时和实验过程中提出的问题，此时可以通过判断假设是否正确来评估实验。理论上可以评估假设的预测结果与实际结果之间的关系，并推断基于预测的解释是否有足够的数据支持。如果假设不正确，问题是否有其他可能的答案？最后，总结实验过程中的所有困难和问题。是否需要改变方法重复实验？接下来的实验可能会有什么困难？尝试回答实验中出现的其他相关问题。

6. 实验试错与求真

无论实验是否成功，都将从中学到一些东西，因为科学并非只为得到答案。即使实验不能回答具体问题，但可能提供设计其他实验的思路。所得可能达不到预期的效果，但实际上可能是另一个重要环节。失败的实验是找出答案的必经之路。对错误假设的思考有其特殊的意义，它能帮你指引下一个研究的方向，要逐月记录进程，保持目标方向。

三、阶段性总结

不断小结与不断完善，在实验记录本上记载每周计划的目的之一就是在周末检查和小结，并根据结果制订下周计划。很多导师都建议，在工作顺利时要注意随时进行阶段性小结。特别是在工作顺利时，新的实验数据不断涌现，常常会使人忙于收集大量实验数据，而忽略检查实验数据的可靠性，以及对实验数据所说明的问题没有深入思考，因而，收集了大量无用的、错误的或意义不大的实验数据，反而忽略了真正关键的数据，包括必不可少的对照实验。这些必不可少的对照实验，当时做是非常方便的，而事后补做往往费时费力。随时进行阶段性小结不仅可以随时发现问题随时予以解决，还可以随时注意深入问题，重视每一个细节，不断总览全局，才不致迷失方向。随时进行阶段性小结的另一目的，就是对所得的初步结论随时予以检查，每一项实验结果都可能有多种不同的解释，特别是在实验出现重要结果时，最容易犯的错误就是轻率得出结论。

第四章

大学生科研—理论与实践

Chapter 4

[要点提示]

介绍大学生科研的定义、特点，大学生参与科研训练的意义，大学生科研训练的内容。简单介绍大学生创新创业训练项目、“互联网＋”大学生创新创业大赛、“挑战杯”全国大学生课外学术科技作品竞赛和全国大学生节能减排社会实践与科技竞赛。

21世纪的竞争是人才的竞争。高等教育对人才的培养，也不能仅限于知识的传授，而应更加重视学生获取知识的方法和能力的训练，使其在社会竞争力方面有显著的提升。我国高校教学改革实践表明，本科生参加科研活动，对其学习能力的提高以及综合素质的增强有着很大的促进作用，是提高大学本科教育教学质量、培养具有创新意识和创造能力的研究型人才的有效途径。

第一节　大学生科研训练的内涵

大学生科研训练，也称“大学生科研训练计划”（student research training program），是为在校本科生设计的一种科研项目资助计划，在不同的国家和学校其称呼不尽相同，实施方式也略有差异。例如，清华大学称其为“大学生科研训练”（student research training，SRT），美国麻省理工学院称其为“本科生研究机会计划”（the undergraduate research opportunities program，UROP）。它采用项目化的运作模式，通过设立创新基金和大学生自主申报的方式确定立项并予以资金支持，鼓励学生在导师的指导下独立完成项目研究。实施大学生科研训练计划已经成为国内外普遍认同的人才培养的重要方式。

一、大学生科研的定义

莫科尔教授（美国加州理工学院）对大学生科研的理解：“大学生科研”泛指本科生和教师在科学、工程、艺术、人文科学和社会科学领域的各种协作；也可用于描述探究性和研究性课程的教学活动；也用于特指本科生作为研究助理，参与教师的科研项目，或者本科生自主设计研究项目并公开相应科研成果的过程。

汉吉姆博士对大学生科研的理解："大学生科研是指本科生与教师协作，创造和分享新知识，或者按照学科的实践方式工作。"该定义指出了大学生科研的三个特征：①协作（学生与科研导师之间的关系）；②创新（研究工作能够产生部分或完全新的知识）；③分享（研究的结果或产品要得以传播）。

大学生科研理事会对大学生科研的定义：大学生科研是在校本科生进行的探究性或调查性的活动。通过这种活动，可以对学科的发展做出原创性的、理智的或创造性的贡献。

大学生科研可理解为：大学生科研是在校本科生在课堂外，在教师指导下进行的实验研究、调研、发明创造等科学研究活动，其宗旨在于培养学生的科学精神、科学意识，培养学生创新及实践能力。

大学生科研秉承了科研的一般属性，即创新性和公开性，同时又强调大学生科研的特殊性，即学生与导师之间的协作，既包括学生在教师指导下的独立研究，也包括学生作为个体或者团队成员参与教师的研究项目。

二、大学生科研的特点

大学生科研具有创新性、公开性、协作性、教育性四个特征。

大学生科研的创新性，是指大学生通过科研活动获得对其本身来说属于创新性的知识；公开性是科学研究工作的基本准则，也是大学生科研的基本属性。

大学生科研不属于商业秘密研究，其研究的结果或产品要进行传播，和学术界分享，从而促进科学的发展。

与教师和其他科研人员不同，大学生一般不具备独立研究的能力和经验，其科研活动是在导师的密切指导下进行的。无论是学生参与导师的科研项目还是学生自己独立申请研项目，大学生科研的实施都离不开教师的指导和学生之间的协作学习。这就突出了大学生科研的协作性。

大学生科研是高等教育的组成部分，是培养学生创新能力、创新意识和创新精神的措施之一。大学生参加科研，与教师或专职研究人员所从事的科研活动有显著差异，后者的科研目的是产出科研成果，为社会提供有创新性的物质或精神产品；而大学生参加科研活动，侧重于科研过程中科学精神的培养、科研意识的熏陶等方面，主要目的不是直接取得重要科研成果，而是通过科研训练来培养创新人才。

三、大学生参与科研训练的意义

对本科生进行科研基本知识的传授以及科研技能训练，可提高学生的科研素质，锻炼其运用所学专业知识观察、分析和解决实际问题的能力以及撰写学术论文、表达学术见解和推进学科发展等的能力。

1. 大学生科研训练是提升大学生综合素质的重要举措

《中华人民共和国学位条例》和《中华人民共和国高等教育法》都强调培养本科生科研能力的重要性。大学生参加科研活动，既是作为方法和技能的学习过程，也是基于专业知识的一种探究性学习活动，是对所学知识的实践运用。各门功课的成绩都很好，只能说明各科知识学得都不错，并不能证明自己已经具备了综合运用所学知识研究问题、分析问题、解决问题的能力，就像一个人手里拥有了砖瓦、钢筋和水泥等建筑材料却不一定会建造楼房一样。通过科研基本知识的学习和基本科研能力的训练，我们就能够将所学的各门基础理论和专业知识融会贯通、综合运用，就能用手里的建筑材料建造成一座雄伟漂亮的楼房。因此，培养本科生的科研素质，就是对其所学知识的全面考核，就是“以其所知，求其不知”，就是培养其运用所学知识分析、处理问题的能力。

选题、申请科研课题、实施课题研究、撰写学术论文、项目结题答辩汇报等环节具有培养大学生多方面能力的功能。这些过程和环节都系统考查了本科生的知识储备，培养和提升了学生的创新精神和创新素质，同时还全面训练了学生的研究能力和创新能力。

2. 大学生科研训练是变革大学生学习方法的重要方式

大学生参与科研训练活动，能够拓宽自己对不同科学领域的了解，训练创新思维和实践能力，是大学生发现知识和高效学习的一个重要途径。

语言学家富兰克林在回忆自己一生所接受的教育时说：“Tell me and I'll forget；Teach me and I'll remember；Involve me and I'll learn.”

3. 大学生科研训练是培养大学生创新能力的重要手段

卡斯帕尔博士（美国斯坦福大学前校长）指出：“学生在课程学习中参与科学研究，获得的正是运用基本原理进行思考的能力，而这种能力的培养可以产生创新的种子。”因此，科研创新训练活动是培养大学生创新能力的重要手段。

4. 大学生科研训练是塑造大学生意志、养成研究品格的重要载体

数学家陈景润曾经说过：“攀登科学高峰，就像登山运动员攀登珠穆朗玛峰一样，要克服无数艰难险阻，懦夫和懒汉是不能享受到胜利的喜悦和幸福的。”

王国维《人间词话》里用三句宋诗比喻做大学问、干大事业的艰辛历程：“古今之成大事业、大学问者，必经过三种之境界：‘昨夜西风凋碧树。独上高楼，望尽天涯路。’此第一境也。‘衣带渐宽终不悔，为伊消得人憔悴。’此第二境也。‘众里寻他千百度，蓦然回首，那人却在灯火阑珊处。’此第三境也。”参与科研训练的每一个过程、每一个细节、每一次困难的克服以及每一次失败的教训，都是人生成长中难得的历练。

大学生可以通过科研训练丰富自己的体验，增进知识、解决问题，并从解决自然、社会和自我发展当中的问题出发，增强发现问题的意识，提高研究问题、分析问题、解决问题的能力，培养科研品格。

5. 大学生科研训练是提升大学生就业竞争力的重要途径

大学生参加科研训练活动，对拓展自己的专业领域、开发自身潜能和改善知识结构都有很大的帮助，是增强大学生就业竞争力的有效途径。

6. 大学生科研训练是大学生服务社会经济发展的重要前提

参与科研训练不仅能全面提高自身的素质，还能将大学阶段所学的知识、技能和智慧转化为社会需要的技术和成果，为国家和社会贡献自己的力量。

四、大学生科研训练的内容

大学生科研能力的培养是多方面的，传授基本科研知识，训练科研技能，掌握选题、资料的检索积累、科研项目申报立项、项目实施、实验数据分析、学术论文撰写、项目结题汇报等流程。

1. 选题能力的培养

选题是从事科研活动的第一步，是最重要的一个环节，选题的好坏是科研工作成败的关

键。爱因斯坦在谈到选题在科研中的重要性时曾指出："提出一个问题往往比解决一个问题更重要，因为解决问题也许仅仅是一个数学上或实验上的技能而已，而提出新的问题，新的可能性，从新的角度去看待旧的问题，却需要有创造性的想象力，而且标志着科学的真正进步。"

2. 科研资料的搜集、整理、分析、运用能力的培养

从事科研工作也要先占有充分的资料，这是科学研究的基础。获得科研资料有一系列的技巧和方法，通过训练，掌握科研资料的搜集、整理和运用的方法及途径，特别是利用网络检索资料和使用资料的现代化手段。既要学会阅读资料，也要学会筛选资料；既要学会鉴别、甄别资料，也要学会整理资料；既要学会如何积累资料，也要学会如何取舍、使用资料。这些都需要进行资料搜集、整理、分析和运用能力的培养。

3. 科研项目的申报与实施能力的培养

了解各项研究课题的申报程序，撰写研究课题申请书；项目立项后，要按步骤实施课题，数据收集及分析。

4. 学术论文的撰写及修改

通过学习和训练，掌握学术论文撰写、修改、发表等基本技能。

5. 项目结题汇报、答辩能力的训练

通过学习和训练，掌握项目结题报告的撰写、答辩汇报等基本技能。

第二节　大学生科研训练实践

目前，大学生科技竞赛和科技创新项目已经成为高等院校提高学生创新实践能力的主要引导手段，对大学生的创新实践能力的培养起到举足轻重的作用。常见的大学生科技竞赛和科技创新项目包括大学生创新创业训练计划项目（College Students Innovative Entrepreneurial Training Plan Program）、"互联网＋"大学生创新创业大赛（China College Students' "Internet＋" Innovation and Entrepreneurship Competition）、"挑战杯"全国大学生课外学术科技作品竞赛、全国大学生节能减排社会实践与科技竞赛（National University Student Social Practice and Science Contest on Energy Saving and Emission Reduction）等。以下简单介绍各类大学生科技竞赛和科技创新项目。

一、大学生创新创业训练计划项目

实践创新能力培养是国家实施"高等学校本科教学质量与教学改革工程"的主要建设内容之一。"大学生创新创业训练计划"则是开展"实践创新能力培养"建设内容的具体项目之一，即由国家级、省级、校级联合或分别发放资金，用来资助大学生开展创新创业训练。

1. 目的与意义

大学生创新创业训练计划项目简称"大创"，是国家为了增强学生的创新精神，全面提高人才培养质量而组织高校开展的本科生创新创业训练活动。

通过实施国家级大学生创新创业训练计划，可促进高等学校转变教育思想观念，改革人才培养模式，强化创新创业能力训练，增强高校学生的创新能力和在创新基础上的创业能力，培养适应创新型国家建设需要的高水平创新人才。

大学生创新创业训练计划旨在鼓励和支持大学生尽早参与科学研究、技术开发和社会实践等创新活动，帮助大学生得到科学研究与发明创造的初步训练，增强人才培养过程中实践教学环节的比重，推广研究性学习和个性化培养，建设面向创新的校园文化。参加大学生创新创业训练计划，同学们可以体验和了解科学研究整个过程，感知作为科研工作者的体验，从而激发对科学研究的兴趣，更好地实现个性化发展目标。

2. 组成

大学生创新创业训练计划按照国家、地方、高校三级计划实施体系，分别对应国家级大学生创新创业训练计划、省级大学生创新创业训练计划和校级大学生创新创业训练计划。在类型上分为创新训练项目、创业训练项目和创业实践项目三类，在类别上从 2021 年起分为一般项目和重点支持领域项目两类。

创新训练项目是本科生个人或团队，在导师指导下，自主完成创新性研究项目设计、研究条件准备和项目实施、研究报告撰写、成果（学术）交流等工作。

创业训练项目是本科生团队，在导师指导下，团队中每个学生在项目实施过程中扮演一个或多个具体的角色，通过编制商业计划书、开展可行性研究、模拟企业运行、参加企业实践、撰写创业报告等工作。

创业实践项目是学生团队，在学校导师和企业导师共同指导下，采用前期创新训练项目（或创新性实验）的成果，提出一项具有市场前景的创新性产品或者服务，以此为基础开展创业实践活动。

3. 实施

大学生创新创业训练计划的实施包括以下重要阶段：每年 10 月启动大学生创新创业训练计划的申报工作，经学院审核，教务处与校团委共同审定确定立项项目，通常第二年的年初确定立项项目清单。学校于第二年 4 月组织中期检查，并确定优秀项目，中期检查优秀项目将推荐申报国家级、省级大学生创新训练计划项目。校级大学生创新训练计划项目于当年 10 月组织结题，国家级、省级大学生创新训练计划项目的结题工作于下一年度的中期检查合并实施（如图 4-1）。

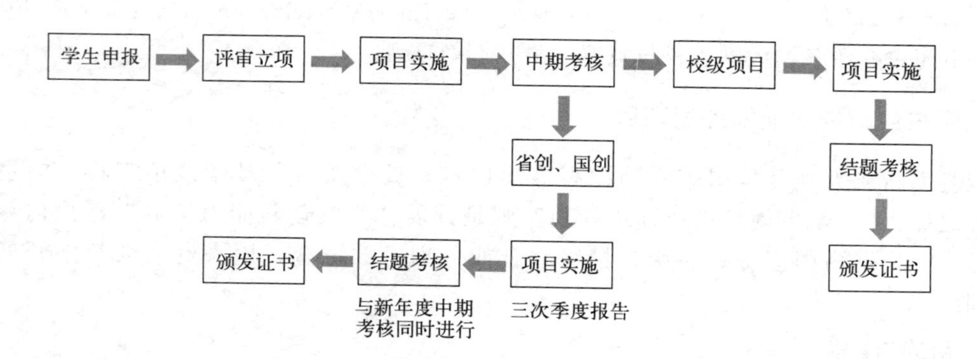

图 4-1 大学生创新创业训练计划的实施过程

① 课题申报及立项

学生自主选题，或在指导老师的指导下，拟定研究项目。由项目组组长负责组织填写申报表，经项目组成员、指导老师签字确认，按照学院要求的时间提交至学院。评审推荐。学院和学生组织会对拟申报项目的基础条件以及项目组成员、指导老师等方面进行资格审核筛选，择优排序推荐项目。

② 中期检查

中期检查是对已立项的校级大学生创新创业训练计划项目进行阶段性检查。检查内容包括：项目研究进展情况、项目研究已取得的阶段性成果和收获、项目研究存在的主要问题及应对思路与措施、项目研究下阶段主要任务及时间进程安排、项目经费使用情况等。通过项目组自查、学院组织检查与学校审查相结合的形式进行。

③ 结题验收

对国家级、省级、校级大学生创新创业训练计划项目分别进行结题验收，通过结题答辩等形式，评定成绩。由指导教师指导项目组填写《项目结题报告书》，汇编研究成果，制作答辩 PPT。学院组织专家组，完成本学院项目的结题验收工作，并择优向学校推荐优秀候选项目。验收答辩各项目组以 PPT 形式陈述，回答专家提问。项目验收成绩按优秀、良好、合格、不合格四个档次评价，评选优秀项目时注重项目的创新性和学生在研究过程中创新能力的提升。

二、"互联网+"大学生创新创业大赛

1. 背景与目的

中国"互联网＋"大学生创新创业大赛是为贯彻落实《国务院办公厅关于深化高等学校创新创业教育改革的实施意见》（国办发〔2015〕36 号），进一步激发高校学生创新创业热情，展示高校创新创业教育成果，搭建大学生创新创业项目与社会投资对接平台，由教育部、中央网络安全和信息化领导委员会办公室等单位承办的大型赛事。比赛旨在深化高等教育综合改革，激发大学生的创造力，培养造就"大众创业、万众创新"的生力军；推动赛事成果转化和产学研用紧密结合，促进"互联网＋"新业态形成，服务经济提质增效升级；以创新引领创业、创业带动就业，推动高校毕业生更高质量创业就业。重在把大赛作为深化创新创业教育改革的重要抓手，引导各地各高校主动服务创新驱动发展战略，积极开展教学改革探索，把创新创业教育融入人才培养，切实提高高校学生的创新精神、创业意识和创新创业能力。

以赛促学，培养创新创业生力军。大赛旨在激发学生的创造力，激励广大青年扎根中国大地了解国情民情，锤炼意志品质，开拓国际视野，在创新创业中增长智慧才干，把激昂的青春梦融入伟大的中国梦，努力成长为德才兼备的有为人才。

以赛促教，探索素质教育新途径。把大赛作为深化创新创业教育改革的重要抓手，引导各类学校主动服务国家战略和区域发展，深化人才培养综合改革，全面推进素质教育，切实提高学生的创新精神、创业意识和创新创业能力。推动人才培养范式深刻变革，形成新的人才质量观、教学质量观。

以赛促创，搭建成果转化新平台。推动赛事成果转化和产学研用紧密结合，促进"互联网＋"新业态形成，服务经济高质量发展，努力形成高校毕业生更高质量创业就业的新局面。

“互联网+”大赛已经成为高等教育领域落实立德树人根本任务、提升人才培养质量的关键支撑，成为推动高校创新创业教育改革的重要平台，成为展示新时代高等教育教学改革成果的重要窗口，成为世界大学生实现创新创业梦想的全球盛会。

2. 比赛项目

主体赛事包括高教主赛道、“青年红色筑梦之旅”赛道、职教赛道、产业命题赛道和萌芽赛道。

3. 比赛赛制

大赛主要采用校级初赛、省级复赛、总决赛三级赛制（不含萌芽赛道以及国际参赛项目）。校级初赛由各院校负责组织，省级复赛由各地负责组织，总决赛由各地按照大赛组委会确定的配额择优遴选推荐项目。大赛组委会将综合考虑各地报名团队数（含邀请国际参赛项目数）、参赛院校数和创新创业教育工作情况等因素分配总决赛名额。

大赛共产生 4100 个项目入围总决赛（港澳台地区参赛名额单列），其中高教主赛道 2300 个（国内项目 1800 个、国际项目 500 个）、“青年红色筑梦之旅”赛道 600 个、职教赛道 600 个、产业命题赛道 400 个、萌芽赛道 200 个。

高教主赛道每所高校入选总决赛项目不超过 5 个，“青年红色筑梦之旅”赛道每所院校入选总决赛项目不超过 3 个，职教赛道每所院校入选总决赛项目不超过 3 个，产业命题赛道每道命题每所院校入选项目不超过 3 个，萌芽赛道每所学校入选总决赛项目不超过 2 个。

4. 参赛项目要求

大赛要求，参赛项目须紧密结合经济社会各领域现实需求，充分体现高校在新工科、新医科、新农科、新文科建设方面取得的成果，培育新产品、新服务、新业态、新模式，促进制造业、农业、卫生、能源、环保、战略性新兴产业等产业转型升级，促进数字技术与教育、医疗、交通、金融、消费生活、文化传播等深度融合。

5. 历届比赛回顾（表 4-1）

表 4-1 “互联网+”大学生创新创业大赛大事记

届	时间	承办方
第一届中国“互联网+”大学生创新创业大赛	2015 年	吉林大学
第二届中国“互联网+”大学生创新创业大赛	2016 年	华中科技大学
第三届中国“互联网+”大学生创新创业大赛	2017 年	西安电子科技大学
第四届中国“互联网+”大学生创新创业大赛	2018 年	厦门大学
第五届中国“互联网+”大学生创新创业大赛	2019 年	浙江大学
第六届中国国际“互联网+”大学生创新创业大赛	2020 年	华南理工大学
第七届中国国际“互联网+”大学生创新创业大赛	2021 年	南昌大学
第八届中国国际“互联网+”大学生创新创业大赛	2022 年	重庆大学
第九届中国国际“互联网+”大学生创新创业大赛	2023 年	天津大学

第一届中国“互联网+”大学生创新创业大赛以“‘互联网+’成就梦想，创新创业开辟未来”为主题，由吉林大学承办。参赛项目主要包括“互联网+”传统产业、“互联网+”新业态、“互联网+”公共服务和“互联网+”技术支撑平台四种类型。大赛采用校级初赛、省级复赛、全国总决赛三级赛制。在校级初赛、省级复赛基础上，按照组委会配额择优遴选项目进入全国决赛。大赛吸引了 1878 所高校的 57253 支团队报名参加，提交项目作品 36508 个，参与学生超过 20 万人。冠军项目为哈尔滨工程大学项目“点触云安全系统”。

第二届中国“互联网+”大学生创新创业大赛由华中科技大学承办。本届大赛主题为“拥抱‘互联网+’时代，共筑创新创业梦想”。大赛吸引全国 2110 所高校参与，占全国普通高校总数的 81%，报名项目数近 12 万个，参与学生超过 55 万人。冠军项目为西北工业大学“翱翔系列微小卫星”。

第三届中国“互联网+”大学生创新创业大赛由西安电子科技大学承办。本届主题为“搏击‘互联网+’新时代，壮大创新创业主力军”。本届比赛增加了参赛项目类型，鼓励师生共创。冠军项目为浙江大学杭州光珀智能科技有限公司研发的一代固态面阵激光雷达。

第四届中国“互联网+”大学生创新创业大赛由厦门大学承办。以“勇立时代潮头敢闯会创，扎根中国大地书写人生华章”为主题。冠军项目为北京理工大学“中云智车-未来商用无人车行业定义者”项目。

第五届中国“互联网+”大学生创新创业大赛由浙江大学、杭州市人民政府承办。本届大赛共有来自全球五大洲 124 个国家和地区的 457 万名大学生、109 万个团队报名参赛，参赛项目和学生数接近前四届大赛的总和。冠军项目为清华大学交叉双旋翼复合推力尾桨无人直升机。

第六届中国国际“互联网+”大学生创新创业大赛由华南理工大学、广州市人民政府和深圳市人民政府承办。大赛以“我敢闯、我会创”为主题，打造了一场汇聚世界“双创”青年同场竞技、相互促进、人文交流的国际盛会。本届大赛设置了高教、职教、国际、萌芽四大板块。共有 2988 所学校的 147 万个项目、630 万人报名参赛。北京理工大学的“星网测通”项目获得冠军；清华大学的“高能效工业边缘 AI 芯片及应用”、厦门大学的“西人马：中国 MEMS 芯片行业领军者”项目获得亚军；来自美国卡内基梅隆大学的“智情治心”、德国慕尼黑工业大学的“机器人牙科手术辅助系统”、俄罗斯莫斯科航空航天大学的“莫航喷气背包”项目获得季军。

第七届中国国际“互联网+”大学生创新创业大赛由南昌大学、南昌市人民政府承办。本届大赛共有来自国内外 121 个国家和地区、4347 所院校的 228 万余个项目、956 万余人次报名参赛。南昌大学的“中科光芯——硅基无荧光粉发光芯片产业化应用”项目获得冠军；北京航空航天大学的“中发天信——万米高空无人守护者”项目获得亚军；斯坦福大学的“非夕科技——新一代自适应机器人定义者”项目、浙江大学的“多功能智能打印机先行者”项目、牛津大学的“面向未来可再生能源存储的绿色氨技术”项目、哥伦比亚大学的“呼吸氧疗新力量项目”项目获得季军。

第八届中国国际“互联网+”大学生创新创业大赛由重庆大学、重庆市人民政府承办。本届大赛共有来自国内外 111 个国家和地区、4554 所院校的 340 万个项目、1450 万名学生报名参赛，参赛人数首次突破千万。南京理工大学“光影流转——亿像素红外智能计算成像的开拓者”项目获得冠军，北京航空航天大学“微纳动力科技”项目获得亚军，北京大学“深势科技”团队、浙江大学“谓尔”团队、卡内基梅隆大学“临床级直肠癌诊疗评估一体化 AI 系统”团队、苏黎世联邦理工学院“智子科技”团队获得季军。

三、“挑战杯”全国大学生课外学术科技作品竞赛

“挑战杯”全国大学生课外学术科技作品竞赛是由中国共产主义青年团、中国科学技术协会、教育部、中国社会科学院、中华全国学生联合会共同主办，国内著名大学、新闻媒体联合发起的一项具有导向性、示范性和群众性的全国竞赛活动。竞赛创办以来，始终坚持

"崇尚科学、追求真知、勤奋学习、锐意创新、迎接挑战"的宗旨，在促进高校立德树人，推动广大高校学生参与学术科技实践、发现和培养创新型人才、促进青年创新人才成长、深化高校素质教育、推动经济社会发展等方面发挥了积极作用，在广大高校乃至社会上产生了广泛而良好的影响，被誉为当代大学生科技创新的"奥林匹克"盛会。

"挑战杯"竞赛有两个并列项目，"挑战杯"全国大学生课外学术科技作品竞赛（"大挑"）以及"挑战杯"全国大学生创业计划竞赛（"小挑"，又称"创青春"）。"大挑"和"小挑"隔年交叉轮流开展，通常单数年进行"大挑"，双数年进行"小挑"。两者比赛侧重点不同，"大挑"注重学术科技发明创作带来的实际意义与特点，"小挑"更注重市场与技术服务的完美结合，商业性更强。

1. 竞赛宗旨

崇尚科学、追求真知、勤奋学习、锐意进取、迎接挑战。

2. 竞赛目的

引导和激励高校学生实事求是、刻苦钻研、勇于创新、多出成果、提高素质，培养学生创新精神和实践能力，并在此基础上促进高校学生课外学术科技活动的蓬勃开展，发现和培养一批在学术科技上有作为、有潜力的优秀人才。鼓励学以致用，推动产学研融合互促，紧密围绕创新驱动发展战略，服务国家经济、政治、文化、社会、生态文明建设。

3. 参赛要求

参阅"挑战杯"全国大学生课外学术科技作品竞赛章程。

4. 作品分类

申报参赛的作品分为自然科学类学术论文、哲学社会科学类社会调查报告、科技发明制作三类。自然科学类学术论文作者限本专科生。哲学社会科学类支持围绕发展成就、文明文化、美丽中国、民生福祉、中国之治等5个组别形成社会调查报告。科技发明制作类分为A、B两类：A类指科技含量较高、制作投入较大的作品；B类指投入较少，且为生产技术或者社会生活带来便利的小发明、小制作等。

5. 赛程与安排

竞赛分为院赛、校赛、省级复赛、全国决赛四个阶段。

① 院赛（10月至次年3月）

本阶段主要进行大赛的策划、准备和宣传，启动系列培训，完成参赛选手组队报名工作，进行院赛预审，确定参与校赛队伍。

② 校赛（3月）

大赛组委会组织开展校赛，组织开展培训和项目辅导，推荐优秀作品参加省级比赛。

③ 省级复赛（4月至5月）

入围省赛团队进一步完善作品，参加省级复赛。

④ 国赛（6月至次年3月）

入围国赛团队集训备战，邀请有关专家对优秀作品进行指导和完善，参加全国决赛。

6. 评选与奖励

参赛的自然科学类学术论文、哲学社会科学类社会调查报告、科技发明制作三类作品各设特等奖、一等奖、二等奖、三等奖。各等次奖分别约占各类报送作品总数的5%、10%、

20%、55%。科技发明制作类中A类和B类作品分别按上述比例设奖。全国评审委员会对各省级组织协调委员会和发起高校报送的参赛作品进行预审，评选出报送作品中的35%左右进入终审决赛，55%左右获得三等奖，10%左右淘汰。在终审决赛中评出特等奖、一等奖、二等奖。

7. 历届竞赛介绍

1989年，由清华大学承办的第一届“挑战杯”全国大学生课外学术科技作品竞赛在北京成功举办。2023年，第十八届“挑战杯”全国大学生课外学术科技作品竞赛由贵州师范学院承办。自1989年首届竞赛举办以来历经十八届（各届竞赛承办方见表4-2），“挑战杯”竞赛已经发展成为吸引广大高校学生共同参与的科技盛会，促进优秀青年人才脱颖而出的创新摇篮，引导高校学生推动现代化建设的重要渠道，深化高校素质教育的实践课堂，展示全体中华学子创新风采的亮丽舞台。

表4-2 “挑战杯”全国大学生课外学术科技作品竞赛大事记

届次	决赛时间	承办方
第一届	1989年	清华大学
第二届	1991年	浙江大学
第三届	1993年	上海交通大学
第四届	1995年	武汉大学
第五届	1997年	南京理工大学
第六届	1999年	重庆大学
第七届	2001年	西安交通大学
第八届	2003年	华南理工大学
第九届	2005年	复旦大学
第十届	2007年	南开大学
第十一届	2009年	北京航空航天大学
第十二届	2011年	大连理工大学
第十三届	2013年	苏州大学、苏州工业园区
第十四届	2015年	广东工业大学、香港科技大学
第十五届	2017年	上海大学
第十六届	2019年	北京航空航天大学
第十七届	2021年	四川大学
第十八届	2023年	贵州师范学院

四、全国大学生节能减排社会实践与科技竞赛

全国大学生节能减排社会实践与科技竞赛是由教育部高等学校能源动力类专业教学指导委员会指导，全国大学生节能减排社会实践与科技竞赛委员会主办的学科竞赛。为教育部确定的全国十大大学生学科竞赛之一，也是全国高校影响力最大的大学生科创竞赛之一。该竞赛充分体现了“节能减排、绿色能源”的主题，紧密围绕国家能源与环境政策，紧密结合国家重大需求，在教育部的直接领导和广大高校的积极协作下，起点高、规模大、精品多、覆盖面广，是一项具有导向性、示范性和群众性的全国大学生竞赛，得到了各省教育厅、各高校的高度重视。

1. 竞赛主题

节能减排，绿色能源。（第十六届全国大学生节能减排竞赛的主题是“聚力双碳，共创未来”）

2. 竞赛标志

标志主体部分由四条彩带组成；蓝色代表着蓝天大海，绿色代表着森林，红色代表着能源，黄色代表着大地；将其整合在一起，作为一个统一体，代表着自然界万物的和谐相处，同时又充满朝气。

3. 竞赛奖励

竞赛设立等级奖、单项奖和优秀组织奖三类奖项。等级奖设特等奖（可空缺）、一等奖、二等奖、三等奖和优秀奖。获奖比例由竞赛委员会根据参赛规模的实际情况确定。单项奖由专家委员会提出设立，报竞赛委员会批准。优秀组织奖，由竞赛委员会对竞赛组织中表现突出的单位进行表彰。对参赛获奖的学生和单位，给予不同形式奖励。

4. 历届赛事回顾

全国大学生节能减排社会实践与科技竞赛每年举办一次，从 2008 年浙江大学举办第一届全国大学生节能减排社会实践与科技竞赛，目前已经召开了十六届（历届汇总表见表 4-3）。

全国大学生节能减排社会实践与科技竞赛是一项旨在推动大学生参与环境保护的活动。该活动旨在通过大学生的参与，加强社会对节能减排的认识，提高大学生的环境保护意识，从而促进节能减排的实施。该活动主要分为社会实践和科技竞赛两大类。社会实践类活动主要是大学生参与到当地社会的节能减排实践中，包括参与环境保护宣传活动、参与环境改善项目等，从而增强大学生的环保意识，促进当地节能减排的实施。科技竞赛类活动则是针对大学生的科技素养，主要包括环保科技创新竞赛、节能减排技术应用竞赛等，旨在激发大学生的创新精神，推动环保技术的发展，为节能减排的实施提供技术支持。

表 4-3 全国大学生节能减排社会实践与科技竞赛大事记

届次	决赛时间	承办方
第一届全国大学生节能减排社会实践与科技竞赛(博奇环保杯)	2008 年 12 月 04 日～06 日	浙江大学
第二届全国大学生节能减排社会实践与科技竞赛(博奇环保杯)	2009 年 09 月 10 日～12 日	华中科技大学
第三届全国大学生节能减排社会实践与科技竞赛(科信能环杯)	2010 年 08 月 18 日～20 日	北京科技大学
第四届全国大学生节能减排社会实践与科技竞赛(哈电杯)	2011 年 08 月 08 日～10 日	哈尔滨工业大学
第五届全国大学生节能减排社会实践与科技竞赛(凯盛开能杯)	2012 年 08 月 08 日～10 日	西安交通大学
第六届全国大学生节能减排社会实践与科技竞赛(力诺瑞特杯)	2013 年 08 月 07 日～09 日	上海交通大学
第七届全国大学生节能减排社会实践与科技竞赛(金川杯)	2014 年 08 月 05 日～07 日	昆明理工大学
第八届全国大学生节能减排社会实践与科技竞赛	2015 年 08 月 10 日～12 日	哈尔滨工程大学
第九届全国大学生节能减排社会实践与科技竞赛(荣威新能源杯)	2016 年 08 月 10 日～12 日	江苏大学
第十届全国大学生节能减排社会实践与科技竞赛(神雾杯)	2017 年 08 月 09 日～11 日	华北电力大学
第十一届全国大学生节能减排社会实践与科技竞赛(东风汽车杯)	2018 年 08 月 07 日～09 日	武汉理工大学
第十二届全国大学生节能减排社会实践与科技竞赛(首钢京唐杯)	2019 年 08 月 07 日～10 日	华北理工大学
第十三届全国大学生节能减排社会实践与科技竞赛(赛迪环保杯)	2020 年 08 月 27 日～30 日	重庆大学
第十四届全国大学生节能减排社会实践与科技竞赛(力诺瑞特杯)	2021 年 08 月 26 日～29 日	山东大学
第十五届全国大学生节能减排社会实践与科技竞赛(六百光年杯)	2022 年 08 月 02 日～05 日	天津大学
第十六届全国大学生节能减排社会实践与科技竞赛(建行杯)	2023 年 08 月 02 日～05 日	东南大学

第一届全国大学生节能减排社会实践与科技竞赛于 2008 年在浙江大学成功举办，共有 88 所高校的 505 件作品参加了此次竞赛，参赛作品类型多、专业性强、涵盖面广，涉及能源、机械、资源、建筑、电气、海洋、社会、经济、矿业等多个领域。最终 55 所高校的 100 件优秀作品入围决赛。

第二届全国大学生节能减排社会实践与科技竞赛于 2009 年在华中科技大学举行，共收到159所高校提交的有效作品1620件，经过形式审查和专家初审，65所高校的111件作品入围决赛。

第三届全国大学生节能减排社会实践与科技竞赛于2010年在北京科技大学举行，来自全国232所高校的1868支队伍参加本届大赛，师生总参与人数达3万。经过专家委员会认真评选，共推选出特等奖8项，一等奖32项，二等奖95项，三等奖294项。

第四届全国大学生节能减排社会实践与科技竞赛于2011年在哈尔滨工业大学举行。本次竞赛共收到来自182所高校的1673件作品，其中科技作品类1391件，社会实践类282件。经过网评，146所高校的484件作品进入专家会评，最终73所高校的133件作品进入决赛。

第五届全国大学生节能减排社会实践与科技竞赛在西安交通大学举行，此届参赛作品充分体现和诠释了“节能减排，绿色能源”这一大赛的主题，积极推动了全社会节能减排活动的开展。本届大赛从73所高校参与决赛评审的141件作品中，推选出了特等奖9项，一等奖37项，二等奖90项，三等奖345项，优秀组织奖59项。

第六届全国大学生节能减排社会实践与科技竞赛在上海交通大学举行。本届大赛共收到205所高校的有效作品2051件，经过网络初评和专家会评，共有72所高校的150件作品入围决赛，并有来自普渡大学、挪威科技大学等海外知名学府派代表团前来观摩参展。

第七届全国大学生节能减排社会实践与科技竞赛在昆明理工大学举行。共有252所高校报名，收到有效作品2395件。经过网络初评和专家会评，共有71所高校的160件作品进入决赛。其中特等奖8项，一等奖54项，二等奖98项，三等奖430项。

第八届全国大学生节能减排社会实践与科技竞赛在哈尔滨工程大学举行。大赛共收到全国281所高校的2534件作品，经过网评、会评等层层筛选，最终来自全国68所高校的161件涉及能源、机械、资源、建筑、电气、海洋、社会、经济、矿业等多个领域的节能减排作品集中“亮相”。

第九届全国大学生节能减排社会实践与科技竞赛在江苏大学举行。本届大赛以增强大学生节能环保意识、科技创新意识和团队协作精神为目的，共有300所高校报名参加，收到有效作品2839件，创历史新高。经过网络初评和专家会评，最终确定来自全国90所高校的180件作品进入决赛。最终有10件作品被评为特等奖，53件作品被评为一等奖，116件作品被评为二等奖，547件作品被评为三等奖。

第十届全国大学生节能减排社会实践与科技竞赛在华北电力大学举行。本届大赛共有343所高校报名参加，提交有效作品3196件，参赛学生人数超过16000。经过网络评议、现场评议，共有101所高校的189件作品进入全国决赛。最终有10件作品被评为特等奖、63件作品被评为一等奖，116件作品被评为二等奖，597件作品被评为三等奖。

第十一届全国大学生节能减排社会实践与科技竞赛在武汉理工大学举行。本届比赛共有来自海内外418所高校报名参赛，收到3881件有效作品。经专家评审会审议表决通过，共有599件作品被评为三等奖，202件作品被推荐进入决赛。

第十二届全国大学生节能减排社会实践与科技竞赛在华北理工大学举行。本届比赛共有393所高校报名参赛，参赛作品4102件。经专家网评及组织会评，102所高校的199件作品进入决赛。第十二届全国大学生节能减排社会实践与科技竞赛有10件作品被评为特等奖，72件作品被评为一等奖，117件作品被评为二等奖，669件作品被评为三等奖。

第十三届全国大学生节能减排社会实践与科技竞赛在重庆大学举办。本届竞赛共有427

所高校报名参加，提交有效作品 4138 件，参赛人数超过 22000，参与高校和作品申报数量创历史新高。经过专家网络评议和专家会评，219 件作品进入决赛。第十三届全国大学生节能减排社会实践与科技竞赛共有 10 件作品被评为特等奖，91 件作品被评为一等奖，118 件作品被评为二等奖，672 件作品被评为三等奖。

第十四届全国大学生节能减排社会实践与科技竞赛在山东大学举行。本届竞赛共有 514 所高校报名参加，提交有效作品 5201 件，参赛学生人数超过 3 万。共有 110 所高校的 244 件作品进入全国决赛。经过严格的线上答辩和线下评审，共有 10 件作品被评为特等奖，112 件作品被评为一等奖，121 件作品被评为二等奖，1035 件作品被评为三等奖。

第十五届全国大学生节能减排社会实践与科技竞赛在天津大学举行。本届大赛共有 623 所高校报名参加，包括 13 所境外高校，其中境内高校提交有效作品 6218 件，参赛人数达 46139。最终共有 10 件作品被评为特等奖，138 件作品被评为一等奖，227 件作品被评为二等奖，1164 件作品被评为三等奖。

2023 年，第十六届全国大学生节能减排社会实践与科技竞赛决赛在东南大学举行。本届节能减排大赛以“聚力双碳，共创未来”为主题，638 所高校报名，有效作品总数 6852 件。经过学校初选、竞赛组委会的网络评议与专家评审，最终甄选出来自 133 所高校的具有创新性和代表性的 259 支主赛道队伍、40 支港澳台及国际赛道队伍和 21 支海洋与岛礁能源动力挑战赛队伍进入总决赛。最终共有 11 件作品被评为特等奖，157 件作品被评为一等奖，248 件作品被评为二等奖，1267 件作品被评为三等奖。

第五章

信息检索

Chapter 5

[要点提示]

信息与信息源概念；信息检索原理及步骤；图书及其检索方法；中文期刊全文数据库及其检索方法；外文期刊全文数据库及其检索方法；引文索引数据库及其检索方法；文摘数据库及其检索方法；特种文献及其检索方法。

第一节　信息与信息源

一、信息

信息是物质存在的一种方式、形态或运动状态，也是事物的一种普遍属性，一般指数据、消息中所包含的意义，可以使消息中所描述事件的不定性减少。

信息具有普遍性、载体依附性、时效性、传递性、共享性、可转换性、可伪性等特点。

① 普遍性：信息是普遍存在的，无处不在、无时不在。人们对世界的认识是无限的，因此信息资源的扩充与累积也是无限的。

② 载体依附性：信息不能独立存在，必须依附于一定的载体。信息载体形式多样，如印刷型、机器型、声像型、网络型等。信息可以转换成不同的载体形式而存储或传播。载体的依附性具有可存储、可传递、可转换的特点。

③ 时效性：信息反映的是特定时刻事物的运动状态和方式。

④ 传递性：指信息在空间和时间上的传递，信息可以在空间上从一个地方传到另一地方。同样，信息也可以从一个时期传递给另一个时期，信息储存就是信息在时间上的传递。

⑤ 共享性：信息资源可以共享，信息资源的共享将极大推进人类文明的发展。

⑥ 可转换性：信息在一定的条件下可以转化为物质、能量、时间、金钱、效益、质量等。正确而有效地利用信息，可以创造更多更好的物质财富，可以开发或节约更多的能量，节省更多的时间。

⑦ 可伪性：人们容易凭主观想象来认识理解信息，或孤立地认识理解信息，从而易于产生虚假信息。信息的可伪性提醒我们，一定要注重信息的来源和信息的筛选，注意防止“垃圾信息”或信息污染。

二、信息源

信息源（information source），就是信息的来源。信息源是产生、载有和传递信息的一切物体、人员和机构。在图书情报领域，信息源是人们在科研活动、生产经营活动和其他一切活动中所产生的成果和各种原始记录，以及对这些成果和原始记录加工整理得到的成品。

通常将信息源分为文献信息源、电子信息源、口头信息源和实物信息源。这里我们主要讨论文献信息源。文献信息源是经人的一系列加工后记录下来的信息（recorded information）。可按照出版形式和内容加工深度对文献信息源进行分类。

按照出版形式可将文献信息源划分为图书、连续出版物、特种文献三种类型。图书包括教科书、辞典、手册、百科全书、科普读物等；连续出版物包括期刊（periodicals）、报纸（newspapers）、年度出版物（年鉴、指南等）、学会会刊和专著丛书等；特种文献包括专利文献（patent document）、学位论文（dissertation）、标准文献（standard document）、会议文献（conference document）、科技报告（science and technical report）、产品样本（trade catalogue）和政府出版物（government publication）等。下面对这三种文献信息源的具体表现形式进行简要的介绍。

1. 图书

联合国教科文组织对图书的定义是：由出版社（商）出版的49页以上（不包括封面和封底）的印刷品，具有特定的书名和著者名，有国际标准书号（International Standard Book Number，ISBN），有定价并取得版权保护的出版物。图书是记录和保存知识，表达思想，传播信息的最古老、最主要的文献。图书的内容一般比较成熟、系统、全面、可靠，但其出版周期较长，报道信息的速度相对较慢。

可以通过中文在线、百链云图书馆（https://www. blyun. com）、阿帕比数字资源平台（Apabi 电子图书、工具书等）、读秀学术搜索平台（http://www. duxiu. com）、超星汇雅电子图书等获得中文电子图书及纸质图书信息。通过 Elsevier SDOS 电子书（https://www. sciencedirect. com），SpringerLink 图书数据库（https://link. springer. com），Wiley 电子书（https://olabout. wiley. com），ProQuest EBC 电子书数据库（https://ebookcentral. proquest. com），江苏省外文电子书统一共享平台——享阅读（http://www. infocircle. cn）等获取外文电子图书资源。

2. 期刊

期刊是连续出版物的一种，具有固定的刊名，统一的开本，以期、卷、号或年、月为序连续出版，每期内容不重复，并由多位作者撰写的不同题材的作品构成的定期出版物。按照内容划分，期刊可分为学术期刊（journals）和杂志（magazines）。在中国，出版期刊必须经国家新闻出版署批准，持有国际标准连续出版物号（International Standard Serial Number，ISSN）及国内统一连续出版物号（CN Serial Numbering，CN）。期刊内容新颖、报道速度快、信息含量大，是传递科技情报、交流学术思想最重要的文献形式。期刊文献占整个信息源的60%～70%，与科技图书、专利文献被视为科技文献的三大支柱，是文献检索中利用率最高的文献信息源。期刊最突出的特点是出版迅速、内容新颖，能迅速反映科学技术研究成果的新信息，具有连续性。期刊是检索新发现、新思想、新见解、新问题的首要信息源。

可以通过中国知网（CNKI）的期刊全文数据库、万方数据知识服务平台的期刊全文数据库、维普资讯的中文期刊服务平台、超星期刊数据库、读秀学术搜索平台、月旦知识库等获取中文期刊原文资源；通过 Web of Science 科学引文索引（https://www.webofscience.com），Nature 及系列子刊数据库，Science 数据库（https://www.science.org），美国化学学会期刊数据库（https://pubs.acs.org），Elsevier SDOS 期刊数据库（https://www.sciencedirect.com），EBSCO 学术信息、商业信息数据库（https://search.ebscohost.com），RSC 电子期刊数据库（https://pubs.rsc.org），SpringerLink 电子期刊（https://link.springer.com），Taylor&Francis 期刊数据库（https://www.tandfonline.com），Wiley 期刊数据库（https://onlinelibrary.wiley.com），NSTL（国家科技文献中心）免费期刊数据库（https://www.nstl.gov.cn）等检索获取英文期刊原文资源。

3. 专利文献

专利文献是指专利局出版的与专利有关的各种文献，如专利公报、专利文摘、分类表、专利索引、专利说明书以及与专利有关的法律文献等。专利文献具有统一的格式；文字较简练，特别要求阐述保护权利的范围；在内容上具有广泛性、详尽性、实用性、新颖性、独创性，以及较强的系统性、完整性和报道的及时性等特点。专利文献主要依据专利号、专利国别、专利权人、专利优先日期（公开日期）、出版时间等进行识别。

可以通过国家知识产权局（http://www.cnipa.gov.cn）、高校国家知识产权信息服务中心、万方数据知识服务平台、壹专利检索分析数据库等检索并获取中文专利文献；可以通过美国专利检索平台（https://patft.uspto.gov）、欧洲专利检索平台（https://worldwide.espacenet.com）、PCT 国际专利检索平台（https://www.wipo.int/pct）检索英文专利文献。

4. 学位论文

学位论文是高等院校、科研单位的本科生、研究生为获得学位而撰写的学术论文。在我国，学位论文可分为学士学位论文、硕士学位论文和博士学位论文。可从学位论文题名、颁发学位的单位、授予学位的时间等方面对学位论文加以识别。通过中国知网（CNKI）的中国博硕士学位论文数据库、万方数据知识服务平台的中国学位论文数据库、月旦知识库、各高等院校学位论文数据库等，可检索获取中文学位论文。通过国外学位论文中国集团全文检索平台（https://www.pqdtcn.com）可以检索获取国外学位论文。

5. 标准文献

标准文献是经过权威机构批准的、以文件形式表达的统一规定，是反映标准的技术文献。它主要是对工农业产品和工程建设的质量、规格、检验方法等方面所做的技术规定。标准文献适用范围明确专一；编排格式、叙述方法严谨统一、文字简练；具有约束性及法律效力；有时效性，随着技术发展而不断修订补充或废除。标准文献主要依据著录项中的标准号加以识别。

可通过中国国家标准服务网（http://www.cssn.net.cn）、标准网（http://www.standardcn.com）、CNKI 标准文献数据库、万方数据知识服务平台等检索获取中国标准文献。通过国际标准化组织网站（https://www.iso.org）、欧洲标准化委员会（https://

www. cencenelec. eu)、美国国家标准学会网站（https://www. ansi. org)、英国 BS 标准（https://www. bsigroup. com)、ASTM 标准（https://www. ipc. org)、德国标准学会网站（https://www. din. de)、法国标准协会（https://www. afnor. org）等可以获得国际或相应国家的标准文献。

其余的文献信息源，报纸、科技报告、会议文献、政府出版物就不详细介绍了，可以查阅相关专业书籍。

各种类型文献检索入口、特点、用途对比见表 5-1。

表 5-1　各类型文献检索入口、特点、用途

类型	检索入口	特点	用途
图书[M]	书名、著者、ISBN、出版地、出版时间	内容系统、全面，论点成熟可靠，但出版周期长，传递信息速度慢	系统地学习知识；了解某领域知识概要；查找某一问题的具体答案
学术期刊[J]	期刊的名称、出版年、卷、期、ISSN	反映学科发展最新动向和科研最新成果	了解与自己课题相关的研究状况；了解学科水平动态；学习专业知识
学位论文[D]	学位名称、导师姓名、学位授予机构	数据图表详尽，参考文献丰富，可得到课题研究综述，跟踪导师科研进程	文献调研；撰写开题报告；学习论文写作方法；追踪学科发展
专利[P]	专利号、专利名称、发明人、申请人	数量庞大、报道快、学科领域广阔、内容新颖，具有实用性	在申请专利前查重；开发新产品；了解某领域的技术水平及发展的最新动态；专利诉讼时查有无侵权
标准[S]	标准级别、标准名称、标准号、颁布时间	能较全面地反映标准制定国的经济政策和技术、生产及工艺水平	产品设计生产检验；工程设计施工；进出口贸易

按内容加工深度，可将信息源分成一次文献（primary document)、二次文献（secondary document）和三次文献（tertiary document)。

（1）一次文献

一次文献又称原始文献，是指公开并正式发表的科学研究、工作实践中的新成果、新知识和经验总结等。一次文献是最基本的文献信息源，具有新颖性、创造性、系统性等特点。一次文献包括图书（专著)、期刊论文、专利说明书、学位论文、会议论文等全文数据库。一次文献数据库是电子文献信息源中非常重要的信息源，是直接获取原始文献的主要途径之一。一次文献数据库有中国期刊全文数据库、超星数字图书馆等。

（2）二次文献

二次文献信息源是指人们将大量无序的一次文献信息使用一定的方法进行加工整理后所形成的信息集合。二次文献信息源具有浓缩性、汇集性、有序性的特点，具有按照文献的内部特征或文献的外部特征来报道揭示和检索一次文献的功能，能系统地反映一次文献信息，为用户提供检索所需文献的线索，是检索一次文献必不可少的工具。包括书目数据库、题录、文摘、索引等数据库。电子文献信息源中，二次文献数据库往往是某一领域全面系统的电子文献信息源，具有较高的学术性和权威性，是获取原始文献的重要线索来源。二次文献数据库有 Web of Science、SciFinder 等。

（3）三次文献

三次文献是通过二次文献提供的线索，选用一次文献内容，进行分析综合后形成的，包括词典、百科全书、年鉴、名录、指南、综述等。三次文献是借助二次文献，全面系统地搜集相关信息，经过筛选、分析、加工整理、概括、浓缩等手段，按科学方法加以组织形成的信息资源。三次文献的特点是高度浓缩和深度加工。

一次文献、二次文献和三次文献的特点见表 5-2。

表 5-2　一次文献、二次文献、三次文献的特点

类型	代表类型	特点
一次文献	期刊论文、学术论文、学位论文、科技报告、会议论文、专利说明书、技术标准等	独创的、公开发表、内容新颖丰富、叙述具体详尽、参考价值大、数量庞大、分散、不便于管理与传播
二次文献	目录、题录、文摘、索引、网上检索引擎、网页分类目录等	二次文献只提供一次文献的线索，具有汇集性、工具性、综合性、系统性、交流性和检索性的特点
三次文献	专题报告、综述、总结报告、进展、年鉴、手册、百科全书、词典、大全、专科文献指南、书目之书目、工具书目录等	在内容上具有综合性，在功效上具有参考性，可以充分利用反映某一领域研究动态的综述类文献信息，在短时间内了解其历史动态和水平

一次文献是最主要的信息资源，是人们检索和利用的主要对象，也是二次文献、三次文献的来源和基础；二次文献是一次文献的集中提炼和有序化，是检索一次文献的工具；三次文献是将一次文献中所载的具体文献内容，按知识门类或专题重新组合高度浓缩而成，是人们检索、利用数据信息和事实信息的主要信息源。从一次文献到二次文献、三次文献，是一个由繁到简、由分散到集中、由无组织到系统化的过程，文献内容有很大变化，但二次文献、三次文献并没有增加知识总量，只是对于一次文献的形成和再生产起到很大的推动作用。文献检索就是通过二次文献、三次文献查找一次文献的过程。

第二节　信息检索原理及步骤

一、信息检索原理

信息检索是通过对大量的、分散无序的文献信息进行搜集、加工、组织、存储，建立各种各样的检索系统，并通过一定的方法和手段使存储与检索这两个过程所采用的特征标识达到一致，以便有效地获得和利用信息源。其中存储是为了检索，而检索又必须先进行存储。信息检索的基本原理如图 5-1 所示。

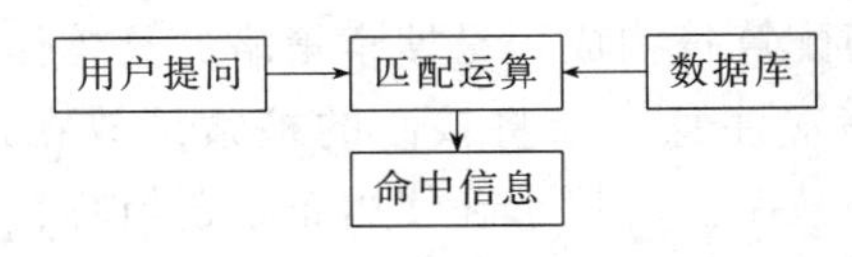

图 5-1　信息检索原理图

信息检索通常是指从以任何方式组成的信息集合中，查找特定用户在特定时间和条件下所需信息的方法与过程。完整的信息检索还包括信息的存储与信息的分析评价。文献的存储过程实际上是对文献进行替代和整序的过程，文献的查寻过程则是将文献特征标识和检索提问标识进行匹配的过程。信息的分析评价是检索策略进行调整的过程。

二、信息检索步骤

根据信息检索的原理可以知道，检索是存储的逆过程。检索者遵循信息的存储规律，就能够快速准确地查找到所需要的信息资源。信息检索的基本步骤见图 5-2。

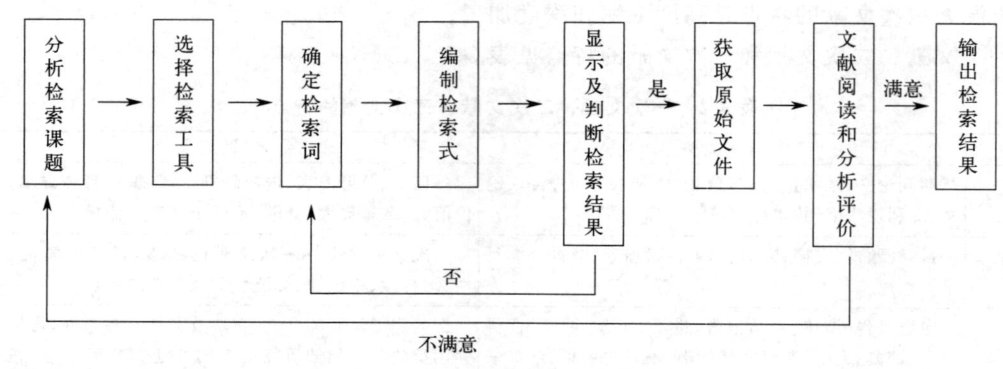

图 5-2 信息检索流程图

1. 分析检索课题

首先分析检索课题，弄清楚课题的性质是什么，学科专业范围是什么，哪些是已知信息，哪些是想查询的信息，确定信息检索的主题内容，确定文献类型和时间范围。

2. 选择检索工具

根据检索课题的要求，选择能满足检索要求的检索工具书或数据库。检索工具的种类繁多，其文献类型、学科和专业的收录范围各有侧重，所以，根据课题的检索要求，选准、选全检索工具十分重要。这是决定检索效果的关键因素。应当了解相关学科主要的信息资源和数据库资源。

3. 确定检索词

选择检索词的方法：利用上下位词或特有名词、同义词、近义词及相关词，查阅工具如专业词表、词典、字典、分类表等；根据词表或数据库中的索引选词；从专业词典、百科全书等参考工具中选词。

选择检索词要考虑两个原则：一是课题检索要求；二是数据库输入词要求，选择规范词，尽量使用代码，选用惯用的技术术语，避免使用低频词或高频词，同义词尽量选全。

4. 编制检索式

检索式是搜索过程中用来表达搜索提问的一种逻辑运算式，又称检索表达式或检索提问式。检索式由检索词和各种组配算符构成，是搜索策略的具体体现，检索式的好坏决定着检索质量的高低。检索式的编写应注意尽量将核心的检索词放在最前面，并限制在基本字段内，这样可以提高计算机处理效率。应该正确使用布尔逻辑算符、位置算符。同义词、近义词之间使用“或（or）”连接，优先运算部分使用“()”，英文检索时正确使用截词符“?”或通配符“*”等。构建检索式应该尽量简单，不要烦琐复杂。

检索式编制完成后将其输入检索系统实施检索。计算机完成检索过程后会将检索结果显示出来，如果检索结果与需求不符合，需及时调整检索策略（包括检索工具和检索词），直至得到满意的检索结果。

5. 显示及判断检索结果

用户向检索系统提交检索式后，检索结果是否满意，可以通过查全率（recall factor）、查准率（pertinency factor）、误检率（noise factor）和漏检率（ommission factor）进行判断评价（相关概念，请查询赵乃瑄《实用信息检索方法与利用》第三版）。

高质量的信息检索，是在保证查全率的同时谋求较高的查准率。为实现高质量检索，事先应该了解数据库的规模和特点，对专业性较高、数据量较小的数据库，应该努力提高查全率；反之，对于数据量较大的检索系统，如网络搜索引擎，则应尽量满足查准率的要求。

采用分类法或规范化的检索词可以达到提高查全率的目的。在检索式中减少使用逻辑“与”、逻辑“非”运算符；增加同义词检索，使用逻辑“或”运算符，使用截词符“?”或通配符“*”，减少字段限制等，也可以提高查全率。

一般通过提高检索词的精确度提高查准率。使用逻辑“非”减少不需要出现的词；使用逻辑“与”，减少逻辑“或”，使用位置算符限制检索词的位置以及利用文献外部特征进行检索限制等。

6. 获取原始文献

检索获得所需文献线索后，下一步就是利用图书馆或数据库获取文献原文。要注意掌握获取原文的必要信息（如文献类型、作者姓名、题名、刊名、出版时间等）。

7. 文献阅读和分析评价

检索结果的阅读和分析评价是一个完整检索过程的重要步骤。通过这一步骤可以总结得失、修正检索策略、改进检索效果。

思考题

1. 简述信息的概念及基本特征。
2. 简述信息源的概念及文献信息源的种类。
3. 简单介绍信息检索的原理及基本步骤。
4. 分析确定如下课题的检索式（中文数据库和外文数据库分别检索）。

① 离子液体的合成及纤维素溶解再生性能研究

② 吸烟与心脏病的关系

第三节　图书信息检索

图书是综合、积累和传递知识，教育和培养人才的一种重要工具。图书可以帮助人们比较全面、系统地了解某一特定领域中的历史和现状，引导人们进入自己所不熟悉的领域，是一种非常重要的文献信息资源。本节介绍图书的相关知识以及检索方法，重点阐述联机公共书目查询系统（OPAC）和电子图书数据库。

一、基本知识

1. 图书的定义

图书是指由出版社（商）出版的49页以上（不包括封面和封底）的印刷品，具有特定的书名和著者名，有国际标准书号，有定价并取得版权保护的出版物。

图书是品种最多、数量最大、范围最广的知识和科研成果的文献载体。图书可分为两大类：阅读性图书和参考工具书。阅读性图书给人们提供各种系统、完整和连续性的信息。参考工具书则给人们提供各种经过验证和浓缩的、离散性的信息。阅读性图书包括教科书、专著、文集、科普读物等。参考工具书，简称工具书，是指作为工具使用的一种特定类型的书籍，包括词典、手册、年鉴、百科全书、名录等。

2. 国际标准书号

国际标准书号（International Standard Book Number，ISBN），是国际通用的图书或独立的出版物（不包括定期出版的连续出版物，如期刊）代码，即出版物的身份证。

从 2007 年 1 月 1 日开始，执行新版国际 ISBN 标准。国际标准书号由 13 位阿拉伯数字组成，分为五部分（EAN-UCC 前缀-组号-出版者号-出版序号-校验码），EAN-UCC 前缀（欧洲商品编号）是 3 位，图书产品代码为“978”。

如赵乃瑄主编的《实用信息检索方法与利用》（第三版），化学工业出版社，其 ISBN 号为 978-7-122-31182-5，其中 978 为 EAN-UCC 图书产品代码。7 为国家、语言或区位代码，代表国家、地区或语种，如：0（英、美、加拿大、南非等英语区）、1（其他英语区）、2（法语区）、3（德语区）、4（日本）、5（俄语区）、7（中国）、8（印度等）、9（新加坡等东南亚地区）。122 为出版社代码，代表出版社，122 代表化学工业出版社。31182 为出版序号，代表一个具体出版者出版的具体出版物。5 为校验码。

3. 图书分类法

图书分类法是在一定的哲学思想指导下，运用知识分类的原理，结合图书、资料本身特点，采用逻辑方法编制出来的方法。一部完整的图书分类法通常由分类体系（分类表）、标记符号（分类号）、辅助表、说明和索引等组成。图书分类法不仅是图书馆、信息单位用来进行图书分类、组织文献的工具，同时也是读者浏览和检索图书的工具。

目前，国外常用的图书分类法是《杜威十进图书分类法》《国际十进分类法》和《美国国会图书馆分类法》等。我国采用的图书分类法是《中国图书馆图书分类法》，简称《中图法》，其于 1971 年开始编制，2000 年建立了网站。2001 年 6 月出版了《中图法》（第四版）电子版。2010 年 8 月，国家图书馆出版社出版了第五版《中图法》。

《中图法》分为 5 个基本部类和 22 个基本大类，“马克思主义、列宁主义、毛泽东思想、邓小平理论”是指导我们思想的理论基础，作为一个基本部类，列于首位。把“哲学”“社会科学”“自然科学”按知识的逻辑关系列为三大部类予以排列。对于一些内容庞杂、无法按照某一学科内容性质分类的文献，概括为“综合性图书”，作为一个基本部类，置于最后。《中图法》的部类、基本大类及“工业技术”的部分类目，见图 5-3。

4. 图书索书号

图书馆的图书一般是按照索书号排架的。索书号是图书馆赋予每一种馆藏图书的号码。在馆藏系统中，每种图书的索书号是唯一的，可以准确地确定馆藏图书在书架上的排列位置，是读者查找图书的代码信息。

图书的索书号由分类号和书次号组成。分类号解决了不同类别图书之间的区分，保证图书归类到位；书次号进一步区别相同分类号但不同版本的图书。书次号的选取在我国图书馆界尚无统一和公认的标准，有些图书馆取图书的出版年月，有些图书馆取作者姓名字顺、拼音，有些按照图书编目先后的“版次号”来确定。例如，赵乃瑄主编了三本有关信息检索的图书（《实用信息检索方法与利用》），相关信息见表 5-3。

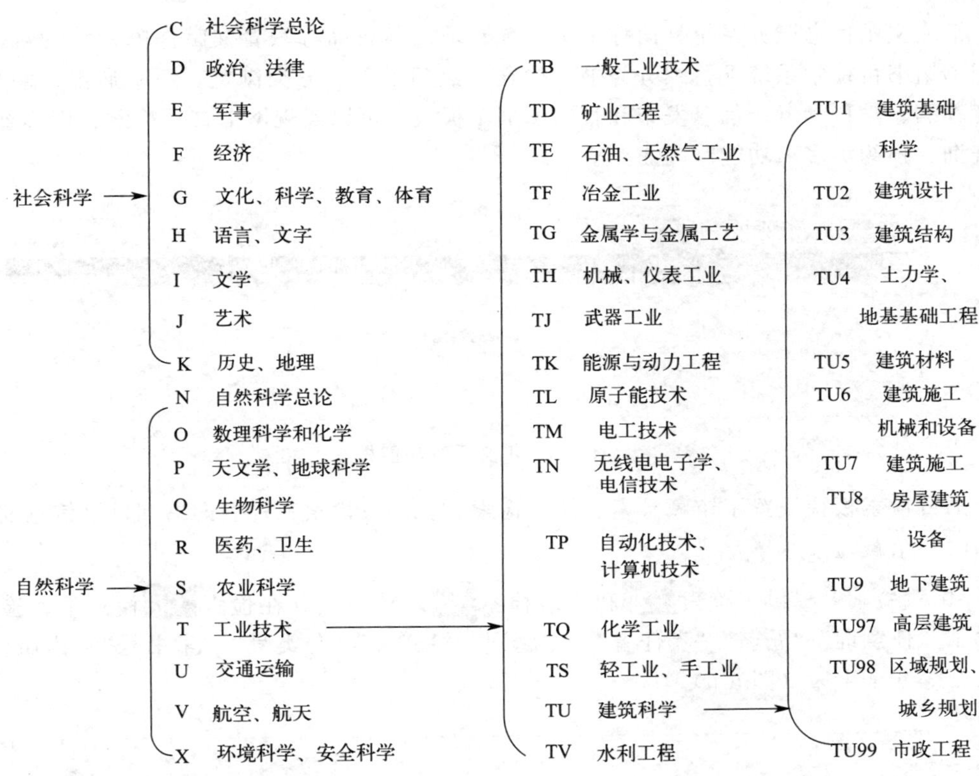

图 5-3 《中图法》部类、基本大类与“工业技术”部分类目

表 5-3 赵乃瑄主编的《实用信息检索方法与利用》各版次信息

索书号	图书	编者	ISBN	馆藏信息
G252.7/10155=3	实用信息检索方法与利用(第三版)	赵乃瑄 主编 冯君、俞琰副主编	978-7-122-31182-5	逸夫图书馆—逸夫馆社科图书借阅室
G252.7/10252	实用信息检索方法与利用(第二版)	赵乃瑄 主编 黄春娟、冯君副主编	978-7-122-15843-7	逸夫图书馆—逸夫馆社科图书借阅室
G252.7/10155	实用信息检索方法与利用	赵乃瑄 主编 黄春娟、冯君副主编	978-7-122-03392-5	逸夫图书馆—逸夫馆社科图书借阅室

索书号一般标于每本书的书脊位置。图书的排架先按分类号的字母数字排序。分类号相同，按书次号排序。

二、联机公共书目查询系统

联机公共书目查询系统（Online Public Access Catalogue，OPAC）是以揭示文献特征、

展示文献详情以及指引文献用户查找文献的收藏地点为目的而编制的联机检索系统。OPAC是图书馆自动化的基础，也是数字图书馆的有机组成部分。

国内常用的图书馆自动化系统有以色列 Ex Libris 公司研发的 Aleph 500 系统、深圳图书馆开发的 ILAS 系统、江苏汇文软件有限公司研发的汇文文献信息服务系统 Libsys 5.5、北京金盘鹏图软件技术有限公司开发的 GDLIS 系统等。本节重点介绍江苏汇文文献信息服务系统。

汇文文献信息服务系统（简称汇文系统）是江苏省高等教育文献保障系统的规范软件。在图书馆书目检索系统下，细分为书目检索、热门推荐、分类浏览、新书通报、期刊导航、读者荐购、学科参考、信息发布和我的图书馆板块，可以实现网上书目检索、借阅查询、新书查询、预约等多项功能（图 5-4）。

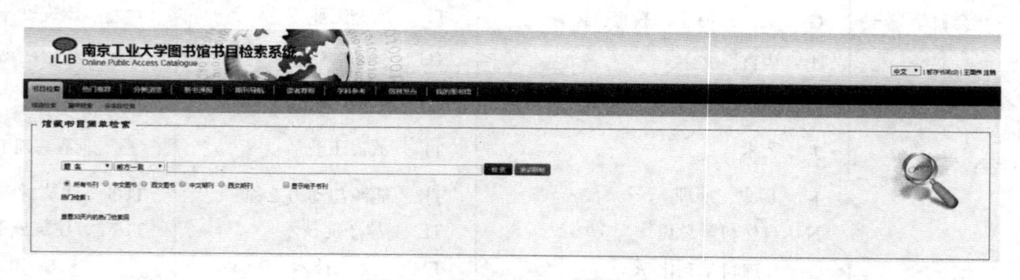

图 5-4　汇文系统功能板块

书目检索板块设置了馆藏检索、简单检索、多字段检索三种查询书刊目录信息的方式。

（1）馆藏检索

“馆藏检索”提供了检索和高级检索两种模式。在检索模式下，检索类型提供了“任意词”“题名”“责任者”“主题词”“ISBN”“分类号”“索书号”“出版社”“丛书名”等 9 个字段（图 5-5）。

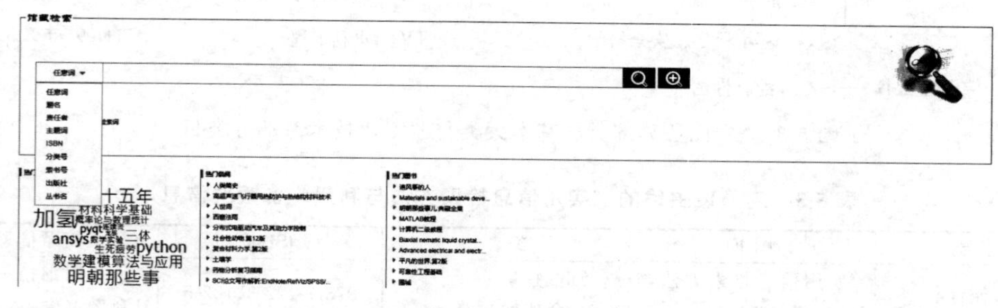

图 5-5　汇文系统馆藏检索——检索模式

点击，进入“高级检索”模式，如图 5-6 所示。

（2）简单检索

“简单检索”模式提供了检索内容、文献类型、检索类型、检索模式和每页显示记录数的选择、输入等（图 5-7）。

① 检索内容：根据所选择的检索类型，输入相应的检索词。

② 文献类型：默认为所有书刊，可选择中文图书、西文图书、中文期刊和西文期刊，并可勾选“显示电子书刊”。

③ 检索类型：提供了题名、责任者、主题词、ISBN/ISSN、订购号、分类号、索取号、

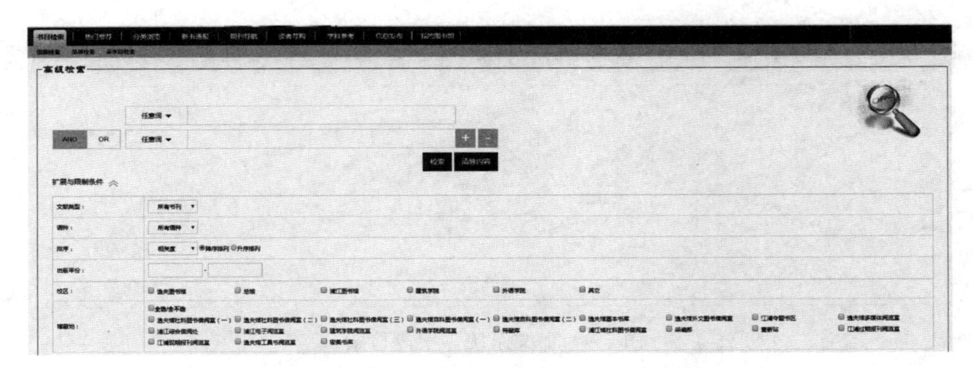

图 5-6　汇文系统馆藏检索——高级检索模式

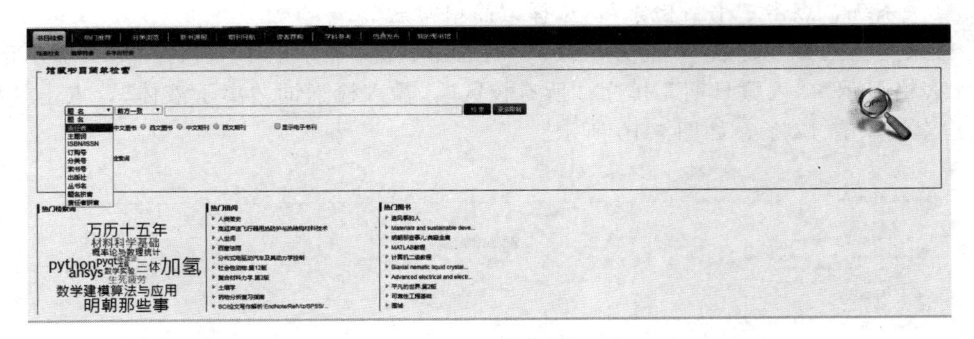

图 5-7　汇文系统简单检索

出版社、丛书名、题名拼音和责任者拼音等 11 个字段。

④ 检索模式：提供了“前方一致”“完全匹配”和“任意匹配”三种模式。

⑤ 热门检索：列出一个月以内的热门检索词。

点击 更多限制 ，增加“显示方式”“排序方式”“检索范围”三个限制内容，如图 5-8 所示。

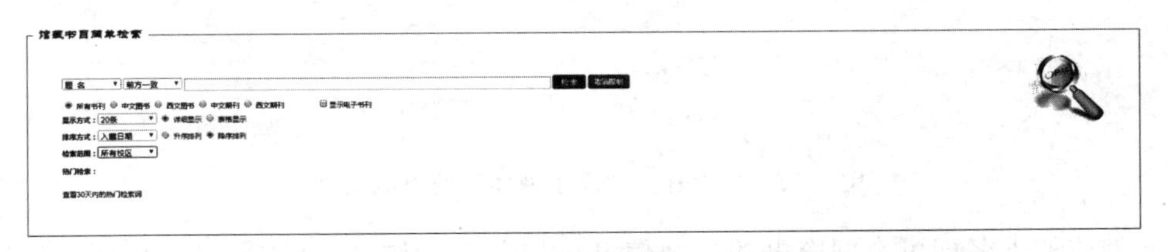

图 5-8　汇文系统简单检索——更多限制

⑥ 每页显示记录数。有 20 条、30 条、50 条、100 条等四种选择，并可选择结果“详细显示”或“表格显示”。

⑦ 结果排序方式。可以按入藏日期、题名、责任者、索书号、出版社、出版日期，选择升序或降序排列。

⑧ 检索范围。可以选择“所有校区”“逸夫图书馆”“总馆”“浦江图书馆”“建筑学院”“外语学院”“其他”等。

（3）多字段检索

“多字段检索”模式是“馆藏检索”和“简单检索”的集合，如图 5-9 所示。

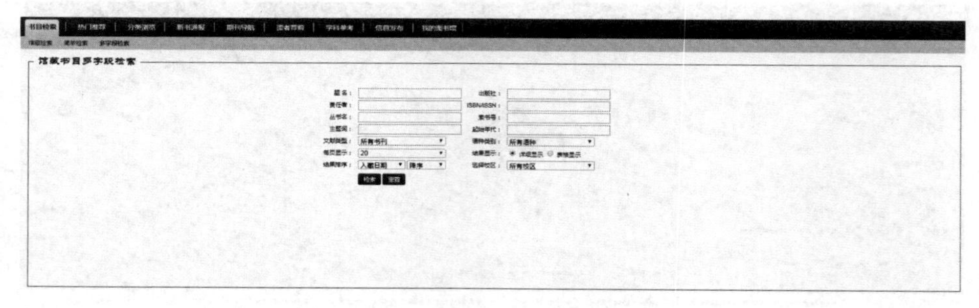

图 5-9　汇文系统多字段检索

[实践训练 1] 利用汇文系统，查找有关“离子液体”的馆藏图书。

① 登录系统，点击“书目检索”，选择“简单检索”。

② 检索类型选择“题名”“前方一致”“所有书刊”“显示电子书刊”“每页显示记录数 20 条”“表格显示”“入藏日期”排序“所有校区”，输入检索词“离子液体”，点击“检索”按钮，检索结果有 17 条，如图 5-10 所示。

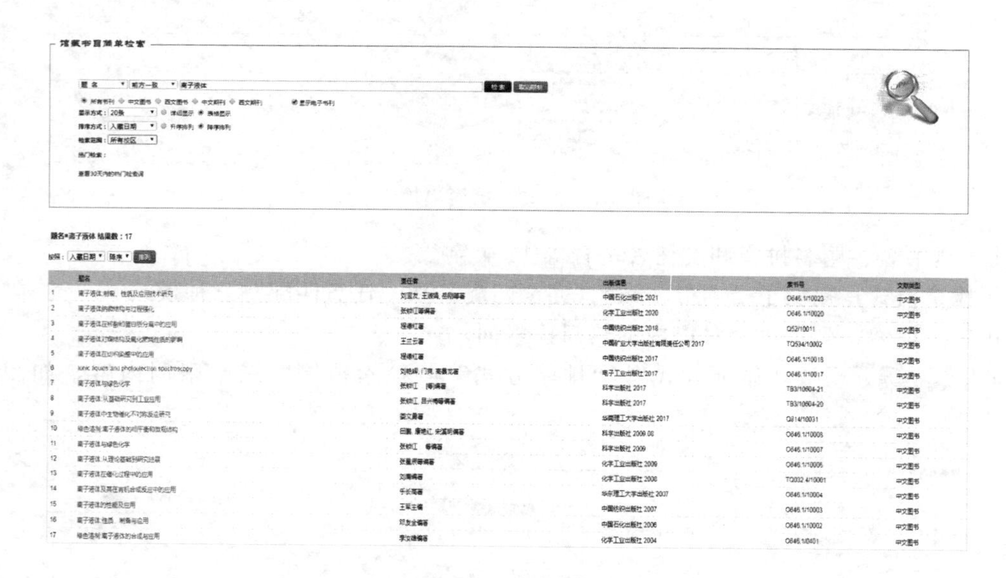

图 5-10　检索有关“离子液体”的馆藏图书

点击具体的书名即可查阅图书的详细信息，如题名、作者、ISBN 号、出版发行项、载体信息、馆藏信息和相关图书推荐等。若对检索结果不满意，可以选择“在结果中检索”进行二次检索或选择重新检索。

除了联机公共书目查询系统以外，也可以使用其他图书馆馆藏信息的联机公共书目查询系统，如中国高等教育文献保障系统（China Academic Library & Information System，CALIS），CALIS 联合目录公共检索系统（http://opac. calis. edu. cn/），联机计算机图书馆中心（Online Computer Library Center，OCLC）等。

三、电子图书数据库

电子图书（electronic book，E-Book）以二进制数字化形式对图书文献进行处理，以磁盘、光盘、网络等介质为记录载体，以信息的生产、传播和再现的形式进行图书的制作发行和阅读，是一种新型的媒体工具。读者可以借助计算机或专用的电子图书阅读设备进行检索和阅读。与印刷型图书相比，电子图书具有节省资源、传递方便、价格低廉、检索快捷、功能齐全、资源共享等优点，越来越获得图书馆和读者的青睐。

由于电子图书的数量日益庞大，为了搜集资源和方便利用，电子图书数据库应运而生。电子图书数据库是存储在计算机存储器上的电子图书数据的集合。因其制作途径的不同分为两大类：一类为图像格式电子图书数据库，是利用扫描技术将纸质图书扫描制作而成，以图像的方式显示，存储单位为页，每一页为一张图，简称 PDG 电子图书；另一类为文本格式电子图书数据库，即以录入方式制作，以电子文本形式显示，存储单位为字。

电子图书数据库的创建，不仅有效地丰富了图书馆和各类型信息服务机构的电子信息资源，弥补了紧俏图书复本量少的缺憾，使一些古籍善本也能有机会以电子版的形式呈现在更多的普通读者面前，而且各种内容的电子图书充分发挥了多媒体、超链接的信息优势，为用户提供更加完善的检索和使用功能，加大了图书的流通和利用率。

国内用户普遍使用的中文电子图书数据库有超星数字图书馆（http://book. chaoxing. com；http://www. ssreader. com. cn）、Apabi 数字图书馆、读秀学术搜索（www. duxiu. com）、书生之家数字图书馆等。国外用户普遍使用的英文电子图书数据库有 ScienceDirect 电子图书数据库、ACS 电子图书数据库、SpringerLink 电子图书数据库（https://link. springer. com）、Wiley Online Library 电子图书数据库（http://onlinelibrary. wiley. com）、NetLibrary 电子图书数据库（http://www. netlibrary. com）、Woodhead Publishing（伍德海德出版社）Ebrary 电子图书数据库（http://www. ebrary. com/corp）等。以下以 SpringerLink 电子图书数据库为例，简单介绍英文电子图书数据库的使用，介绍 SpringerLink 的电子图书检索和获取方法。

Springer 于 1842 年在德国柏林创立，是全球第一大 STM（科学、技术和医学）图书出版商和第二大 STM 期刊出版商，每年出版 8400 余种科技图书和 2200 余种领先的科技期刊。

Springer 出版物涵盖了行为科学、生物医学和生命科学、商业和经济、化学和材料科学、计算机科学、地球和环境科学、工程、人文、社会科学和法律、数学、医学、物理和天文、建筑、艺术和设计等学科。Springer 出版的期刊 60%以上被 SCI 和 SSCI 收录，一些期刊在相关学科拥有较高的排名。

SpringerLink 是全球第一个电子期刊全文数据库，目前已是全球最大的在线科学、技术和医学（STM）领域学术资源平台，涵盖 Springer 出版的所有在线资源，包括电子图书、电子期刊、电子丛书、实验室指南和大型电子工具书。

在 SpringerLink 平台上，可以使用高校购买的 Springer 电子书、电子期刊和电子丛书。凡是带有■图标，代表高校已购买的电子期刊和电子图书，可以浏览和下载全文。用户在检索的时候可以不对图书和期刊做限制，当检索结果出现“Book”，或者“Book chapter”，就是电子书的内容，而出现 Journal article 则为期刊论文。

SpringerLink 提供两种语言模式：英语、德语；SpringerLink 提供简单检索（Simple Search）、高级检索（Advanced Search）、分类检索（Browse by Discipline）等检索方式。

（1）简单检索

用户进入 SpringerLink 的主页，简单检索框位于界面上方的位置。检索框右侧的点击后可切换至高级检索和检索说明页面，如图 5-11 所示。

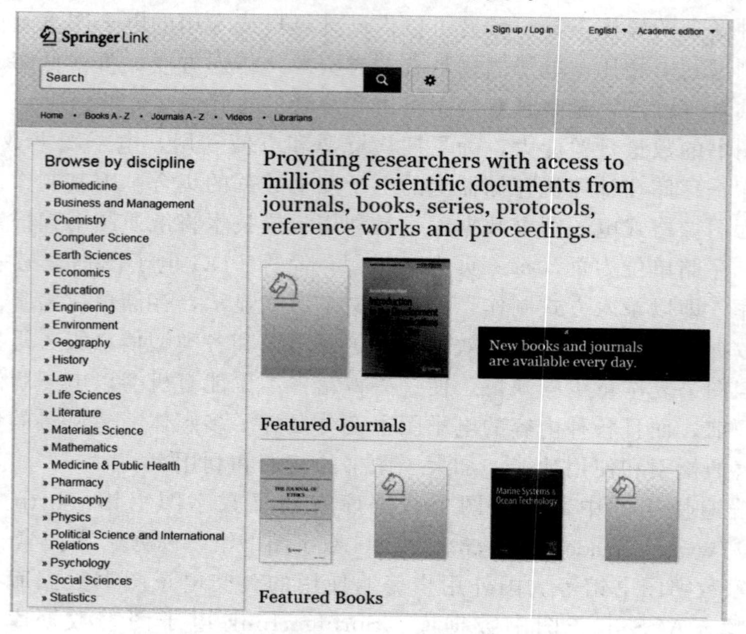

图 5-11　SpringerLink 简单检索模式

（2）高级检索

点击 ✲ 切换到高级检索，系统用自然语言来描述检索的要求，要求之间呈现逻辑“与”的关系：表示逻辑“与”的“with all of the words”，表示“精确检索”的“with the exact phase”，表示逻辑“或”的“with at least one of the words”，表示逻辑“非”的“without the words”；在题名项检索的“where the title contains”，在责任者项检索的“where the author/editor is”以及年代检索项，还可点选是否只显示有内容预览的结果，如图 5-12 所示。

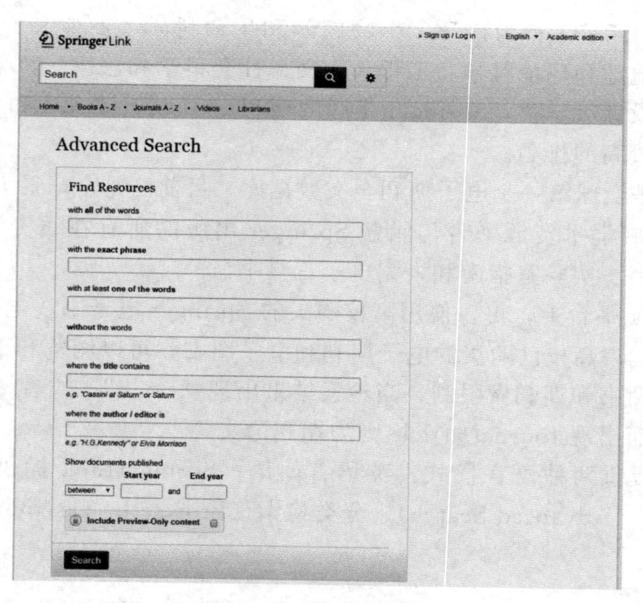

图 5-12　SpringerLink 的高级检索模式

为了帮助用户更好地使用服务，SpringerLink 提供了检索说明（Search Tips，图 5-13），并为用户指引了富有启发性的检索方向：Narrowing your results，Start a new search，Language and stemming，Phrase match，Operators，Wildcards 和 Advanced search。

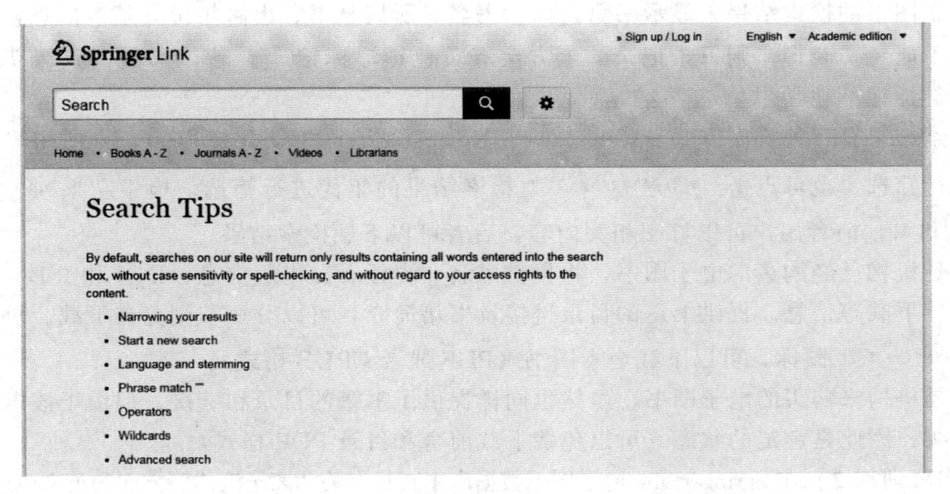

图 5-13　SpringerLink 的检索说明（Search Tips）

（3）分类检索

SpringerLink 首页左侧提供了学科检索菜单，点击相应学科链接，可获得学科聚类的搜索结果，如图 5-14 所示。

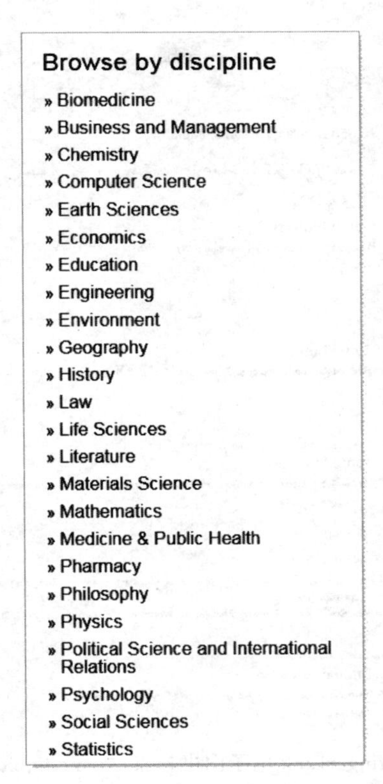

图 5-14　SpringerLink 的分类检索模式

由于 SpringerLink 本身集成了图书、期刊等多种资源，提供一站式检索功能，因此若用户想获取图书方面的结果，需要在检索结果页左侧的聚类菜单中进行筛选，选择 Chapter、Book、Book Series 获得图书方面的检索结果。

电子图书的检索结果，显示书籍封面、书名、所属丛书、出版年份等基本信息，若该图书资源不能免费获得，则每条记录的上方会有黄色锁形标记 ；若该书可以直接获取，则没有锁形标记。

检索结果有三种排序方式：Relevance、Newest First 和 Oldest First，方便用户对检索结果进行筛选。也可点击 Date Published 对检索结果的年代进行筛选。检索结果列表的右上角有 和 ，前者用户可以订阅相关内容，后者可以下载检索结果。

若是机构已经购买的电子图书，将提供书名、责任者、出版信息、DOI 和 ISBN 号，以及引用、下载等信息。提供书籍的目录链接及书籍简介，可以分章节浏览或下载。页面右上角有 Download book 图标，可以下载全本图书（PDF 或者 EPUB 格式）。

若是机构未购买的电子图书，虽然也同样提供了书籍的目录和链接，但由于该电子图书未被购买，因此是锁定的状态（可以免费下载前言和目录 PDF 格式）。

［实践训练 2］ 在 SpringerLink 电子图书数据库中查找有关“离子液体”方面的英文电子图书。

① 登录系统；确定离子液体的英文单词为 ionic liquid。

② 在检索框中输入“ionic liquid”，检索。

③ 共检索到 28358 条结果，包括电子图书、期刊论文等，如图 5-15 所示。

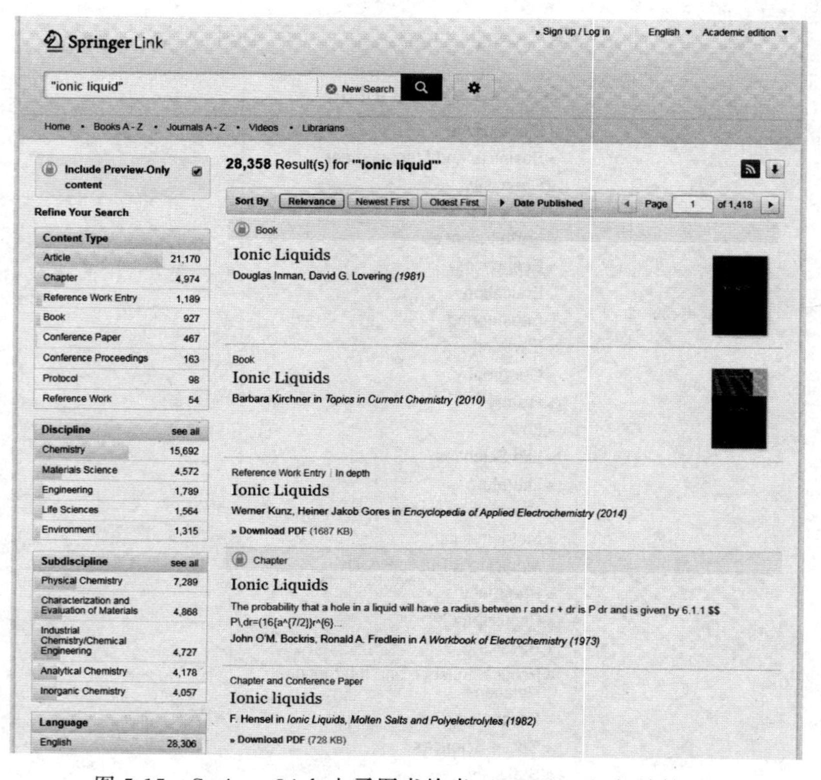

图 5-15 SpringerLink 电子图书检索（ionic liquid 相关结果）

④ 此时检索结果包括图书、期刊文章、会议论文、图书章节等多种类型，点击左侧Content Type聚类菜单中的Book（代表图书），进行筛选。

⑤ 此时检索结果中还包括机构未购买的电子资源，取消点选 Include Preview-Only content ，将机构未购买版权的检索结果删除，得到882条结果，如图5-16所示。

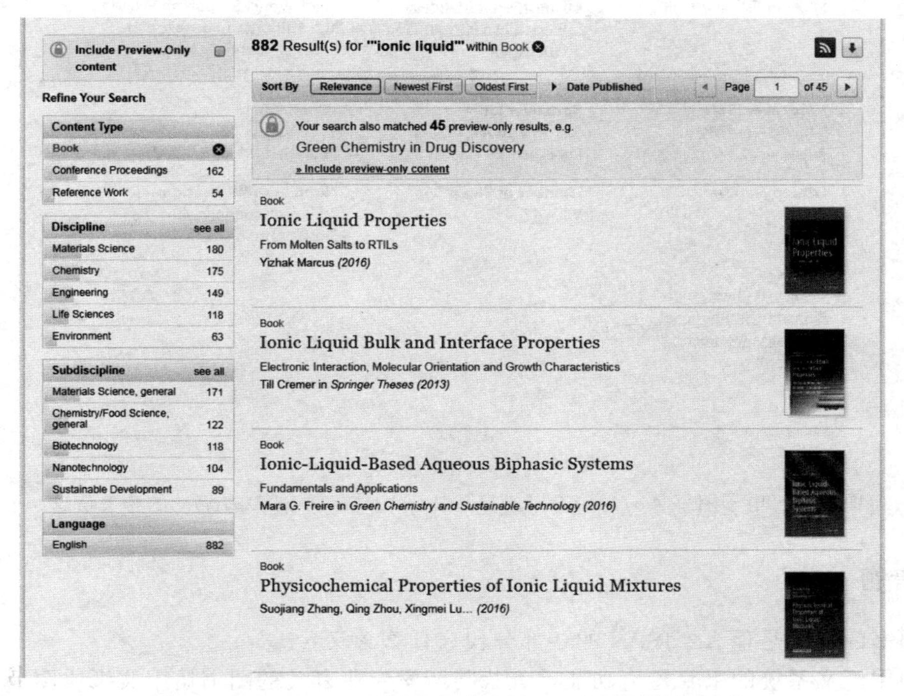

图5-16 SpringerLink图书检索示例（已购买版权的图书）

⑥ 用户可下载（Download book PDF）阅读，如图5-17所示。

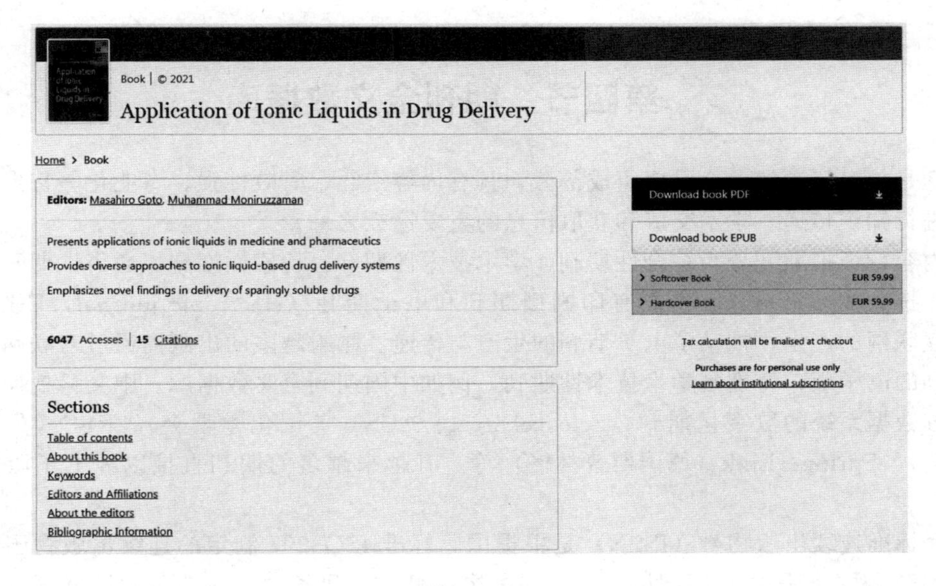

图5-17

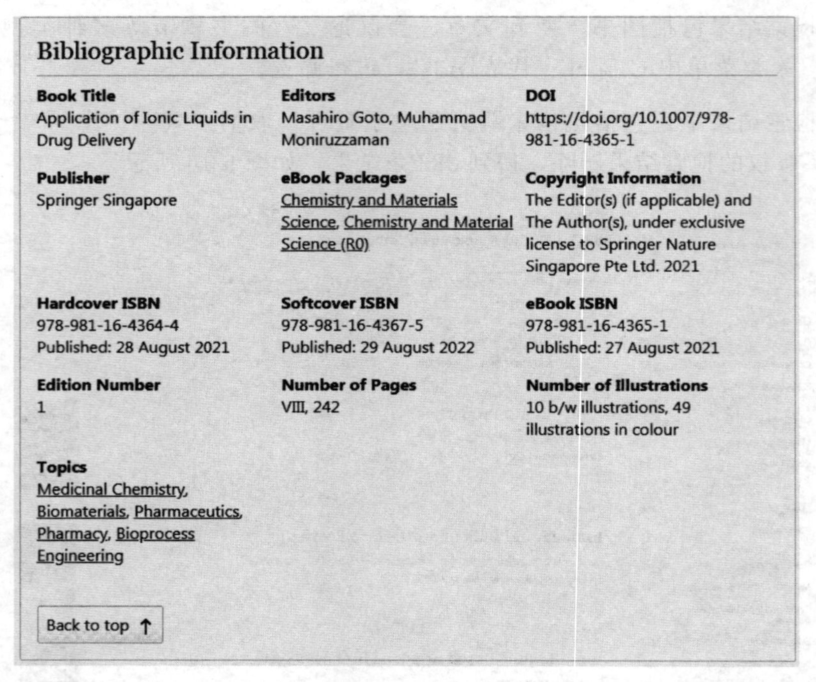

图 5-17　电子图书 *Application of Ionic Liquids in Drug Delivery* 的相关信息

思考题

1. 图书的定义是什么？ISBN 的各部分代表什么含义？
2. 利用汇文系统的书目检索功能，查找与所学专业有关的图书馆中文纸质图书馆藏。
3. 利用超星数字图书馆检索查询并下载与专业相关的中文图书。
4. 在 ScienceDirect 电子图书数据库中查找有关“环境保护”方面的英文电子图书。

第四节　期刊全文数据库

期刊是信息资源的一个重要组成部分，具有内容广泛、时效性强、专业化等特点，已成为人们进行知识传递、学术交流和获取信息的重要途径之一。

按内容特征把期刊分为综合性期刊、学术技术性期刊、检索性期刊、通俗性期刊和科普性期刊。按载体形式划分，主要有印刷型期刊和电子期刊（electronic journal，E-Journal）两种。互联网的产生，推动了电子期刊的生产与传递。越来越多的出版商通过互联网发行印刷版期刊的电子版，特别是学术技术性期刊，例如中国期刊全文数据库、中文科技期刊数据库、万方数据系统的数字化期刊、ScienceDirect、ACS（美国化学学会）、RSC（英国皇家化学学会）、SpringerLink（德国斯普林格）等。有越来越多的期刊直接以纯电子版的形式出版。

国际标准连续出版物号（ISSN）是根据国际标准 ISO3297 制定的连续出版物国际标准编码。ISSN 为不同国家、不同语言、不同机构（组织）间各种媒体的连续性资源（包括报纸、杂志、电子期刊、年报等）信息控制、交换、检索而建立的一种标准的、简明的、唯一的识别代码。ISSN由8位阿拉伯数字组成，分前后两段，每段四位数，段与段间用“-”相连，前冠“ISSN”字样，如：ISSN 1002-1027，最后一位为校验号。当校验号为10时，用罗马数字“X”表示。

国内统一连续出版物号（CN）适用于由中国新闻出版管理部门正式批准登记的报纸和期刊，用于报刊的发行、检索和管理。中国标准连续出版物号由以“ISSN”为标识的国际标准连续出版物号和以“CN”为标识的国内统一连续出版物号两部分组成。以纺织学报为例，纺织学报（Journal of Textile Research），ISSN 0253-9721；CN 11-5167/TS。其中，“11-5167”为报刊登记号，是国内统一连续出版物号的主体，由6位数字组成。前2位数字为按照《中华人民共和国行政区划代码》规定的省、自治区、直辖市地区代号；后4位数字为序号；斜线后面为分类号，体现《中图法》的基本大类，说明期刊的主要学科范围，TS代表轻工业、手工业。

一、期刊的检索

期刊的检索包括期刊馆藏信息检索、期刊出版信息的检索和期刊论文的检索。

期刊馆藏信息的检索：目前图书馆在网络上通过书目数据库提供图书馆期刊馆藏信息的检索。可通过刊名、主题、关键字、索书号、ISSN等途径检索。

期刊出版信息的检索：用户可以通过期刊征订目录、集成商提供的专业数据库和搜索引擎等3种途径获取期刊出版信息。

① 期刊征订目录检索。在我国，邮局是期刊的主要发行单位，其发行的年度《报刊简明目录》是一种重要而可靠的期刊出版信息源，不仅提供邮发代号、报刊名称和定价，而且重点期刊还包括内容简介和出版单位地址。

② 集成商提供的专业数据库检索。网络期刊集成商本身不出版电子期刊，而是将出版商（通常是多个）的网络期刊集成在一起，建立统一的检索界面提供检索服务。目前，这些集成商的专业期刊数据库都提供期刊信息方面的浏览和检索。如中文科技期刊数据库、中国期刊全文数据库都提供了字顺浏览、刊名检索等功能，可检索到期刊的名称、主办单位或出版单位、通讯地址等信息，是期刊报纸的快速、方便、简捷的查询工具。

③ 搜索引擎检索。在查找电子期刊时，搜索引擎检索是常用的一种方法。直接输入期刊名称或ISSN进行检索，往往可以获得该刊物的简介、出版情况和网站链接等信息。

期刊论文的检索，主要有两种方法：直接法和间接法。所谓直接法，是直接查阅有关期刊，浏览目次，进而确定所需论文的位置，以了解有关学科或专题发展动态的一种最简单的检索方法。所谓间接法，是指借助检索工具，迅速、准确地查找特定信息内容的常用检索方法，该方法所获得的信息在全面性和准确性方面都比较高。

查找期刊论文的检索工具主要有：

① 由文摘和题录组成的检索性期刊，如中文社会科学引文索引（CSSCI）、Web of Science、科学引文索引SCI等，这些检索工具将经过挑选的成百上千种期刊中的论文逐篇加工成文摘或题录，按照一定的方式编排，同时提供多种检索途径，帮助读者高效、全面、准确地找到所需期刊论文的来源。

② 记录有原始文献的全文型数据库，如中国期刊全文数据库、中文科技期刊数据库、ScienceDirect、ACS（美国化学学会）、RSC（英国皇家化学学会）、SpringerLink（德国斯普林格）等。用户可以通过其相应的网站去浏览、检索和下载其收录的期刊全文。

本节以中国期刊全文数据库和 Elsevier ScienceDirect 期刊全文数据库为例，简单介绍常用的中文期刊全文数据库及外文期刊全文数据库的检索过程。

二、中国期刊全文数据库

中国学术期刊网络出版总库（China Academic Journal Network Publishing Database，CAJD）或者中国期刊全文数据库（或中国期刊网）是中国知识基础设施（China National Knowledge Infrastructure，CNKI）工程的重点项目之一，是目前世界上最大的连续动态更新的中国期刊全文数据库。中国学术期刊网络出版总库收录国内学术期刊 8000 余种，全文文献总量 5500 万篇。分为十大专辑：基础科学、工程科技Ⅰ、工程科技Ⅱ、农业科技、医药卫生科技、哲学与人文科学、社会科学Ⅰ、社会科学Ⅱ、信息科技、经济与管理科学。中国学术期刊网络出版总库检索主页面如图 5-18 所示。

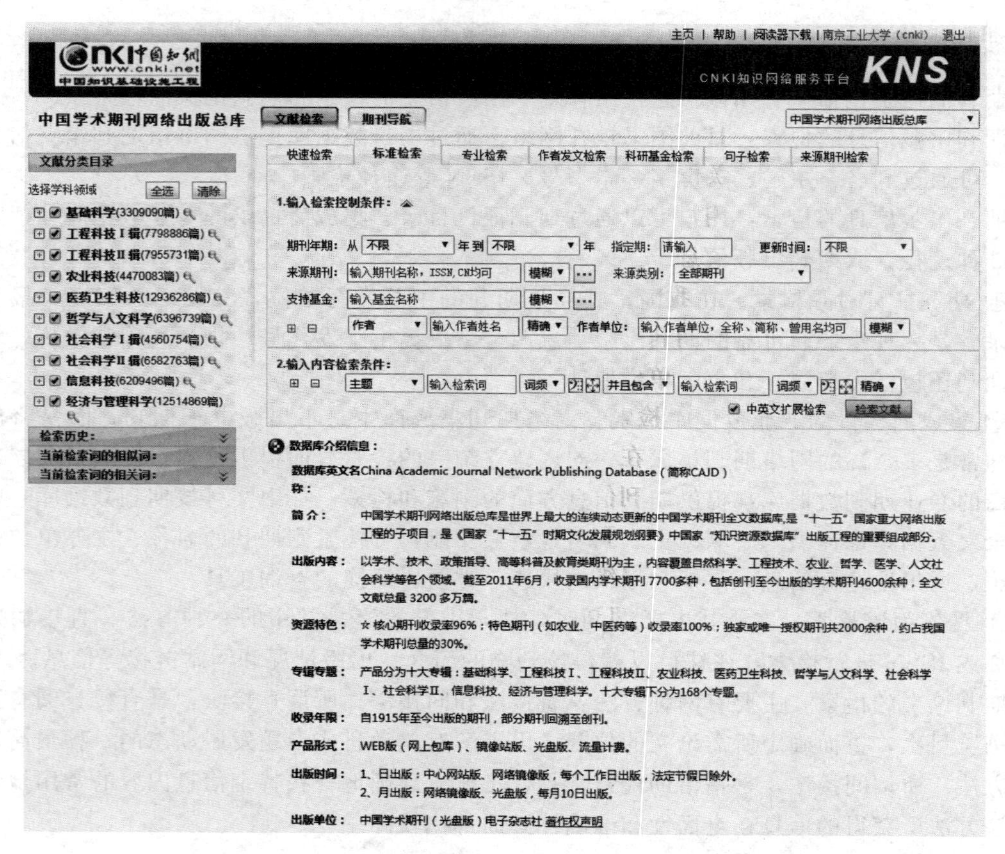

图 5-18 中国学术期刊网络出版总库检索主页面

1. 检索方法

中国学术期刊网络出版总库包括两种检索模式：“文献检索”和“期刊导航”。中国学术期刊网络出版总库的“文献检索”模式提供了七种检索方法：快速检索、标准检索、专业检索、作者发文检索、科研基金检索、句子检索和来源期刊检索。

（1）快速检索

快速检索提供了类似搜索引擎的检索方式，用户只需要输入所要找的检索词，点击快速检索按钮就能查到相关的文献，如图 5-19 所示。快速检索的特点是方便快速，执行效率较高。往往需要在检索结果中进行二次检索来提高查准率。

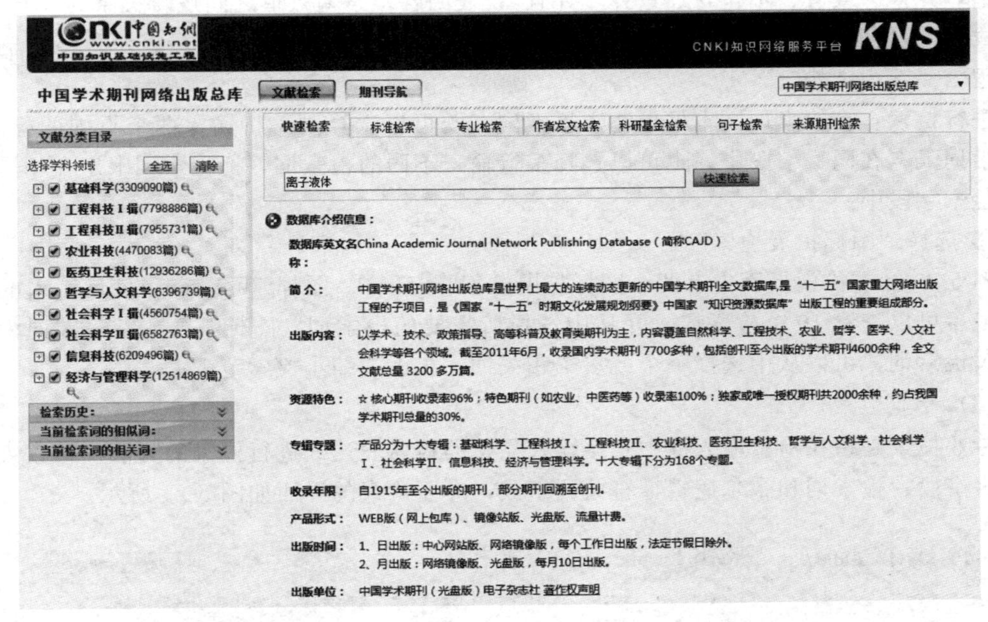

图 5-19　中国学术期刊网络出版总库快速检索

（2）标准检索

标准检索界面如图 5-20 所示，具有限制“检索控制条件”、输入“内容检索条件”和选择“图标扩展检索”等功能。

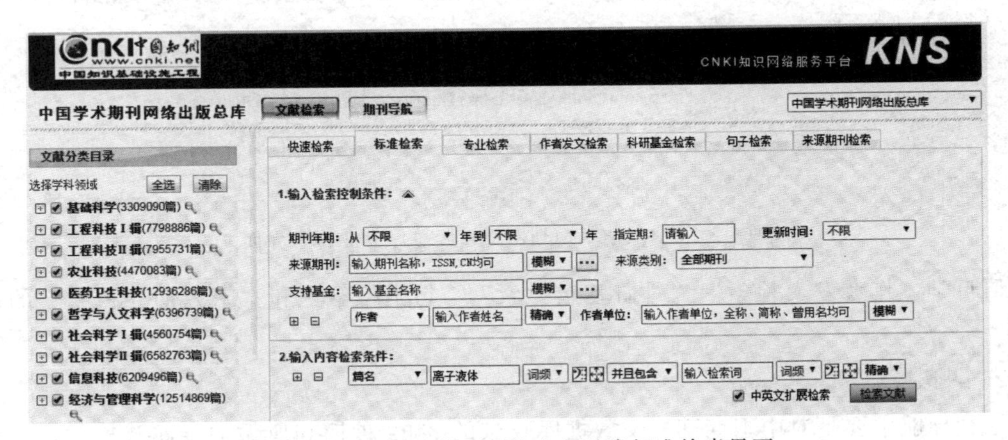

图 5-20　中国学术期刊网络出版总库标准检索界面

① 限制“检索控制条件”

“检索控制条件”包括输入发表时间、来源期刊、来源类别、支持基金、作者、作者单位等，通过对检索范围的限定，便于准确控制检索的目标结果。

② 输入“内容检索条件”

“内容检索条件”包括：基于文献的内容特征的主题、篇名、关键词、摘要、全文、参考文献、中图分类号。

选取检索项：在检索项的下拉框里选择相应的检索字段。

选择逻辑关系：在逻辑选择中可对各个检索输入框的逻辑关系进行限定，可选的逻辑关系包括：并且、或者、不包含。选择“并且”，表明各检索输入框之间逻辑关系为“与”；选择“或者”，表明各检索输入框之间逻辑关系为“或”；选择“不包含”，表明各检索输入框之间逻辑关系为“非”。

进行检索：在检索词文本框里输入检索词。既可以选择同一行输入两个不同的检索词，把检索词限定在同一字段中，也可以选择多行输入不同的检索词，把检索词限定在相同或不同的检索字段中。

③ 选择“图标扩展检索”

图 5-20 标准检索界面中有两个图标扩展检索：▣和▣。图标▣可以查看最近输入的检索词，最多可以查看 10 个检索词，并从中选择所需要的检索词。图标▣显示以输入词为中心的相关检索词，可以从中选择一个或多个相关词，扩大或缩小检索范围。

（3）专业检索

专业检索是指在检索输入框中直接输入完整的检索表达式进行检索的方法。检索表达式由检索字段、检索词和布尔逻辑算符共同组成，专业检索的界面如图 5-21 所示。

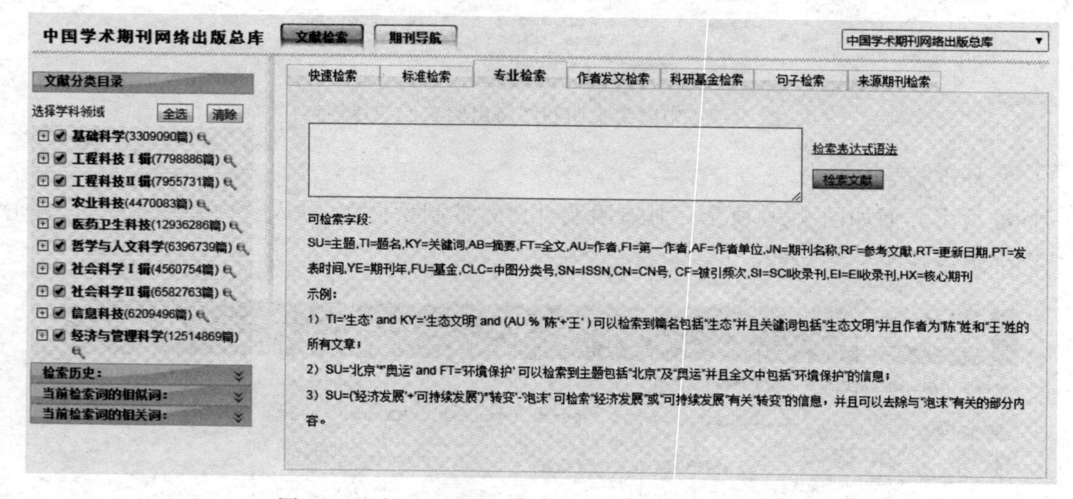

图 5-21　中国学术期刊网络出版总库专业检索界面

请自学“作者发文检索”“科研基金检索”“句子检索”和“来源期刊检索”的检索过程。

2. 期刊导航

期刊导航主要是对中国期刊全文数据库收录的 8492 种期刊所做的导航式检索，界面如图 5-22 所示。检索方法有三种，分别是期刊分类导航、首字母导航和关键词检索。

（1）期刊分类导航

系统将收录的中文期刊分为 10 类进行浏览。

① 专辑导航，按照期刊内容进行分类，分为 10 个专辑，74 个专栏；

② 世纪期刊导航；

③ 核心期刊导航，按照“中文核心期刊要目总览”收录的期刊分类排序；

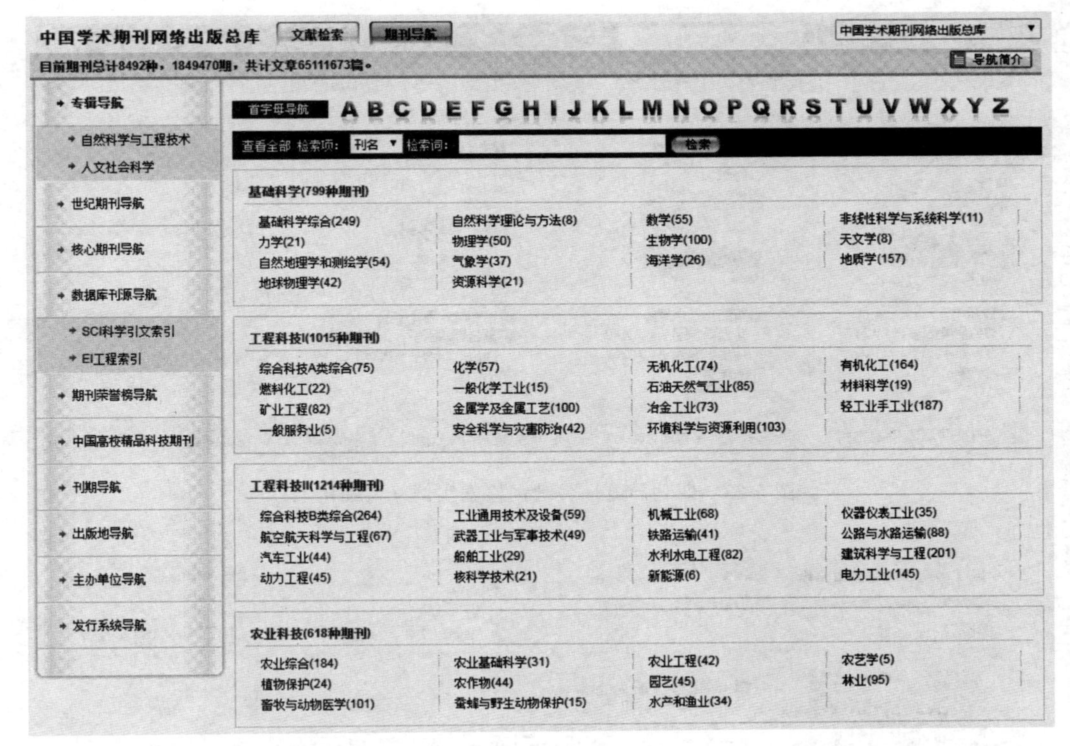

图 5-22 期刊导航界面

④ 数据库刊源导航，按照 SCI 科学引文索引、EI 工程索引的收录情况进行分类；

⑤ 期刊荣誉榜导航，按期刊获奖情况分类；

⑥ 中国高校精品科技期刊，将各大高校的学报按照刊名的字母顺序进行排序；

⑦ 刊期导航，按期刊出版周期分类；

⑧ 出版地导航，按期刊出版地分类；

⑨ 主办单位导航，按期刊主办单位分类；

⑩ 发行系统导航，按期刊发行方式分类。

(2) 首字母导航

把期刊刊名按字母顺序列出，按照刊名的汉语拼音首字母字顺索引查找期刊。

(3) 关键词检索

提供刊名、CN 和 ISSN 三种检索项，检索查找期刊。

通过期刊导航—关键词检索，可以获取期刊的详细信息。

比如在关键词检索框中输入“精细化工”，点击检索按钮，检索到三种期刊《精细化工》《精细化工中间体》《精细与专用化学品》，如图 5-23 所示。点击刊名《精细化工》，将获得该刊的相关信息及数据库中收录该刊的全部文章，如图 5-24 所示，还可以对期刊中的内容进行检索，并可以通过 RSS 订阅功能订阅该期刊的最新更新的文章。

[实践训练 3] 在中国学术期刊网络出版总库，检索有关“离子液体/纤维素”的期刊文献。

(1) 确定检索词

确定该课题的检索词为：离子液体、纤维素。

图 5-23　期刊导航—关键词检索实例（精细化工）

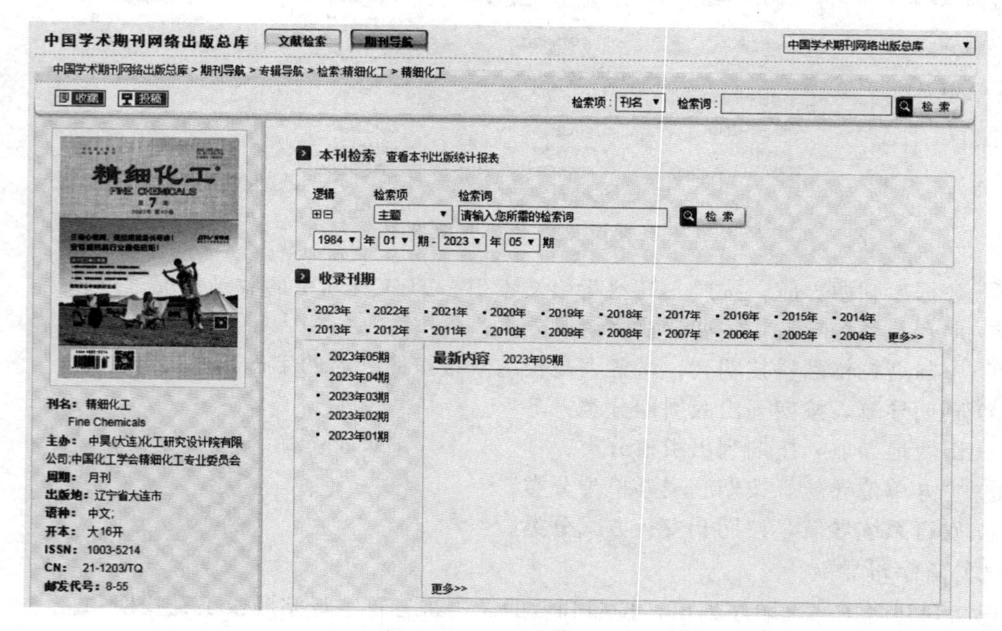

图 5-24　精细化工的期刊信息

（2）选择检索字段

限定检索字段为“篇名”，选择逻辑与（并且包含），输入检索词（离子液体、纤维素）进行检索。

（3）确定检索方法

可采用“标准检索”和“专业检索”进行检索。

① 标准检索　输入检索词（离子液体、纤维素），检索文献，结果如图 5-25 所示。

② 专业检索　输入的专业检索策略如图 5-26 所示，点击“检索文献”按钮实现检索目标。

检索操作完成后，获得检索结果，包括三种类型：题录结果、详细结果和全文结果。

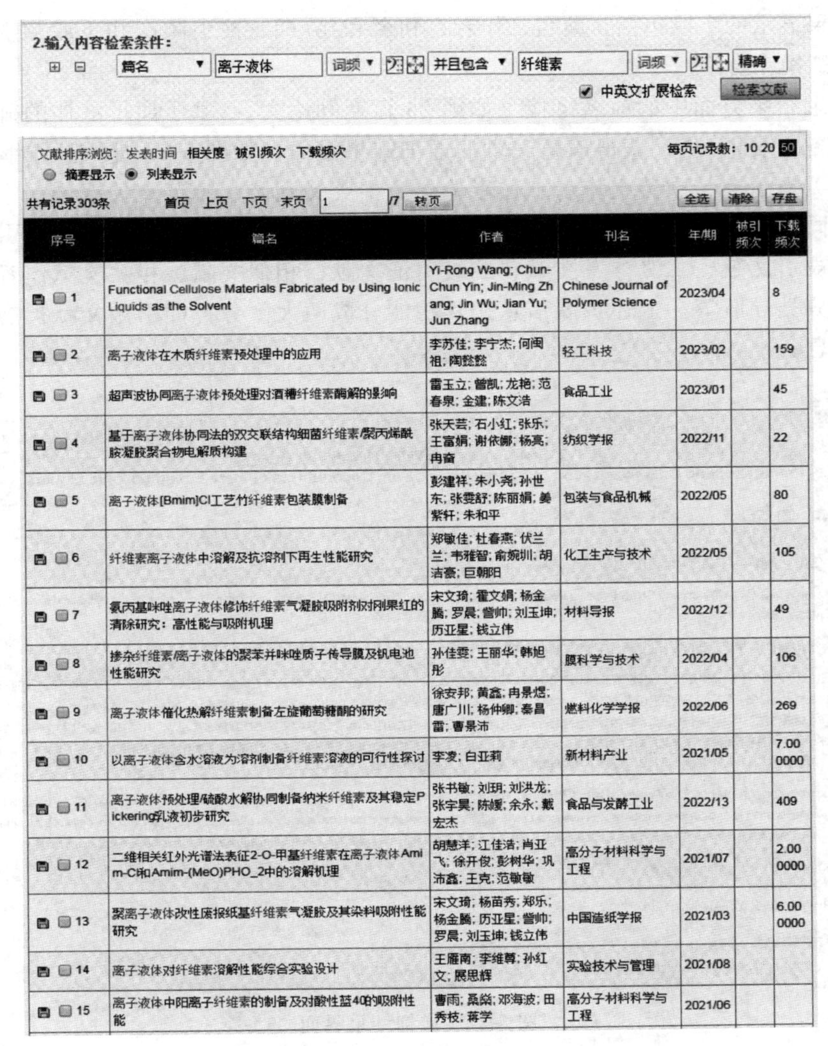

2.输入内容检索条件：

篇名 离子液体 词频 并且包含 纤维素 词频 精确

中英文扩展检索 检索文献

文献排序浏览：发表时间 相关度 被引频次 下载频次　　每页记录数：10 20 50

摘要显示 列表显示

共有记录303条　首页 上页 下页 末页 1 /7 转页　全选 清除 存盘

序号	篇名	作者	刊名	年/期	被引频次	下载频次
1	Functional Cellulose Materials Fabricated by Using Ionic Liquids as the Solvent	Yi-Rong Wang; Chun-Chun Yin; Jin-Ming Zhang; Jin Wu; Jian Yu; Jun Zhang	Chinese Journal of Polymer Science	2023/04		8
2	离子液体在木质纤维素预处理中的应用	李苏佳; 李宁杰; 何闽祖; 陶懿懿	轻工科技	2023/02		159
3	超声波协同离子液体预处理对酒糟纤维素酶解的影响	雷玉立; 曾凯; 龙艳; 范春泉; 金建; 陈文浩	食品工业	2023/01		45
4	基于离子液体协同法的双交联结构细菌纤维素/聚丙烯酰胺凝胶聚合物电解质构建	张天芸; 石小红; 张乐; 王富娟; 谢依娜; 杨亮; 冉奋	纺织学报	2022/11		22
5	离子液体[Bmim]Cl工艺竹纤维素包装膜制备	彭建祥; 朱小尧; 孙世东; 张雯舒; 陈丽娟; 姜紫轩; 朱和平	包装与食品机械	2022/05		80
6	纤维素离子液体中溶解及抗溶剂下再生性能研究	郑敏佳; 杜春燕; 伏兰兰; 韦雅智; 俞婉圳; 胡洁豪; 巨朝阳	化工生产与技术	2022/05		105
7	氨丙基咪唑离子液体修饰纤维素气凝胶吸附剂对刚果红的清除研究：高性能与吸附机理	宋文琦; 霍文娟; 杨金腾; 罗晨; 訾帅; 刘玉坤; 历亚星; 钱立伟	材料导报	2022/12		49
8	掺杂纤维素/离子液体的聚苯并咪唑质子传导膜及钒电池性能研究	孙佳雯; 王丽华; 韩旭彤	膜科学与技术	2022/04		106
9	离子液体催化热解纤维素制备左旋葡萄糖酮的研究	徐安邦; 黄鑫; 冉景煜; 唐广川; 杨仲卿; 秦昌雷; 曹景沛	燃料化学学报	2022/06		269
10	以离子液体含水溶液为溶剂制备纤维素溶液的可行性探讨	李凌; 白亚莉	新材料产业	2021/05		7.000000
11	离子液体预处理/硫酸水解协同制备纳米纤维素及其稳定Pickering乳液初步研究	张书敏; 刘玥; 刘洪龙; 张宇昊; 陈媛; 余永; 戴宏杰	食品与发酵工业	2022/13		409
12	二维相关红外光谱法表征2-O-甲基纤维素在离子液体Amim-C和Amim-(MeO)PHO_2中的溶解机理	胡慧洋; 江佳洁; 肖亚飞; 徐开俊; 彭树华; 巩沛鑫; 王克; 范敏敏	高分子材料科学与工程	2021/07		2.000000
13	聚离子液体改性废报纸基纤维素气凝胶及其染料吸附性能研究	宋文琦; 杨苗秀; 郑乐; 杨金腾; 历亚星; 訾帅; 罗晨; 刘玉坤; 钱立伟	中国造纸学报	2021/03		6.000000
14	离子液体对纤维素溶解性能综合实验设计	王雁南; 李维尊; 孙红文; 展思辉	实验技术与管理	2021/08		
15	离子液体中阳离子纤维素的制备及对酸性蓝40的吸附性能	曹雨; 桑燊; 邓海波; 田秀枝; 蒋学	高分子材料科学与工程	2021/06		

图 5-25　标准检索结果

快速检索　标准检索　专业检索　作者发文检索　科研基金检索　句子检索　来源期刊检索

TI='离子液体' and TI='纤维素'

检索表达式语法

检索文献

可检索字段：

SU=主题,TI=题名,KY=关键词,AB=摘要,FT=全文,AU=作者,FI=第一作者,AF=作者单位,JN=期刊名称,RF=参考文献,RT=更新日期,PT=发表时间,YE=期刊年,FU=基金,CLC=中图分类号,SN=ISSN,CN=CN号, CF=被引频次,SI=SCI收录刊,EI=EI收录刊,HX=核心期刊

示例：

1）TI='生态' and KY='生态文明' and (AU % '陈'+'王') 可以检索到篇名包括"生态"并且关键词包括"生态文明"并且作者为"陈"姓和"王"姓的所有文章；

2）SU='北京'*'奥运' and FT='环境保护' 可以检索到主题包括"北京"及"奥运"并且全文中包括"环境保护"的信息；

3）SU=('经济发展'+'可持续发展')*'转变'-'泡沫' 可检索"经济发展"或"可持续发展"有关"转变"的信息，并且可以去除与"泡沫"有关的部分内容。

图 5-26　专业检索

题录结果显示的字段包括：篇名、作者、刊名和年/期、被引频次和下载频次。可保存题录结果（详细操作自学）。

点击题录结果界面中的篇名链接（如第 26 篇期刊论文，《基于离子液体的椰壳纤维纳米纤维素的制备与表征》），获得该篇文章的详细结果界面，如图 5-27 所示。详细结果展示了该论文的中英文篇名、中英文作者、作者单位、中英文刊名、中英文关键词、中英文摘要等字段信息，同时提供了扩展信息。详细结果中提供的扩展信息包括参考文献、引证文献、共引文献、同被引文献、二级参考文献、二级引证文献、相似文献、相关文献作者、相关研究机构、文献分类导航等。上述扩展信息按其功能分成两大部分，即引用文献扩展信息和相关文献扩展信息。

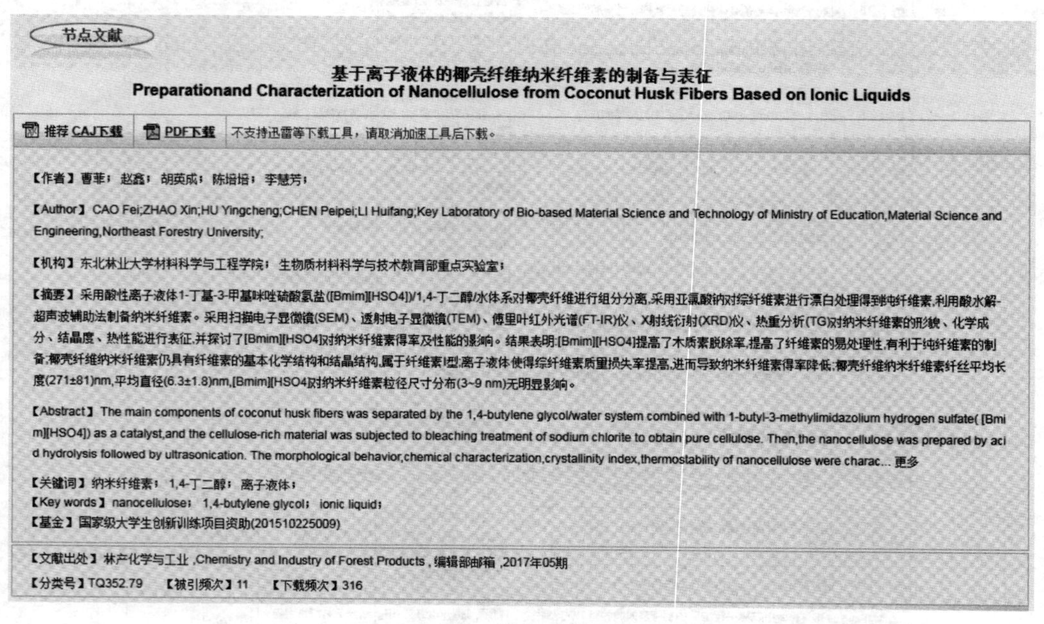

图 5-27 详细结果界面

系统提供两种途径下载全文：一是在图 5-25 题录结果界面中，点击题名前的 按钮，下载论文 CAJ 格式；二是在图 5-27 详细结果界面中，点击推荐 CAJ下载按钮或PDF下载按钮，分别下载论文 CAJ 格式或 PDF 格式。

其他的中文期刊数据库，如超星期刊数据库、万方数据知识服务平台等中文期刊数据库的使用，请查阅相关资料自学。

三、外文期刊全文数据库

以 Elsevier ScienceDirect 期刊全文数据库（http://www.sciencedirect.com）为例。荷兰爱思唯尔（Elsevier）出版集团 1580 年于荷兰创立，是全球最大的科技与医学文献出版发行商之一，包括 ScienceDirect，Scopus，SciVal，EngineeringVillage，REAXYS 等产品。Elsevier ScienceDirect 数据库（简称 SD）是荷兰爱思唯尔出版集团生产的世界著名的科学文献全文数据之一。SD 平台上的资源分为四大学科领域：自然科学与工程、生命科学、医学/健康科学、社会科学与人文科学；涵盖化学工程、化学、计算机科学、地球与行星学、工程、能源、材料科学、数学、物理与天文学、农业与生物学、生物化学、遗传学和分子生物学、环境科学、免疫学和微生物学、神经系统科学、医学与口腔学、护理与健康、药理学、毒理学和药物学、兽医学、艺术与人文科学、商业、管理和财会、决策科学、经济学、计量经济学和金融、心理学、社会科学等学科。

Elsevier ScienceDirect 收录了 2500 余种同行评议的电子期刊，其中约 1800 种为 ISI 收录期刊，1100 多万篇 HTML 格式和 PDF 格式的文章全文，最早可回溯至 1823 年。Elsevier ScienceDirect 主网站如图 5-28 所示。

图 5-28　Elsevier ScienceDirect 界面

（1）期刊浏览

在主页的导航栏上点击 Journals & Books 按钮后进入数据库的期刊/图书（Journals/Books）浏览界面，在左栏 Publication type Journals ，选择 Publication type（Journals），如图 5-29 所示。

Showing 4,788 journals

Filter by journal or book title

Are you looking for a specific article or book chapter? Use advanced search.

图 5-29　期刊浏览界面

该界面提供两种浏览的方式，分别按照首字母字顺、学科领域来进行浏览。系统提供的资源获取权限有两种，分别用不同的颜色来标记。其中■代表定购的期刊，可以免费获得全文；□代表没有订购的期刊，这部分期刊文献只能获取文摘信息，不能获取全文；图▤表示可以 OA 开放获取。

① 按首字母字顺浏览期刊（browse alphabetically）

按照期刊刊名首字母浏览（A～Z）。环境（Environment）相关的期刊，如图 5-30 所示。

点击该界面上的期刊链接可进入期刊首页，查看该刊简介、出版信息、投稿要求、订购信息、影响因子、下载最多的文章等相关信息。显示若有 Open Acess 则表明文章支持开放获取。点击该界面期刊列表左侧卷期链接，可看到该刊从创刊年开始的所有年份、卷、期出版的论文。

② 按学科领域浏览期刊（browse by domain/subdomain）

SD 数据库收录 4 个学科领域（domain）和 24 个子领域（subdomain）。4 个学科领域分别是 Physical Sciences and Engineering，Life Science，Health Science，Social Science and Humanities。每一个学科领域包括数量不等的子领域，如 Physical Sciences and Engineering

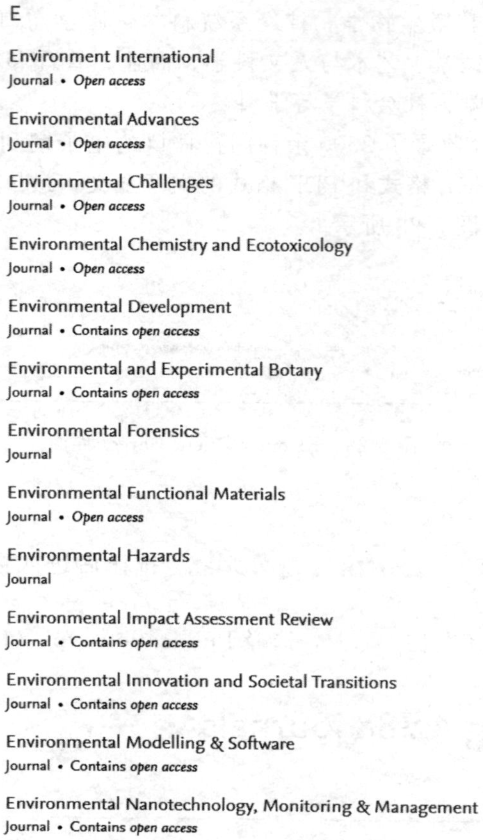

E

Environment International
Journal • *Open access*

Environmental Advances
Journal • *Open access*

Environmental Challenges
Journal • *Open access*

Environmental Chemistry and Ecotoxicology
Journal • *Open access*

Environmental Development
Journal • Contains *open access*

Environmental and Experimental Botany
Journal • Contains *open access*

Environmental Forensics
Journal

Environmental Functional Materials
Journal • *Open access*

Environmental Hazards
Journal

Environmental Impact Assessment Review
Journal • Contains *open access*

Environmental Innovation and Societal Transitions
Journal • Contains *open access*

Environmental Modelling & Software
Journal • Contains *open access*

Environmental Nanotechnology, Monitoring & Management
Journal • Contains *open access*

图 5-30 环境（Environment）相关的期刊界面

领域包括 Chemical Engineering、Chemistry，Computer Science，Earth and Planetary Sciences，Energy，Engineering，MaterialsScience，Mathematics，Physics and Astronomy 等子领域，如图 5-31 所示。

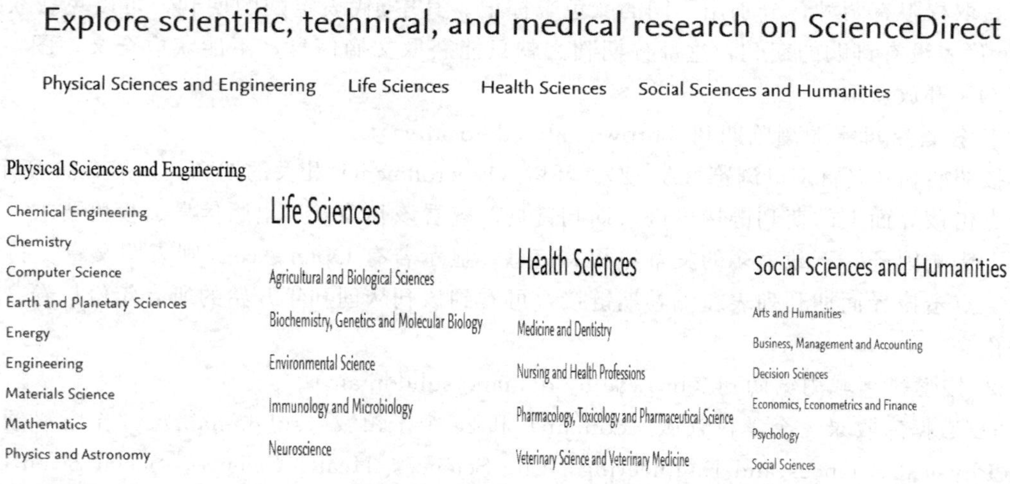

Explore scientific, technical, and medical research on ScienceDirect

Physical Sciences and Engineering　Life Sciences　Health Sciences　Social Sciences and Humanities

Physical Sciences and Engineering
- Chemical Engineering
- Chemistry
- Computer Science
- Earth and Planetary Sciences
- Energy
- Engineering
- Materials Science
- Mathematics
- Physics and Astronomy

Life Sciences
- Agricultural and Biological Sciences
- Biochemistry, Genetics and Molecular Biology
- Environmental Science
- Immunology and Microbiology
- Neuroscience

Health Sciences
- Medicine and Dentistry
- Nursing and Health Professions
- Pharmacology, Toxicology and Pharmaceutical Science
- Veterinary Science and Veterinary Medicine

Social Sciences and Humanities
- Arts and Humanities
- Business, Management and Accounting
- Decision Sciences
- Economics, Econometrics and Finance
- Psychology
- Social Sciences

图 5-31 按学科领域浏览期刊

[实践训练 4] 在 ScienceDirect 期刊全文数据库中，检索与碳水化合物（Carbohydrate）相关的期刊，如图 5-32 所示。

C

Carbohydrate Polymer Technologies and Applications
Journal • *Open access*

Carbohydrate Polymers
Journal • Contains *open access*

Carbohydrate Research
Journal • Contains *open access*

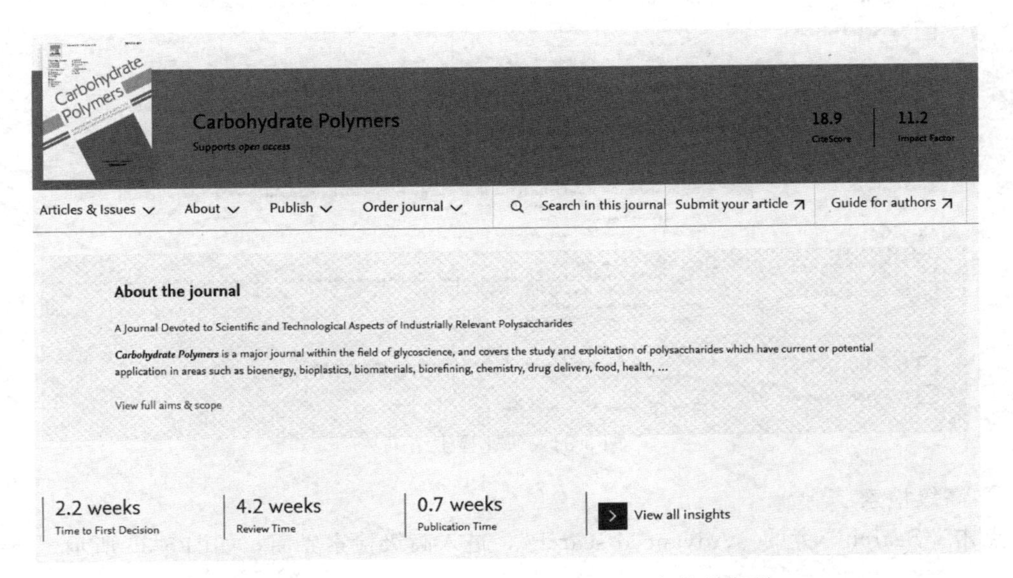

图 5-32　与碳水化合物（Carbohydrate）相关的期刊

（2）期刊论文检索

ScienceDirect 期刊全文数据库提供两种检索方式：快速检索（Search）和高级检索（Advanced search）。

① 快速检索

Search for peer-reviewed journal articles and book chapters (including open access content)

Find articles with these terms　　In this journal or book title　　Author(s)　　Search　　Advanced search

图 5-33　快速检索界面

快速检索界面如图 5-33 所示。快速检索提供的检索字段包括：字段（terms）、作者（Author）、期刊名/书名（journal/book title），输入框之间默认的逻辑关系为 AND。完成检索字段选择和检索词输入后，点击 Search 按钮进行检索。以表面活性离子液体（surface active ionic liquid），journal title(Journal of Molecular Liquids)，Author(Wang)，进行快速检索，检索结果如图 5-34 所示。

Search for peer-reviewed journal articles and book chapters (including open access content)

Find articles with these terms: "surface active ionic liquid"
In this journal or book title: journal of molecular liquids
Author(s): Wang
Search

Find articles with these terms
"surface active ionic liquid"
Journal or book title: journal of molecular liquids X Authors: Wang X

22 results
Set search alert

Refine by:
Subscribed journals
Years
2023 (2)
2022 (3)
2021 (2)
Show more
Article type
Review articles (1)
Research articles (21)
Subject areas
Chemistry (22)
Physics and Astronomy (22)

Research article • Full text access
3 Enhancement of long alkyl-chained imidazolium ionic liquids for the formation and extraction behaviour of PEG 600/(NH4)2SO4 aqueous two-phase system by complexing with Triton X-100
Journal of Molecular Liquids, 16 September 2022
Yanrong Cheng, Xia Guo, ... Yaqiong Wang
View PDF Abstract Figures Export

Research article • Full text access
4 How multiple noncovalent interactions regulate the aggregation behavior of amphiphilic triblock copolymer/surface-active ionic liquid mixtures
Journal of Molecular Liquids, 16 July 2022
Haiyan Luo, Kun Jiang, ... Huizhou Liu
View PDF Abstract Graphical Abstract Figures Export

Research article • Full text access
5 Effect of hydroxyl group on foam features of hydroxyl-based anionic ionic liquid surfactant: Experimental and theoretical studies
Journal of Molecular Liquids, 21 May 2022
Mai Ouyang, Qianwen Jiang, ... Linghua Zhuang
View PDF Abstract Graphical Abstract Figures Export

Research article • Full text access
6 Experimental and DFT studies on foam performances of lauryl ether sulfate-based anionic surface active ionic liquids
Journal of Molecular Liquids, 8 September 2021
Kehui Hu, Huiwen Zhang, ... Linghua Zhuang
View PDF Abstract Graphical Abstract Figures Export

Research article • Full text access
7 Effect of alkyl chain length of imidazolium cations on foam properties of anionic surface active ionic liquids: Experimental and DFT studies
Journal of Molecular Liquids, 10 August 2021
Kehui Hu, Huiwen Zhang, ... Linghua Zhuang
View PDF Abstract Graphical Abstract Figures Export

Review article • Full text access
8 Recent progress in the assembly behavior of imidazolium-based ionic liquid surfactants
Journal of Molecular Liquids, 18 September 2020
Huijiao Cao, Yimin Hu, ... Xia Guo
View PDF Abstract Figures Export

图 5-34　快速检索结果

② 高级检索

点击“Search”旁的“Advanced search”，进入高级检索界面，如图 5-35 所示。

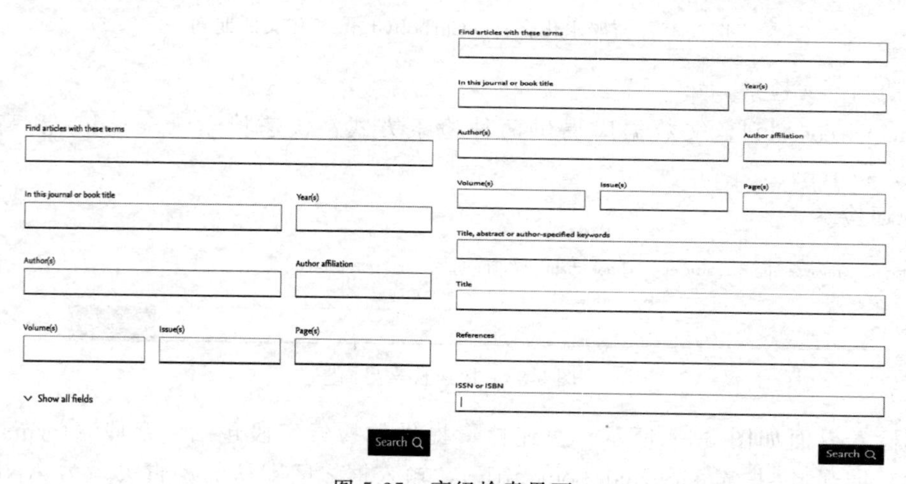

图 5-35　高级检索界面

高级检索提供的检索字段包括：字段（terms）、期刊名/书名（journal/book title）、发表时间（Year）、作者（Author）、作者工作单位（Affiliation）、期刊论文卷期页码信息（Volume/Issue/Page）、论文题名（Title）、摘要（Abstract）、关键词（Keywords）、参考

文献（References）、国际连续出版物编号（ISSN）或国际标准书号（ISBN）等。高级检索的字段输入时，系统具备联想功能。输入框之间默认的逻辑关系为 AND。完成检索字段选择和检索词输入后，点击 Search 按钮进行检索。

以表面活性离子液体（surface active ionic liquid），Journal title（Journal of Molecular Liquids），发表时间（2018—2023 年），进行高级检索，检索过程及检索结果如图 5-36 所示。

上述快速检索和高级检索的结果可以做进一步的精练，即二次检索。通过 Refine 进行二次检索，检索词为年份（Year）、资源类型（Article type）、出版物、主题（Subject areas）等。可以设置 Set search alert，该期刊若刊发了新的与主题（surface active ionic liquid）相关的文献，会发送到读者的邮箱。

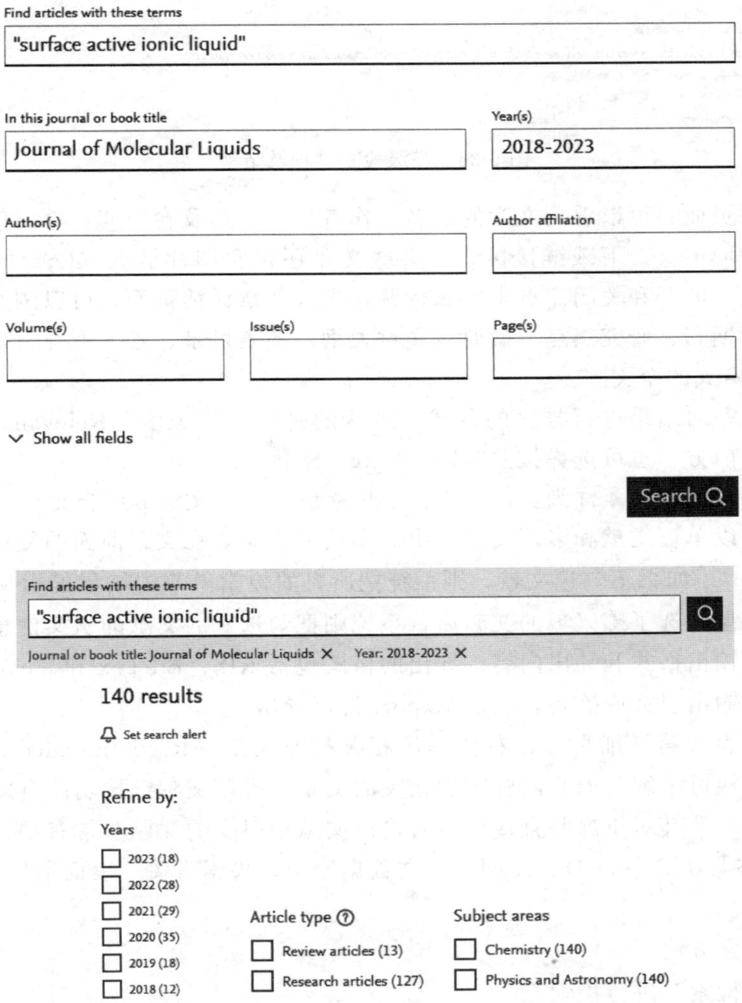

Find articles with these terms
"surface active ionic liquid"
In this journal or book title
Journal of Molecular Liquids
Year(s)
2018-2023
Author(s)
Author affiliation
Volume(s)
Issue(s)
Page(s)
Show all fields
Search

Find articles with these terms
"surface active ionic liquid"
Journal or book title: Journal of Molecular Liquids ×
Year: 2018-2023 ×
140 results
Set search alert
Refine by:
Years
2023 (18)
2022 (28)
2021 (29)
2020 (35)
2019 (18)
2018 (12)
Article type
Review articles (13)
Research articles (127)
Subject areas
Chemistry (140)
Physics and Astronomy (140)

图 5-36

Research article • *Open access*
3 **Effect of surface-active ionic liquids structure on their synthesis, physicochemical properties, and potential use as crop protection agents**
Journal of Molecular Liquids, 10 May 2023
Marta Wojcieszak, Anna Syguda, ... Katarzyna Materna
View PDF Abstract Graphical Abstract Figures Export

Research article • Full text access
4 **Interfacial and micellar synergistic interactions between a phosphonium surface active ionic liquid and TX-100 nonionic surfactant: Surface tension and 1H NMR investigations**
Journal of Molecular Liquids, 12 May 2023
Hayet Belarbi, Farida Bouanani
View PDF Abstract Graphical Abstract Figures Export

Research article • Full text access
5 **Microemulsion system formed with new piperazinium-based surface-active ionic liquid**
Journal of Molecular Liquids, 20 December 2022
Bingying Wang, Zaisheng Zhu, ... Xiaoxing Lu
View PDF Abstract Graphical Abstract Figures Export

Research article • Full text access
6 **Effect of anions and cations on the self-assembly of ionic liquid surfactants in aqueous solution**
Journal of Molecular Liquids, 1 February 2023
Yingying Zuo, Junfeng Lv, ... Jing Tong
View PDF Abstract Figures Export

图 5-36 高级检索过程及结果

在检索结果页面，可以看到文章的题名、作者、出版物及卷、期、页码信息。还包括文摘、研究热点和 pdf 全文下载链接标识，有些文章还包含图片摘要（Graphical Abstract），可以根据需要点击展开和关闭。点击文章标题，进入文章详情页面，可以浏览文章的作者及作者机构、来源期刊、研究热点、摘要、文章大纲、图表目录、相关推荐文献列表，可以在线阅读 HTML 格式的全文。

系统提供两种对结果进行排序的方式。默认的是按照相关度（Relevance）排序，最新的文献显示在最前方，也可选择按照时间（Date）来排序。

在检索结果页面和文章详细页面，点击 pdf 标识，下载文章 pdf 全文。

检索结果可以单篇文献和多篇文献导出。多篇文献需要在文章前面的复选框内点勾，然后点击 Export。如果不勾选文献，则系统把所有的检索出来的结果的引文信息导入文献管理软件中；如果勾选了感兴趣的文献后，系统则把勾选好的文献的引文信息导出。输出引文信息包括选择输出格式和导出内容。导出的格式包括 RIS、BibTex 和 Text 格式；输出的内容可以选择只输出引文或摘要，点击 Export 便可导出。

进入文章列表某篇详细页面，右侧提供相关推荐文献（Recommended articles）链接，点击推荐文献链接可了解与原文内容密切相关的文章。推荐文献链接功能有助于扩大检索范围、提高查全率，尤其对于那些直接检索后检出文献量很少的课题非常有用。

[实践训练 5] 在 ScienceDirect 期刊全文数据库中，检索有关“表面活性剂/泡沫强化驱油”的期刊论文。

（1）确定检索方法

采用“高级检索”进行检索。

（2）确定检索词

该课题的检索词为：表面活性剂（surfactant，surface active agents），泡沫强化驱油（foam enhanced oil recovery），或者 surfactant foam enhanced oil recovery。选择“surfactant foam enhanced oil recovery”。

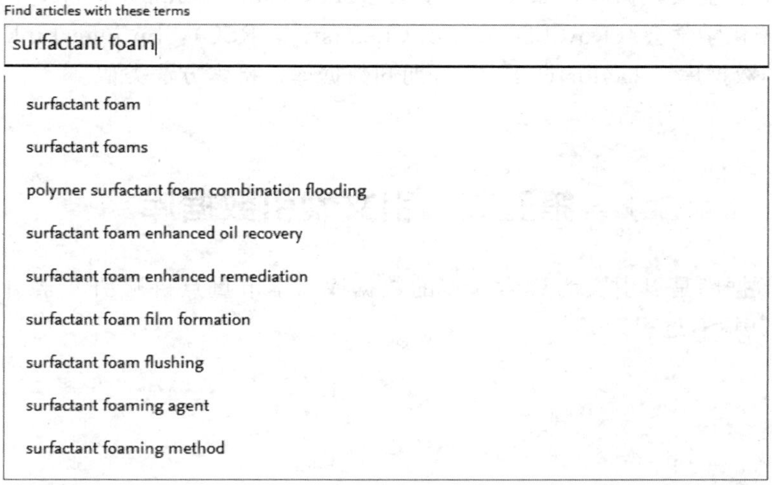

Find articles with these terms

surfactant foam

surfactant foam
surfactant foams
polymer surfactant foam combination flooding
surfactant foam enhanced oil recovery
surfactant foam enhanced remediation
surfactant foam film formation
surfactant foam flushing
surfactant foaming agent
surfactant foaming method

（3）选择检索字段

限定论文发表时间为“2020—2023”，选择检索词“surfactant foam enhanced oil recovery”进行检索，检索结果及分析如图 5-37 所示。得到 3683 个结果，Refine by“Subscripted Journals”，为 2581 个结果。

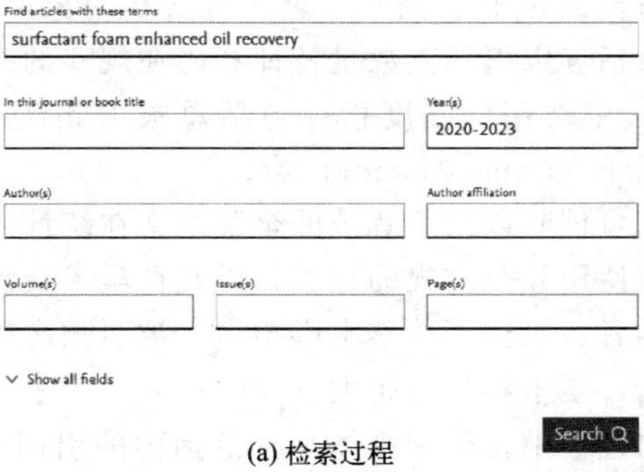

Find articles with these terms
surfactant foam enhanced oil recovery
In this journal or book title
Year(s)
2020-2023
Author(s)
Author affiliation
Volume(s)
Issue(s)
Page(s)
Show all fields
Search

(a) 检索过程

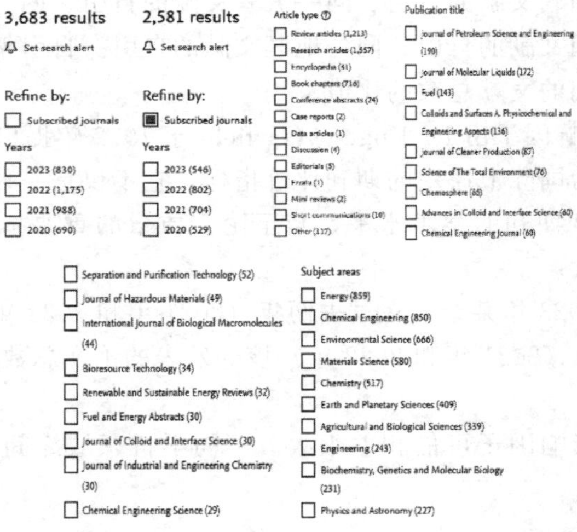

3,683 results
Set search alert
Refine by:
Subscribed journals
Years
2023 (830)
2022 (1,175)
2021 (988)
2020 (690)

2,581 results
Set search alert
Refine by:
Subscribed journals
Years
2023 (546)
2022 (802)
2021 (704)
2020 (529)

Article type
Review articles (1,213)
Research articles (1,557)
Encyclopedia (51)
Book chapters (716)
Conference abstracts (24)
Case reports (2)
Data articles (1)
Discussion (4)
Editorials (5)
Errata (1)
Mini reviews (2)
Short communications (10)
Other (117)

Publication title
Journal of Petroleum Science and Engineering (190)
Journal of Molecular Liquids (172)
Fuel (143)
Colloids and Surfaces A: Physicochemical and Engineering Aspects (136)
Journal of Cleaner Production (87)
Science of The Total Environment (76)
Chemosphere (66)
Advances in Colloid and Interface Science (60)
Chemical Engineering Journal (60)
Separation and Purification Technology (52)
Journal of Hazardous Materials (49)
International Journal of Biological Macromolecules (44)
Bioresource Technology (34)
Renewable and Sustainable Energy Reviews (32)
Fuel and Energy Abstracts (30)
Journal of Colloid and Interface Science (30)
Journal of Industrial and Engineering Chemistry (30)
Chemical Engineering Science (29)

Subject areas
Energy (859)
Chemical Engineering (850)
Environmental Science (666)
Materials Science (580)
Chemistry (517)
Earth and Planetary Sciences (409)
Agricultural and Biological Sciences (339)
Engineering (243)
Biochemistry, Genetics and Molecular Biology (231)
Physics and Astronomy (227)

(b) 检索结果

图 5-37　高级检索“surfactant foam enhanced oil recovery”的过程及结果

其他外文期刊全文数据库，如美国化学会（American Chemical Society，ACS）期刊数据库，英国皇家化学学会（Royal Society of Chemistry，RSC），SpringerLink 电子期刊数据库，Wiley 期刊数据库，Taylor & Francis 期刊数据库，检索方法类似。

第五节　引文索引数据库

引文索引数据库是以引文为检索起点的数据库。本节重点讲解引文索引数据库（Web of Science）及其检索过程。

一、基础知识

1. 引文

“引文（citing literature）”是由美国情报学家 Dr Eugene Garfield 最先提出。引文又称被引文献或者参考文献，在学术论文、图书、报告等各种形式的文献末尾、章节之后或者脚注的位置出现，作为文章中某个观点、某个概念或者某句话的参考依据。

2. 引文分析法

利用数学及统计学的方法对期刊、论文、著者等分析对象的引用和被引用现象进行分析、比较、归纳、抽象、概括等以揭示其数量特征和内在规律的一种信息计量研究方法，就是引文分析法。引文分析法中常用的测度指标包括总被引频次（total citations）、自引率（self citation rate）、影响因子（impact factor）等。

总被引频次：指该期刊自创刊以来所登载的全部论文在统计当年被引用的总次数。该指标客观地说明该期刊总体被使用和受重视的程度，以及在学术交流中的作用和地位。该指标常用于衡量期刊、论文、学者、机构等的学术影响力。被引频次越高，说明论文、学者、机构（或单位）受关注度越高，学术影响力越大。

自引率：在引用文献的过程中，限于主体本身范围内的引用称为“自引”。包括同一类学科文献的自引、同一期刊文献的自引、同一著者文献的自引、同一机构文献的自引、同一种文献的自引、同一时期文献的自引、同一地区文献的自引。自引率就是主体本身范围内文献引用的次数与主体引用的文献总数的比值。

影响因子（IF）：影响因子由 Dr Eugene Garfield 于 1972 年提出，是一个应用于期刊层面的测度指标。现已成为国际上通用的期刊评价指标，它不仅是一种测度期刊有用性和显示度的指标，而且也是测度期刊的学术水平，乃至论文质量的重要指标。一般来说影响因子高，期刊的影响力就越大。

具体计算方法是，2023 年某杂志在过去两年（2021 年和 2022 年）中发表的论文总被引频次为 B，在过去两年内（2021 年和 2022 年）该刊发表的论文总数为 A，则影响因子 IF＝B/A。

不同学科的期刊，影响因子可能相差很大。不同学科领域之间的期刊影响因子不具可比性。

3. 引文索引

引文索引是以期刊所引用的参考文献的作者、题名、出处等内容，按照引证与被引证的关系进行排列而编制成的索引。

传统的检索方法是从题名、主题词、作者、出版年等角度出发，输入检索条件，检索系统返回与检索条件相符合的结果。传统检索方法的缺点在于，在进行主题检索或分类检索时，有时难以选定主题词或分类号。

引文索引法是对传统检索系统的补充，从文献之间相互引证的角度，为实施检索提供了一种新思路。它既能揭示作者何时在哪种刊物上发表了哪篇论文，又能揭示这篇论文曾经被哪些研究人员在哪些文献中引用过。不仅能像一般检索系统一样反映出收录的期刊在某个时间段内发表的论文，也能反映大量有关的早期文献。同时，基于共引文献，还能检索主题词可能不同、但内容上具有内在相关性的耦合文献。因此，利用引文索引，用户检索出的文献越查越深。

引文索引在科学研究中具有重要作用，揭示了科技文献之间引证与被引证的关系，展示了科技文献在内容上的联系。这种索引由于遵循了科学研究之间承前启后的内在逻辑，从而在检索过程中大大降低了检索结果的不相关性。借助引文索引，可以不断扩大检索范围，获取更多的相关文献。

常用的引文索引数据库包括国外的科学引文索引（SCI）、社会科学引文索引（SSCI），以及国内的中国科学引文索引（CSCD）、中文社会科学引文索引（CSSCI）。本节重点介绍科学引文索引数据库的使用。

二、科学引文索引数据库

1. 简介

科学引文索引（Science Citation Index，SCI）是由美国科学信息研究所（Institute for Scientific Information，ISI）创办出版的引文数据库，是国际认可的科学统计与科学评价的主要检索工具。SCI 学科覆盖范围涉及数学、物理、化学、农学、林学、医学、生物学、生命科学、天文、地理、环境、材料、工程技术自然科学等各领域，收录期刊达 12000 种。Web of Science SCI 核心合集（Core Collection）收录全世界出版的数学、物理、化学、农学、林学、医学、环境、材料、工程技术等自然科学的重要期刊近 4000 种。Web of Science 检索初始界面如图 5-38 所示。

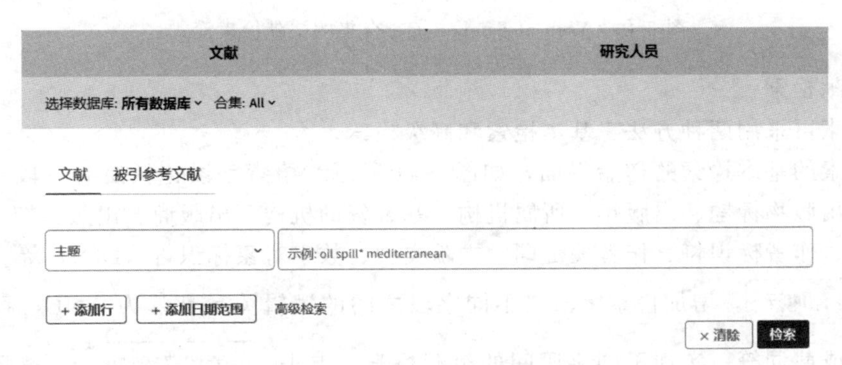

图 5-38　Web of Science 检索初始界面

Web of Science 核心合集是基于 Web of Science 的检索平台。在 Web of science 初始界面上方选择数据库“Web of Science 核心合集”，再从引文索引里选择“Science Citation Index Expanded (SCI-Expanded)-1978-至今”数据库。Web of Science 核心合集检索初始界面如图 5-39 所示。Web of Science 核心合集检索提供两种检索模式：文献（reference）检索及研究人员（researcher）检索。

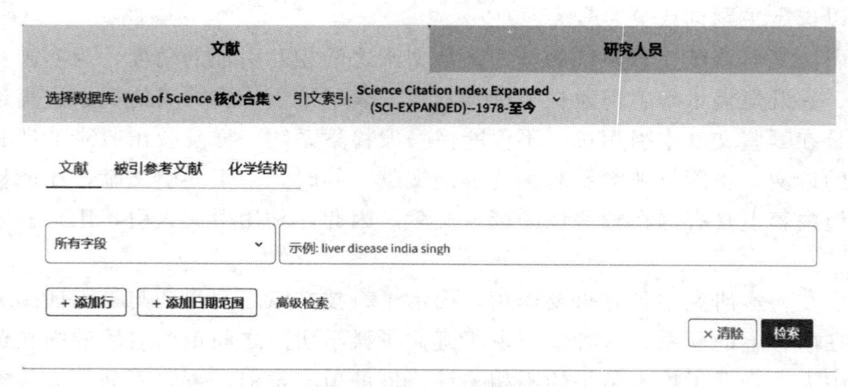

图 5-39 Web of Science 核心合集检索初始界面

2. 检索方法

在文献检索模式下，Web of Science 核心合集提供了文献检索、被引参考文献检索、化学结构检索三种检索方式，如图 5-40 所示。

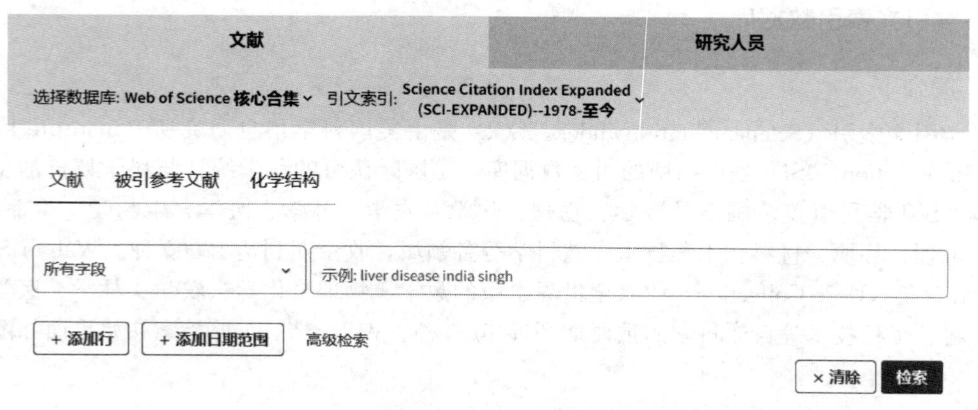

图 5-40 Web of Science 核心合集的文献检索模式

(1) 文献检索

文献检索可采用两种方法：基本检索和高级检索。

文献检索的基本检索的初始界面，如图 5-41 所示。检索字段包括所有字段、主题、标题、作者、出版物标题、出版年、所属机构、基金资助机构、出版商、出版日期、摘要、入藏号、地址、作者标识符、作者关键词、文献类型、数字对象标识符（DOI）等。

点击【+ 添加行】，增加检索字段，不同字段之间的逻辑关系默认为 AND，可以使用其他逻辑算符或截词符，实现不同字段间的组配检索。点击【+ 添加日期范围】，选择出版日期（所有年份 1978—2023、最近 5 年、自定义）及索引日期（本周、最近 2 周、最近 4 周和本年迄今）对日期进行限定。如图 5-42 所示。

输入检索字段时，需要重点关注以下规则（图 5-43）：

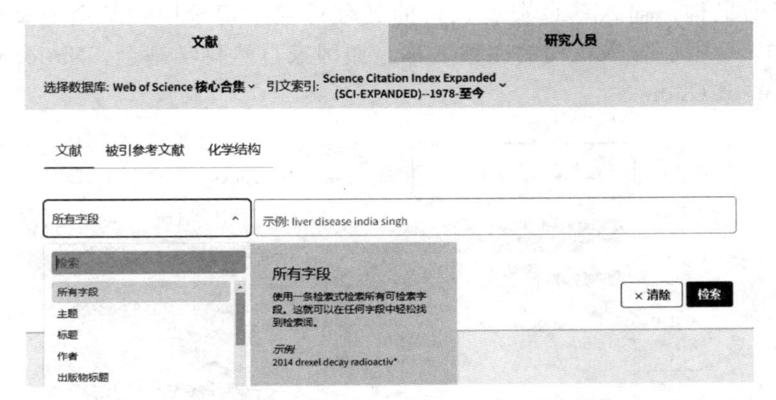

图 5-41　Web of Science 核心合集的文献检索的基本检索初始界面

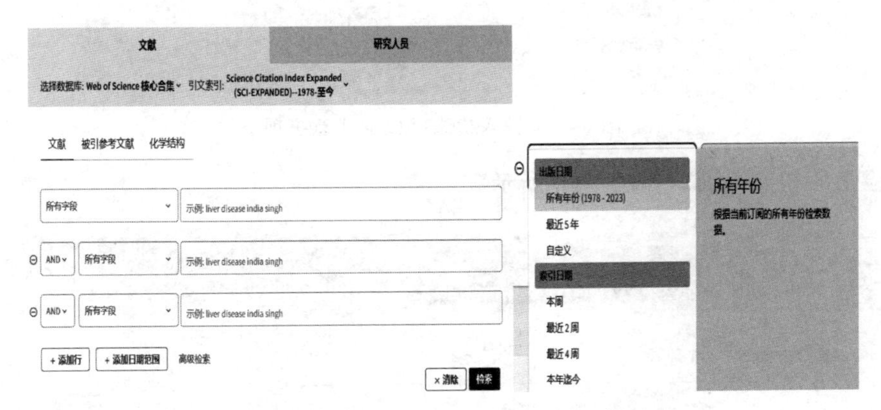

图 5-42　添加行和添加日期范围的使用

① 主题检索：输入“主题”检索词，将在标题、摘要、作者关键词中进行检索。主题词是词组短语时，默认进行模糊匹配，单词之间执行 AND 匹配运算。要检索精确匹配的短语，需使用引号。例如：注意 ionic liquid 与“ionic liquid”。

② 标题检索：指期刊文献、会议录论文、书籍或书籍章节的标题。

③ 作者检索：输入作者姓名，将在作者、书籍作者、书籍团体作者和团体作者中检索。首先输入姓氏，再输入空格和作者名字首字母，如 John A. Pople，可为“Pople JA”。

④ 作者标识符检索：指 Researcher ID 或者 ORCID 标识符，表示唯一的研究人员，解决学术交流中作者姓名不明确的问题。有关 ResearcherID 和 ORCID 的更多信息，可分别访问 researcherid. com 和 orcid. org。

⑤ 出版物名称检索：输入完整出版物名称。如 Carbohydrate Polymers。

⑥ DOI 检索：数字对象标识符（DOI）是用于永久标识和交换数字环境中知识产权的系统，输入唯一的 DOI 代码可快速查找特定记录。

⑦ 出版年检索：输入四位数的年份或时间段检索，如 2012—2022 或者准确时间 2023-07-31。

⑧ 地址检索：当通过著者机构进行地址检索时，可以输入机构名称中的单词或短语（经常采用缩写形式）；从机构名称检索时，可输入公司或大学的名字；例如：Nanjing Tech University（南京工业大学）。当通过地理位置进行地址检索时，可输入国家、省或邮政编码。

⑨ 基金资助机构：输入基金资助机构的名称可检索记录中“基金资助致谢”表中的“基金资助机构”字段。输入机构的完整名称，如国家自然科学基金，National Natural Science Foundation of China。

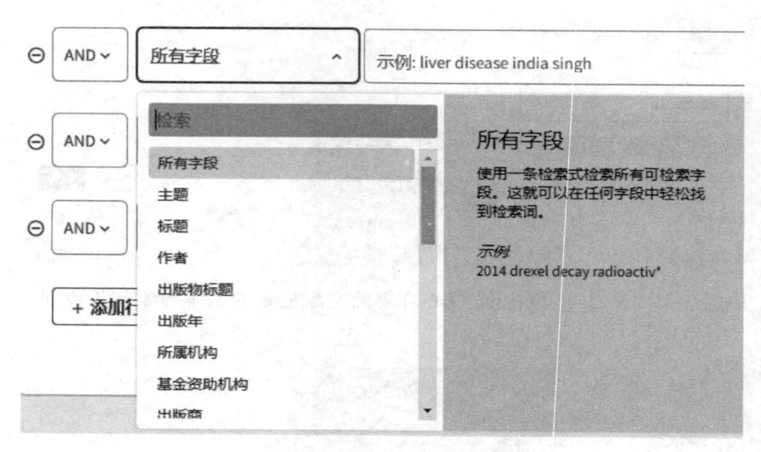

图 5-43　输入检索字段的注意事项

高级检索的初始界面，如图 5-44 所示。

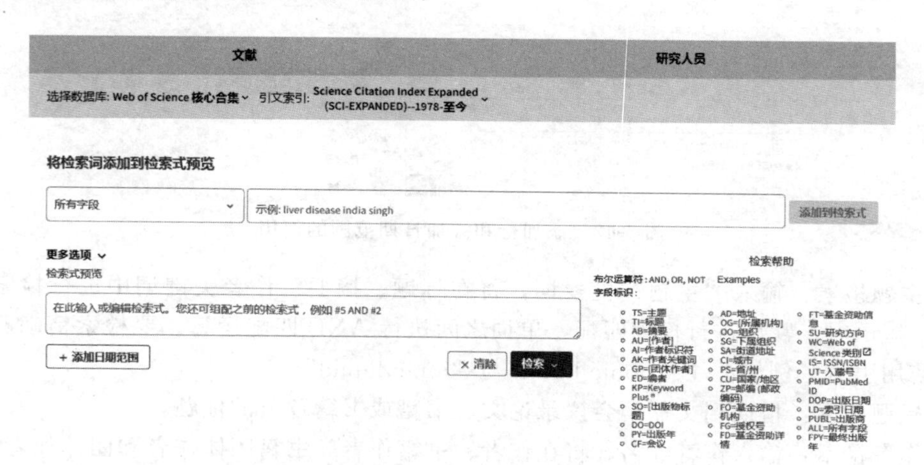

图 5-44　高级检索初始界面

（2）被引参考文献检索

在 Web of Science 核心合集中，提供了被引参考文献检索，如图 5-45 所示。

被引参考文献检索的检索字段包括：

① 被引作者：输入引文著者，检索文献、书籍、数据研究或者专利的第一被引作者的姓名。

② 被引著作：检索被引期刊、被引会议、被引书籍和被引书籍章节等引用的著作。

③ 被引 DOI：被引参考文献的 DOI。

④ 被引卷：被引文献期刊的卷号。

⑤ 被引期：被引文献期刊的期号。

⑥ 被引页码：被引页码可能包含数字（例如，C231 或 2832）或罗马数字（例如，XⅧ），请始终使用发表内容的开始页码，不要使用页码范围。

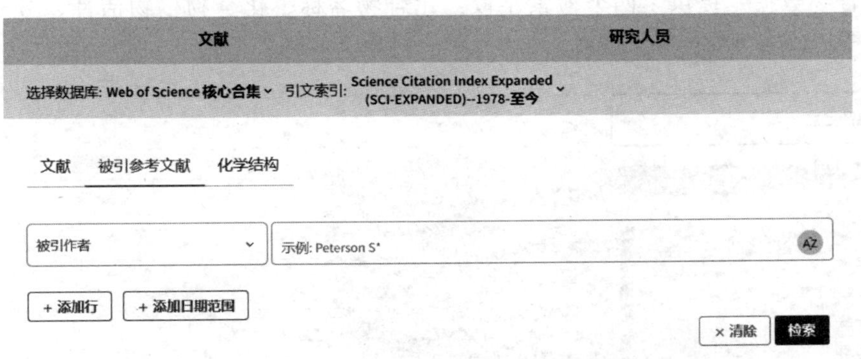

图 5-45　Web of Science 核心合集的被引参考文献检索

⑦ 被引标题：被引参考文献的标题。

(3) 化学结构检索

化学结构检索可以检索化学式或化学反应相关文献资源。化学结构检索界面分成三部分：化学结构（compound structure）、化合物数据（compound data）和化学反应数据（reaction data）。

① 化学结构。在绘图区域，用户可以根据自己的检索需要画出化合物的分子结构或整个化学反应式，然后添加到检索框中，并选择“子结构”或“精确检索”的匹配模式，提交检索，如图 5-46 所示。具体的画图软件操作，参见 Web of Science 的帮助文档。

图 5-46　化学结构

② 化合物数据。提供了四个检索字段：化合物名称、化合物生物活性、分子量和特征描述，如图 5-47 所示。

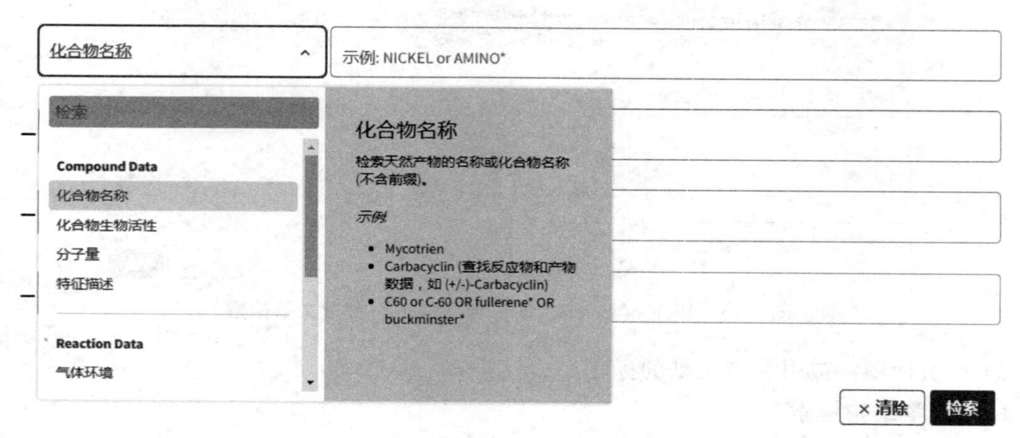

图 5-47　化合物数据的四个检索字段

化合物字段可以输入化合物的全名，也可以采用截词符；化合物生物活性字段可以借助“生物活性列表”进行辅助输入；分子量字段可以输入数值或数值范围。

③ 化学反应数据。化学反应数据提供了气体环境、大气压（atm）、时间（小时）、温度（摄氏度）、产率、反应检索词、反应关键词、化学反应备注等字段，如图 5-48 所示。“反应关键词”可以为一般的化合物名、化学反应的名称、新的催化剂或反应物及综合体等，如 Diels-Alder、ring closure、solid phase synthesis 等。Web of Science 为用户提供了“反应关键词词表”进行辅助输入。“化学反应备注”字段包括优点、限制、警告和其他定性数据，如 explosive、commercial AND cheap、simple AND efficient 等。

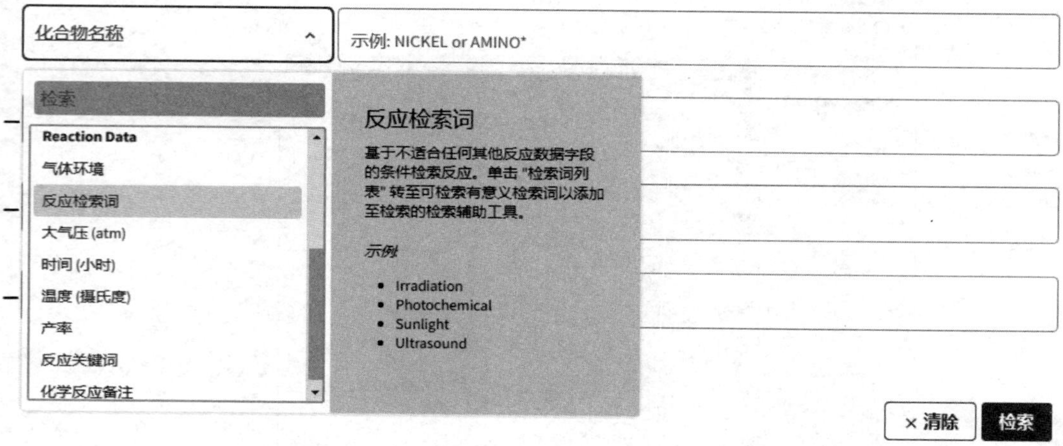

图 5-48　化学反应数据检索

在 Web of Science 核心合集中，所有检索过程都可以在“检索历史”重新查看、调用、组合。通过“检索历史”可以创建并管理定题跟踪服务。

检索历史：存储检索策略到 Web of Science 核心合集的服务器上；首次保存，需要用已有邮箱注册一个账号；对检索历史中的检索式创建跟踪服务。

打开保存的检索历史：登录注册账号，便可以打开已保存在 Web of Science 核心合集服务器中的检索策略，然后再次执行检索；或者对已经创建跟踪服务的检索式进行跟踪续订。

删除、编辑检索集：可以删除或者编辑不适合的检索集。

组配检索式：检索策略的重新组合。

3. 检索结果及处理

选择文献检索的基本检索模式，输入检索字段“标题-ionic liquid” AND “标题-cellulose”，自定义“出版日期，2010-01-01 至 2023-07-31”，进行检索。检索词录入如图 5-49 所示。

文献 研究人员

选择数据库: Web of Science 核心合集 引文索引: Science Citation Index Expanded (SCI-EXPANDED)--1978-至今

文献 被引参考文献 化学结构

标题 示例: water consum* ionic liquid

AND 标题 示例: water consum* cellulose

出版日期 2010-01-01 至 2023-07-31

+ 添加行 高级检索

× 清除 检索

图 5-49 Web of Science 核心合集检索实例

执行检索后，显示检索结果页面，如图 5-50 所示。

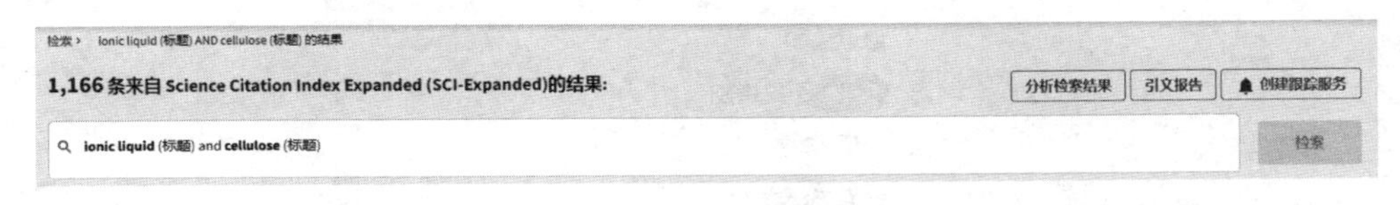

图 5-50 检索结果

当检索结果范围太大时，可以进行二次检索（refine）。Web of Science 核心合集提供了对检索结果的优化功能。可通过“高被引论文”“综述论文”“在线发表”“开放获取”“被引参考文献深度分析”等方法实现快速过滤。同时，可以将其按出版年、文献类型、Web of Science 类别、Web of Science 索引、所属机构、出版物标题、语种、国家/地区、出版商、研究方向、开放获取、基金资助机构、团体作者、丛书名称等进行检索结果的精练。如图 5-51 所示。

可对检索结果进行排序（sort）：相关性、引文类别、出版日期（降序或升序）、被引频次（最高优先或最低优先）、使用次数（最近 180 天或所有时间）、第一作者姓名（升序或降序）、来源出版物名称（升序或降序）和会议标题（升序或降序）等。如图 5-52 所示。通常按照“被引频次（最高优先）”降序排列，根据被引频次直观分析哪些文献有较高的学术参考价值，确定为核心论文，并优先阅读。

快速过滤

高被引论文 1
综述论文 27
在线发表 5
开放获取 269
被引参考文献深度分析 100

出版年

2023 37
2022 66
2021 78
2020 81
2019 113
全部查看>

文献类型

论文 1,047
会议摘要 81
综述论文 27
会议录论文 10
修订 9
全部查看>

作者
Web of Science 类别
Citation Topics Meso
Web of Science 索引
所属机构
出版物标题
语种
国家/地区
出版商

研究方向
引文主题微观
开放获取
按标记结果列表过滤
基金资助机构
会议名称
团体作者
丛书名称
编者
社论声明
可持续发展目标

图 5-51 Web of Science 核心合集的检索结果的精练方式

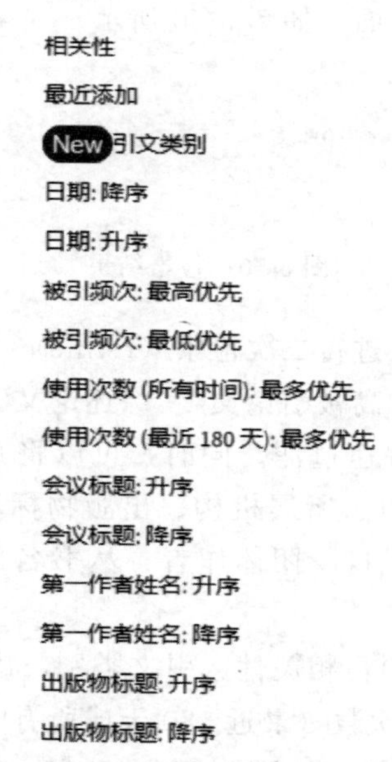

图 5-52 Web of Science 核心合集的检索结果的排序方式

点击文献篇名可以浏览该篇文献全记录。在全记录屏幕上，出现引文网络的功能区域。

通过点击“被引频次”“引用的参考文献”及“查看 Related Records”查看被引用文献、引文文献以及相关文献，以及这些文献的全记录。点击“查看引证关系图”，查看施引文献、目标记录和引用的文献三者之间相互关系。点击“创建引文跟踪”，登录个人账户，为目标记录创建引文跟踪，目标记录每次被引用时，会自动收到电子邮件。

如果想保存某篇或某几篇检索记录，并且希望可以自定义保存的题录信息，勾选检索记录前面的方框，并点击“添加到标记结果列表” 添加到标记结果列表 ，页面上选中的记录将被保存至“标记结果列表”。

勾选检索记录前面的方框，点击“导出” 导出 ，可以将检索结果保存并发送至指定位置。检索结果可根据用户需求保存至 EndNote Online、EndNote Desktop、研究人员个人信息、纯文本文件、RefWorks、RIS（其他参考文献软件）、BibTex、Excel、InCites、电子邮件、Fast 5000 等。如图 5-53 所示。

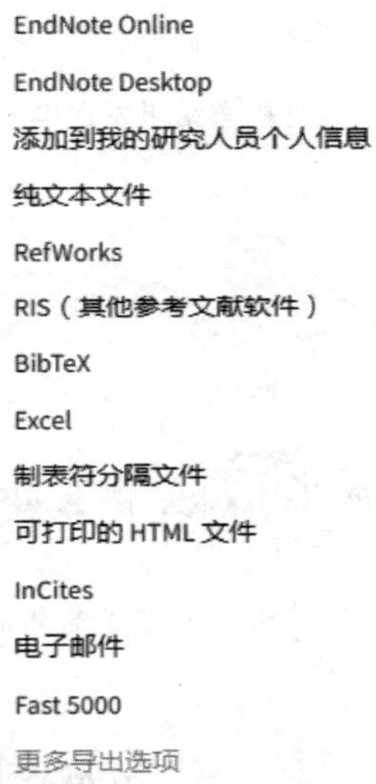

EndNote Online
EndNote Desktop
添加到我的研究人员个人信息
纯文本文件
RefWorks
RIS（其他参考文献软件）
BibTeX
Excel
制表符分隔文件
可打印的 HTML 文件
InCites
电子邮件
Fast 5000
更多导出选项

图 5-53 Web of Science 核心合集的检索结果的导出格式

在“电子邮件”对话框中，选择“记录选项”（已选择 50 条检索结果进行导出）“记录内容”“邮箱地址”“注释标题”等选项。其中“记录内容”有五个选项：①作者、标题、来源出版物，②作者、标题、来源出版物、摘要，③完整记录，④全记录与引用的参考文献，⑤自定义选择项。通常选择作者、标题、来源出版物选项。如图 5-54 所示。

4. Web of Science 核心合集的特色功能

（1）分析检索结果 分析检索结果

在检索结果界面的右侧，提供了“分析检索结果”和“引文报告”功能，见图 5-55。

“分析检索结果”可以将检索结果按照文献类型、作者、Web of Science 类别、Web of Science 索引、所属机构、出版物标题、语种、国家/地区等进行聚类分析，挖掘有价值的信息，分析趋势。如图 5-56 所示。

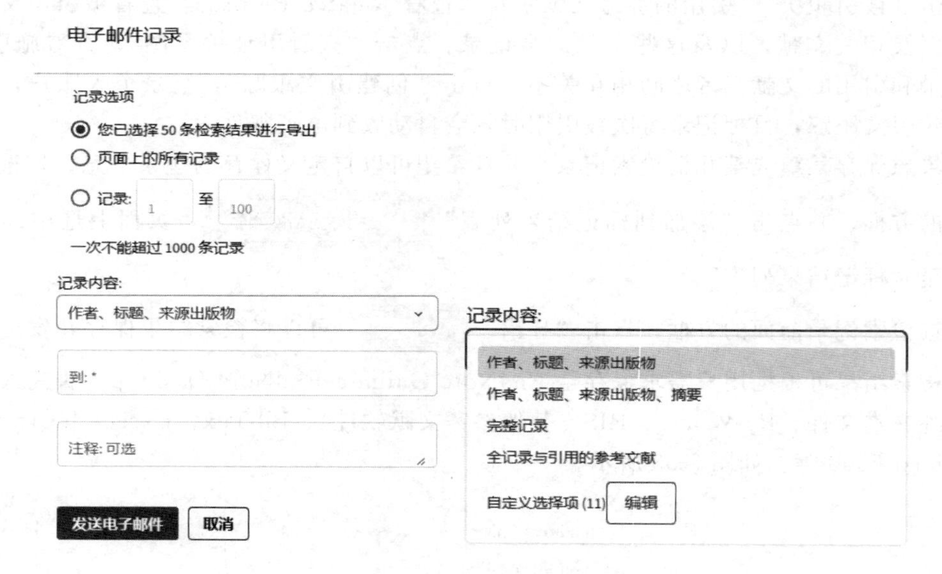

图 5-54　将检索结果发送电子邮件

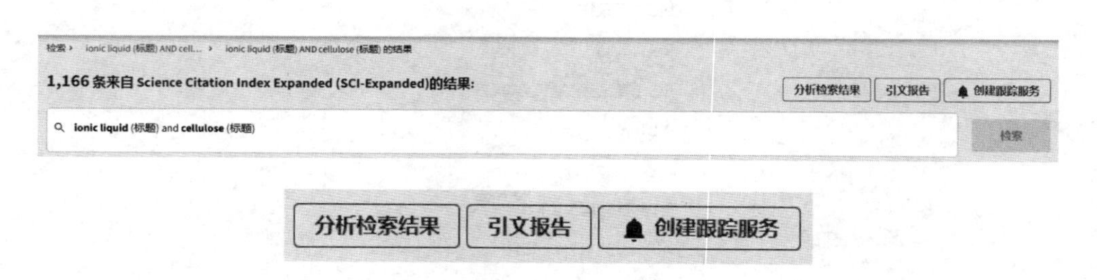

图 5-55　Web of Science 核心合集的特色功能

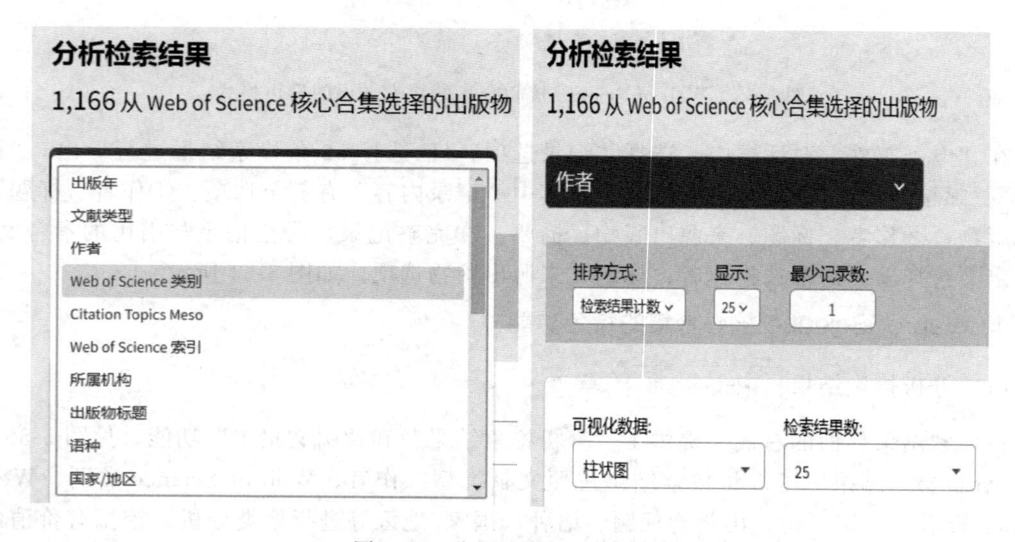

图 5-56　分析检索结果的模式

点击 分析检索结果 ，将图 5-55 的检索结果，选择作者进行分析，出现设置对话框，选择“排序方式”“显示方式”“最少记录数”，可视化数据选择柱状图，检索结果数选择 25，得到柱状分析图，下载得到 jpg 格式图片，如图 5-57 所示。从图 5-57 可以发现，作者“Zhang J”“Sun RC”和“Zhang SJ”在“ionic liquid＋cellulose”方面的研究较多，发表了较多的文章，进而可以通过作者检索获得相关文献。

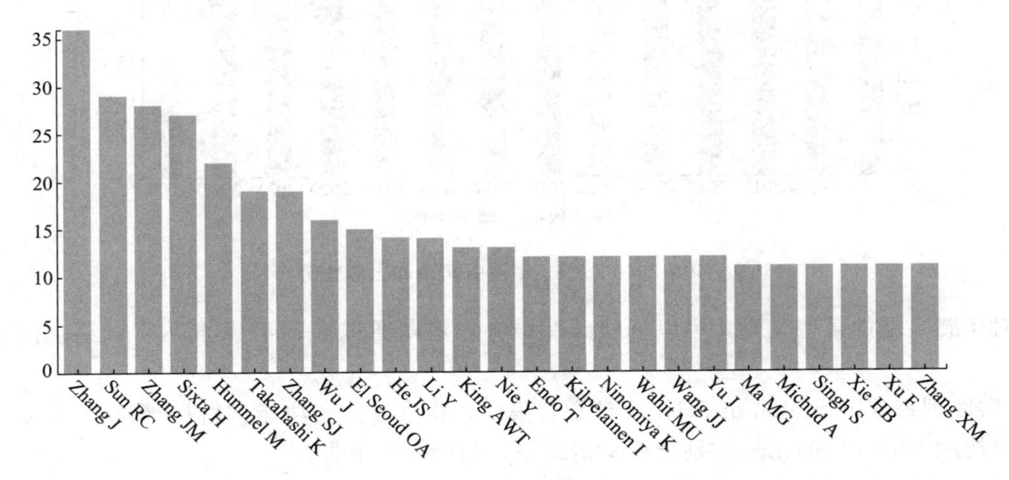

图 5-57　检索结果的作者分析

（2）创建引文报告 引文报告

引文报告为检索结果提供了更加详细的引文分析，并提供了清晰明了的组图，包括出版物年份分布图和被引频次年份分布图。对上述图 5-50 的检索结果，点击 引文报告 ，创建并查看引文报告。如图 5-58 所示。

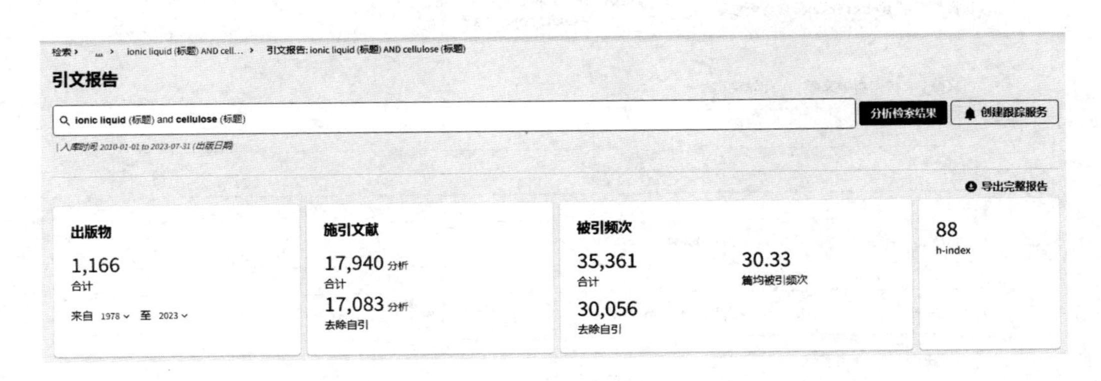

图 5-58　检索结果的引文报告

可以对引文报告进行深入分析，按年份的被引频次和出版物分布得到柱状图，如图 5-59 所示。

（3）创建跟踪服务 创建跟踪服务

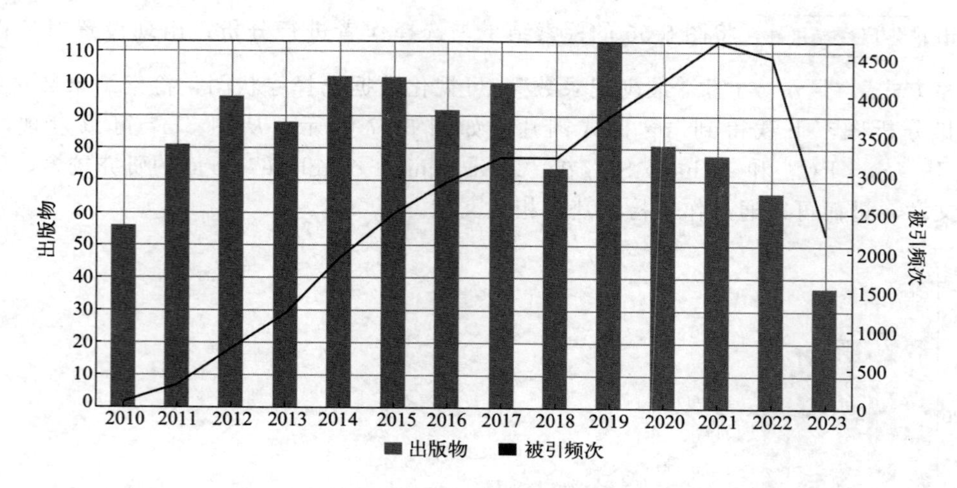

图 5-59 2010—2023 年被引频次和出版物分布

对于感兴趣的某些文章，可以创建跟踪服务，定期通过 E-mail 获取关于该记录的被引情况。

[实践训练 6] 在 Web of Science 核心合集中，检索有关“功能材料/壳聚糖”的期刊论文。并按照 Web of Science 类别分析检索结果，创建引文报告。

① 登录 Web of Science 数据库，选择数据库“Web of Science 核心合集”，再从引文索引里选择“Science Citation Index Expanded(SCI-Expanded)-1978-至今”数据库。

选择文献检索的“基本检索”模式，输入检索字段“标题-functional material” AND “标题-chitosan”，自定义“出版日期，2010-01-01 至 2022-12-31”，进行检索。如图 5-60 所示。

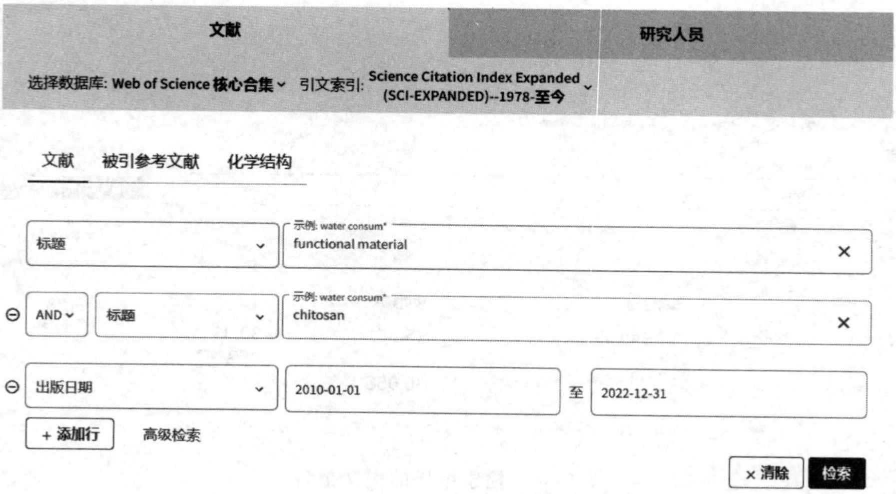

文献
研究人员
选择数据库: Web of Science 核心合集 引文索引: Science Citation Index Expanded (SCI-EXPANDED)--1978-至今
文献 被引参考文献 化学结构
标题 示例: water consum* functional material
AND 标题 示例: water consum* chitosan
出版日期 2010-01-01 至 2022-12-31
+ 添加行 高级检索
× 清除 检索

图 5-60 输入检索字段

检索结果如图 5-61 所示：

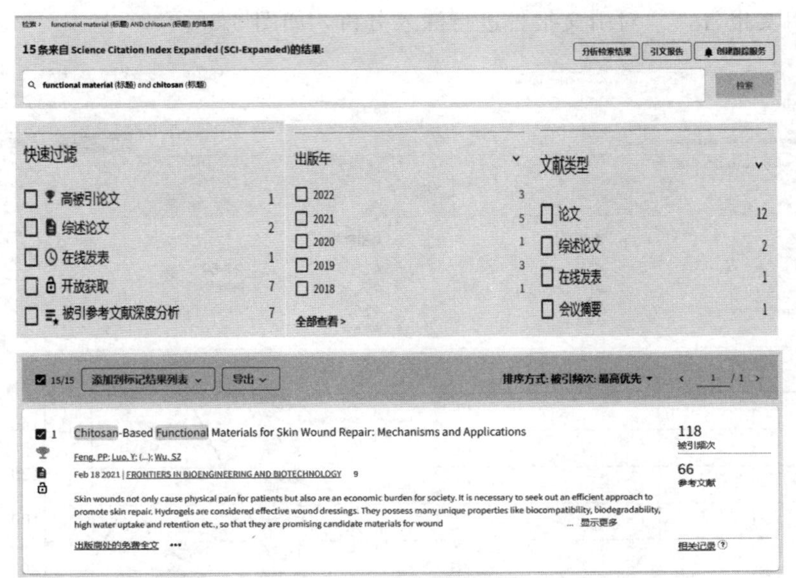

图 5-61 检索结果

② 分析检索结果。检索结果的分析过程，如图 5-62。

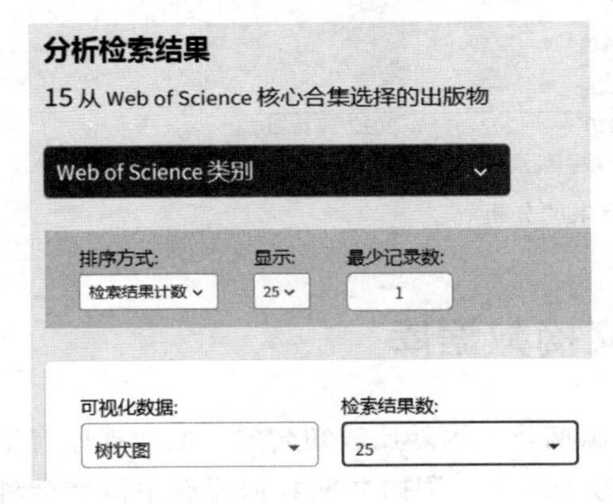

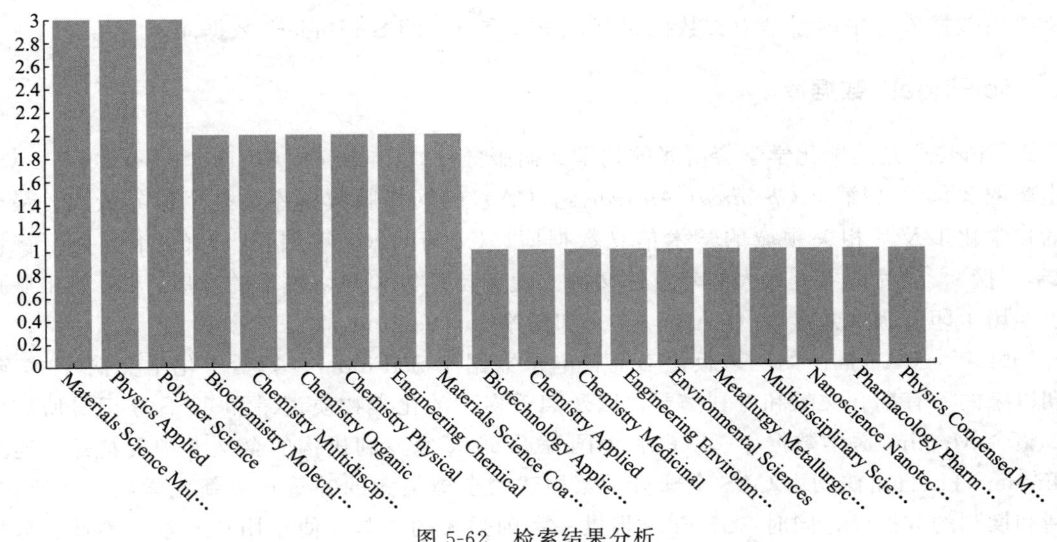

图 5-62 检索结果分析

③ 创建引文报告，并对引文报告进行深入分析，如图 5-63。

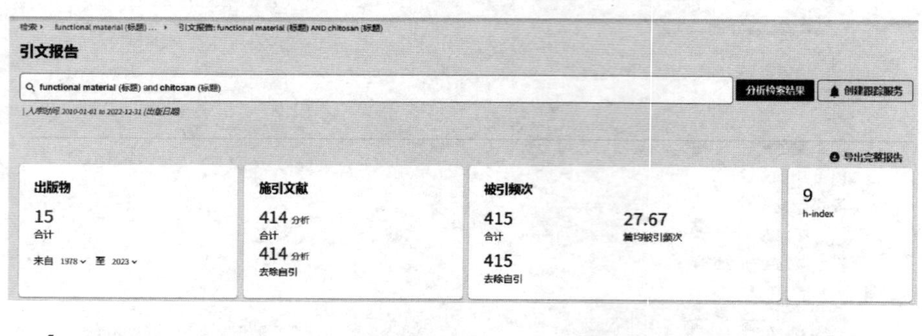

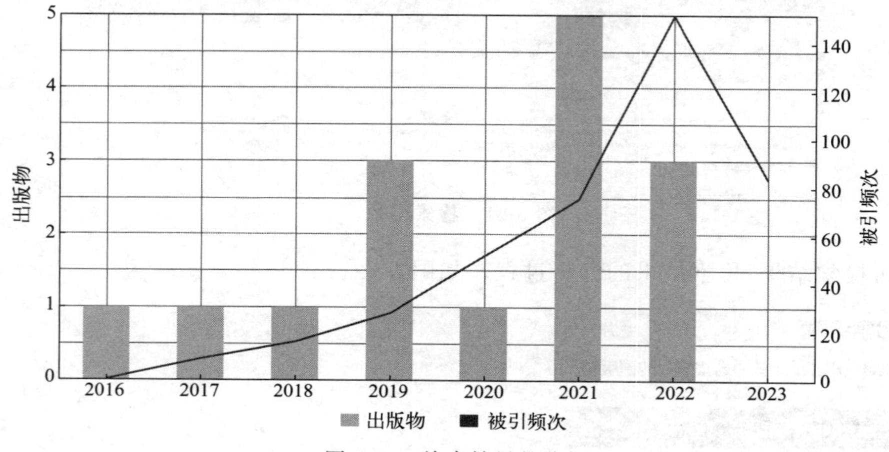

图 5-63　检索结果的分析

第六节　文摘数据库

文摘数据库一般同时收录多种文献类型的文献摘要。国外比较知名的文摘数据库有工程索引数据库、SciFinder^n 数据库、科学引文索引数据库等，国内文摘数据库有中国社会科学引文索引数据库、中国科学引文数据库等。本节重点介绍 SciFinder^n 数据库。

一、 SciFinder^n 数据库

SciFinder^n 是美国化学学会所属的化学文摘服务社（Chemical Abstracts Service，CAS）所出版的《化学文摘》（*Chemical Abstracts*，CA）的网络版数据库，是全世界最大、最全面的化学化工及其相关领域的学术信息数据库。CA 于 1907 年创刊，1969 年合并了德国《化学文摘》，成为世界上最大的专业性文摘。随着计算机和网络技术的发展，CA 的出版形式也经历了印刷版、光盘版（CA on CD）和网络版（SciFinder）三个阶段。

1995 年，CAS 推出的网络版化学资料电子数据库 SciFinder，囊括了化学文摘 1907 年创刊以来的所有期刊文献和专利摘要，以及四千多万的化学物质记录和 CAS 登记号所有内容，整合 Medline 医学数据库、欧洲和美国等近 50 多家专利机构的全文专利资料等。通过 SciFinder 可以自由访问由 CAS 全球科学家构建的全球最大的并每日更新化学物质、反应、专利和期刊的数据库，同时 SciFinder 提供一系列强大的工具，便于用户检索、筛选、分析

和规划，迅速获得您研究的最佳结果，从而节省宝贵的研究时间。

SciFinder^n 是美国化学文摘社（CAS）开发的权威科学研究工具 SciFinder 系列中全新的化学及相关学科智能研究平台，提供全球最全面、最可靠的化学及相关学科研究信息合集。SciFinder^n 由国际科学家团队追踪全球科技进展，每日收录汇总、标引、管理着世界上的科学专利、期刊等内容，并通过 SciFinder^n 中包含的先进检索技术高效揭示、发现重要的技术信息，确保研究人员及时准确地同步最重要的研究进展。

（1）SciFinder^n 内容的独特性

① 包含 SciFinder 中的所有内容；

② 无需另外付费，即刻使用 PatentPak；

③ 无需另外付费，即刻使用 MethodsNow-Synthesis；

④ 无需另外付费，即刻使用逆合成工具 CAS Retrosynthesis Tool。

（2）SciFinder^n 独特功能

① 一步获得物质、文献、反应、供应商信息，减少获取信息的步骤；

② 检索结果默认按相关性排序，第一时间获得最精准的文献（references）、物质（substances）、化学反应（reactions）信息；

③ 自动聚类、筛选文献、物质、反应、供应商检索结果，减少筛选、二次检索所花费的时间；

④ 对反应检索结果，可按照文献或原料、产物进行归类；

⑤ 既支持自然语言检索，又支持布尔逻辑算符；

⑥ 融合 AI 技术的逆合成路线设计工具 CAS Retrosynthesis Tool 帮助用户对文献已报道的物质或尚未公开的物质高效地进行逆合成设计；

⑦ 保留检索历史，可随时随地就重要的检索进行再次检索、分析等；

⑧ 直接呈现专利中的通式结构（markush），有利于初步确定化合物新颖性；

⑨ 多窗口检索、浏览，便捷地比对结果；

⑩ 可视化引文地图；

⑪ 可视化研究发表进展趋势。

二、 SciFinder^n 检索方法

SciFinder^n 检索主界面如图 5-64 所示，SciFinder^n 检索包含 Substances（物质）、Reactions（反应）、References（文献）、Suppliers（供应商）、Sequences（生物序列）、Retrosynthesis（逆合成）五种检索方式。

下面分别介绍物质（Substances）、参考文献（References）和化学反应（Reactions）三种检索方式及检索结果的处理。

1. 物质检索

通过分子式（Molecular Formula）、CAS 登录号（CAS Registry Number）、化学标识符（Chemical Identifier）、文献标识符（Document Identifier）、专利标识符（Patent Identifier）和物性参数（Properties）等实现检索。物质检索主界面如图 5-65 所示。

物质检索有两种检索模式：简单检索和高级检索。

（1）简单检索

通过 SciFinder^n 的结构编辑器 CAS Draw 或 Chemdoodle，画出物质结构式，进行检索。

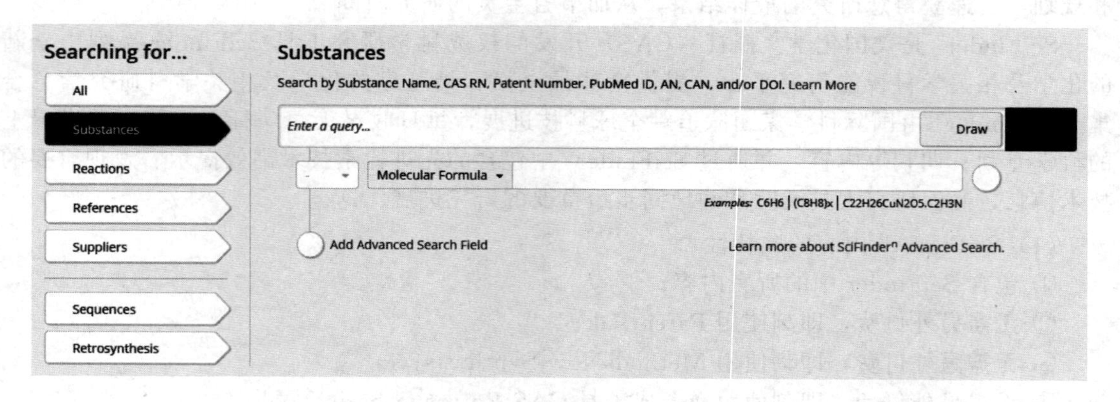

图 5-64　SciFinder^n 主界面

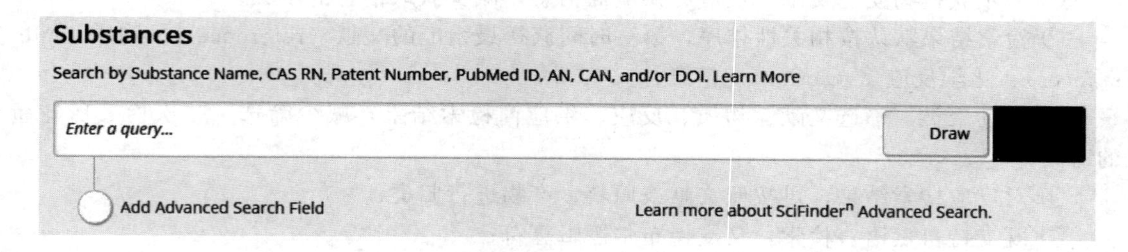

图 5-65　物质（Substances）检索主界面

这项功能给有机领域的科学家带来了前所未有的方便，使得查询复杂物质也一样轻松简单。可以通过 SciFinder^n 自带的结构编辑器（图 5-66），绘制所需查询的化学结构式，便可以得到所有关于此结构式（包括更复杂的物质，只要其结构中包含此结构单元）的信息及文献，这一点对科研工作极具帮助。

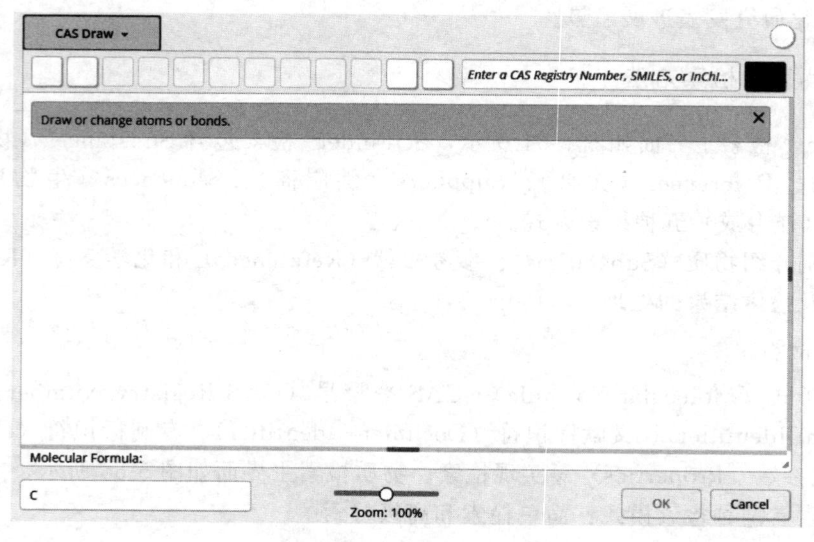

图 5-66　结构编辑器界面

化学结构有精确（Exact Structure）检索、亚结构（Substructure）检索和相似（Substructure Similarity）检索三种方式。在精确检索中，检索结果完全按照输入的物质结构进行检索；在亚结构检索中，检索结果含带有额外取代基的相关物质；而在相似检索中，检索结果包括输入结构或与之相似结构的多种结构的组合。

（2）高级检索

高级检索模式下，选择 - Select - ，通过以下检索途径实现物质检索：分子式（Molecular Formula）、CAS 登录号（CAS Registry Number）、化学标识符（Chemical Identifier）、文献标识符（Document Identifier）、专利标识符（Patent Identifier）、物性参数（Properties）等检索选项。如图 5-67 所示。

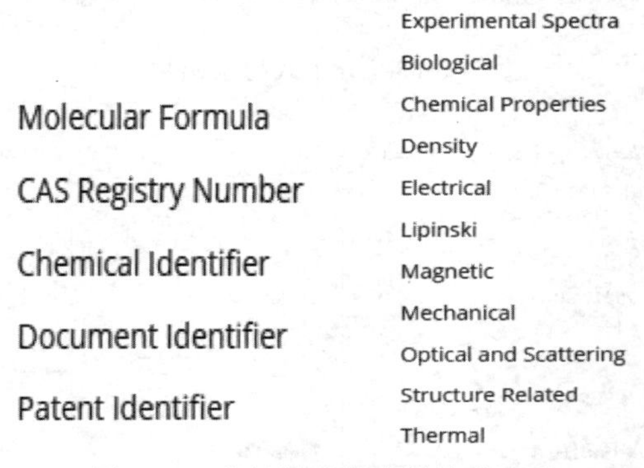

图 5-67　高级检索模式的检索途径

① 分子式检索

输入化合物的分子式，并重新编排原子，使之成为能被计算机识别的 Hill System Order，并显示匹配结果。如离子液体 1-丁基-3-甲基咪唑氯盐（1-butyl-3-methylimidazolium chloride）的结构式为 $C_8H_{15}N_2Cl$，分子式检索输入“$C_8H_{15}N_2.Cl$”，如图 5-68 所示。

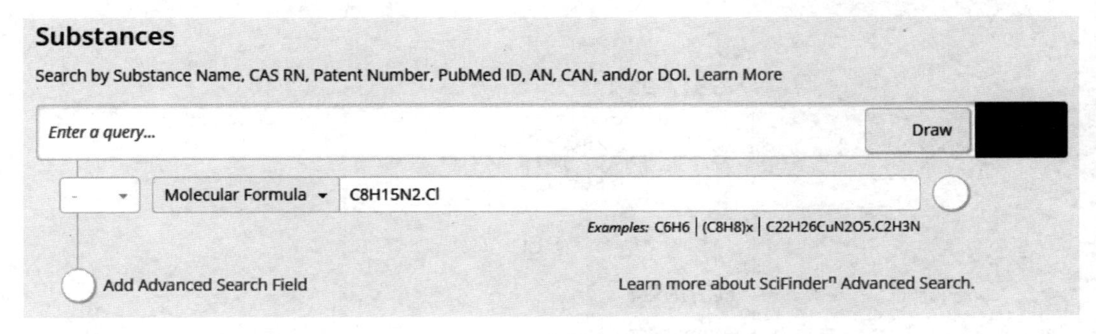

图 5-68　分子式检索

进行检索，检索结果如图 5-69 所示。

结构式为 $C_8H_{15}N_2.Cl$ 的物质有 32 个，对结果进行精练（Filter Behavior），Filter by 产物（Product），有 21 个物质满足分子式（$C_8H_{15}N_2.Cl$），如图 5-70 所示。

其中第一个物质就是目标离子液体，1-丁基-3-甲基咪唑氯盐（1-butyl-3-methylimidazolium chloride），CAS No. 为 79917-90-1。如图 5-71 所示。

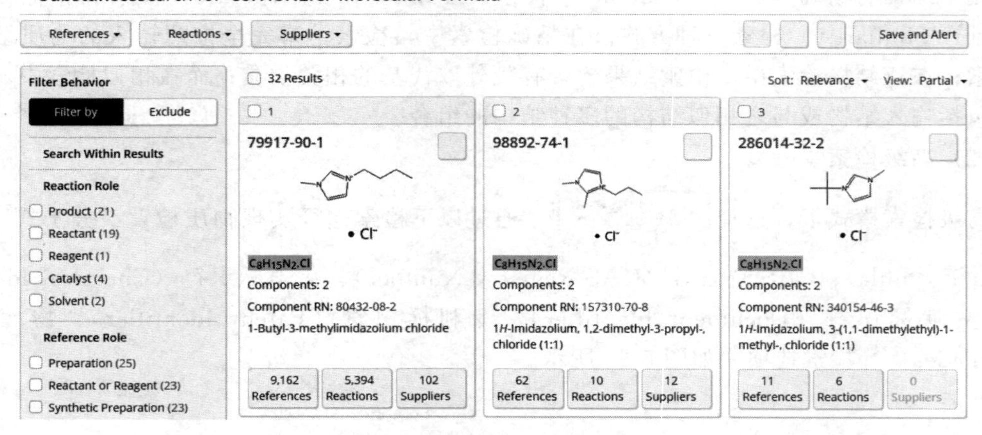

图 5-69 分子式检索结果

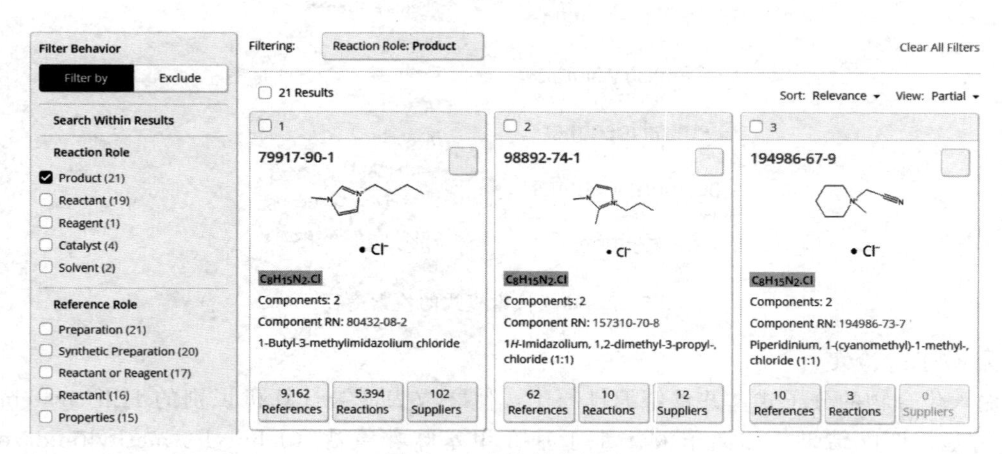

图 5-70 产物精练结果

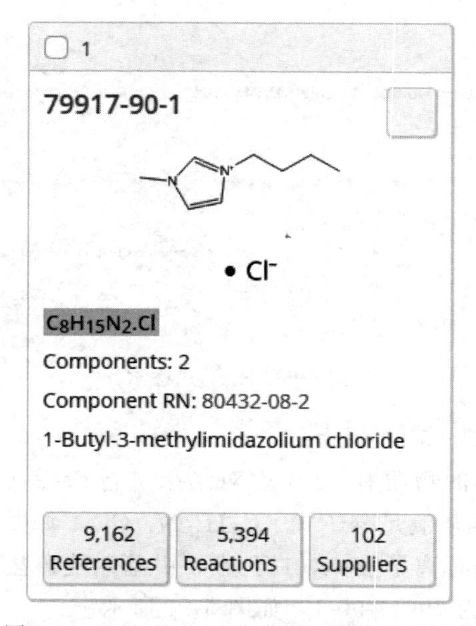

图 5-71 1-丁基-3-甲基咪唑氯盐的检索结果

此时可以选择三种方式浏览 1-丁基-3-甲基咪唑氯盐（1-butyl-3-methylimidazolium chloride）相关的参考文献，分别是 References（文献）、Reactions（反应）和 Suppliers（供应商）。

9,162 References	5,394 Reactions	102 Suppliers

点击 9,162 References，显示与 1-丁基-3-甲基咪唑氯盐相关的 9162 篇参考文献。如图 5-72 所示。

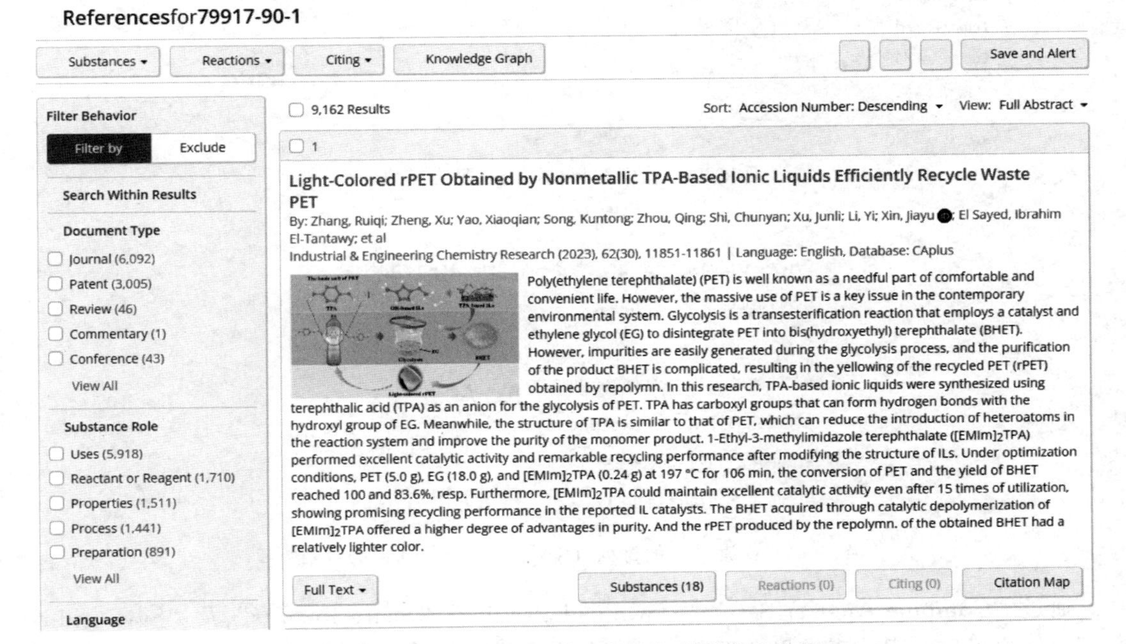

图 5-72　1-丁基-3-甲基咪唑氯盐相关的参考文献

A. 检索结果的限定（Filter）

检索结果的限定模块包括：Document Type［Journal（期刊），Patent（专利），综述（Review），会议（Conference）等］；物质角色（Uses，Reactant or Reagent，Properties，Process，Preparation 等）；语言种类（English，Chinese，Japanese，German，Korean 等）；发表年份（Publication Year），作者（Author）、机构（Organization）、期刊名称（Publication Name）、概念（Concept）等。如图 5-73 所示。

B. 检索结果的排列（Sort）

检索结果按照相关性（Relevance）、引用次数（Times Cited）、检索次数（升序或降序）（Accession Number 输入到数据库中时分配的登录号，Ascending or Descending）、发表日期（最新或最旧）（Publication Date，Newest or Oldest）进行排序。

C. 检索结果的显示（View）

按照完整摘要（Full Abstract）、部分摘要（Partial Abstract）、无摘要（No Abstract）三种方式显示检索结果。

检索结果的排列和显示模块如图 5-74 所示。

D. 保存和分享

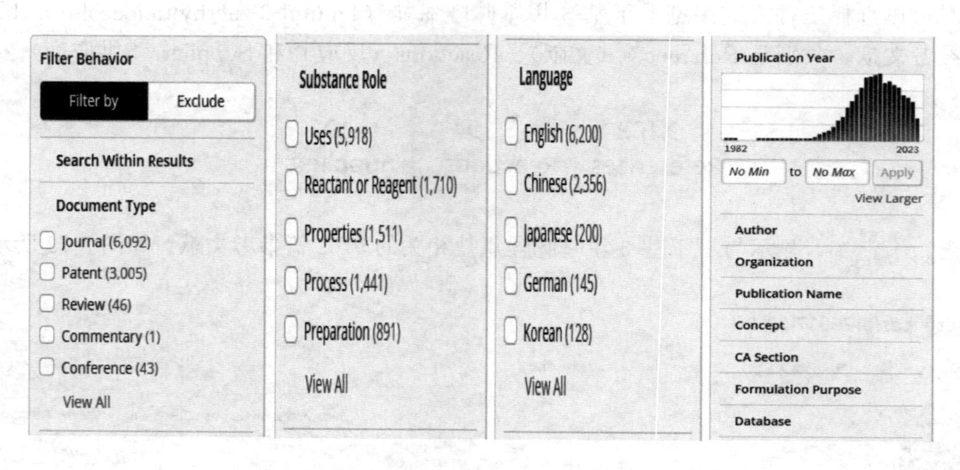

图 5-73　检索结果的 Filter 限定模块

Sort: Relevance ▾　View: Full Abstract ▾
Relevance
Times Cited
Accession Number: Ascending
Accession Number: Descending
Publication Date: Newest
Publication Date: Oldest
No Abstract
Partial Abstract
Full Abstract

图 5-74　检索结果的排列（Sort）和显示（View）模块

通过“Combine Answer Sets”“Download Results”“Share Results”及“Save and Alert”，用户可以实现检索结果的下载、输出分享及保存并设置更新通知等。

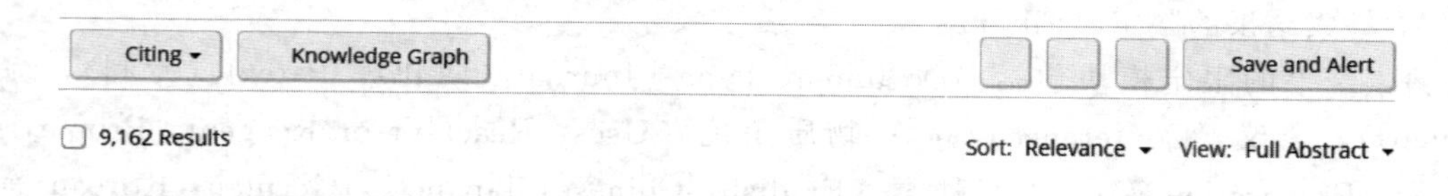

点击 5,394 Reactions ，显示 1-丁基-3-甲基咪唑氯盐参与化学反应的 5394 篇参考文献。如图 5-75 所示。

检索结果的限定（Filter）模块包括：物质角色（Product，Reactant，Reagent，Catalyst，Solvent）；产率（Yield）；反应步骤（Number of Steps）；反应规模（Reaction Scale）；反应类型（Reaction Type）；是否有商业品来源信息（Commercial Availability）；文献类型（Document Type）；发表年份（Publication Year）；作者（Author）；机构（Organization）；期刊名称（Publication Name）等。如图 5-76 所示。

对文献结果进行分组（Group）、排序（Sort）、显示（View）处理。如图 5-77 所示。

Reactionsfor79917-90-1
References
Save and Alert
Filter Behavior
Filter by
Exclude
Search Within Results
Substance Role
Product (587)
Reactant (1,459)
Reagent (627)
Catalyst (1,172)
Solvent (1,607)
Yield
90-100% (1,073)
80-89% (875)
70-79% (507)
50-69% (530)
30-49% (318)
View All
Number of Steps
1 (5,335)
5,394 Results
Group: By Scheme
Sort: Relevance
View: Expanded
Scheme 1 (478 Reactions)
Steps: 1 Yield: 100%
N
N
Cl
• Cl⁻
Suppliers (111)
Suppliers (85)
Suppliers (102)
31-614-CAS-29772130
Steps: 1 Yield: 100%
1.1 24 h, 90 °C
Method and apparatus for preparing ionic liquid
By: Yu, Lei; et al
China, CN109867622 A 2019-06-11
PatentPak
Full Text
31-031-CAS-10092546
Steps: 1 Yield: 100%
1.1 4 h, 175 °C; 15 min, 175 °C
Synthesis of ionic liquids
By: Ignatyev, Nikolai Mykola; et al
World Intellectual Property Organization, WO2011000490 A2
2011-01-06
Experimental Protocols
PatentPak
Full Text

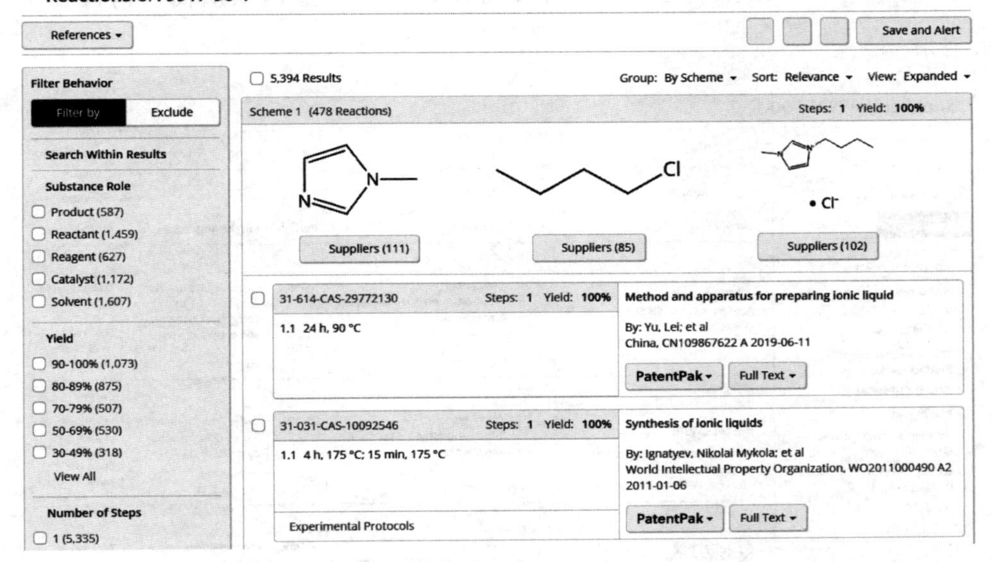

图 5-75　1-丁基-3-甲基咪唑氯盐相关的化学反应

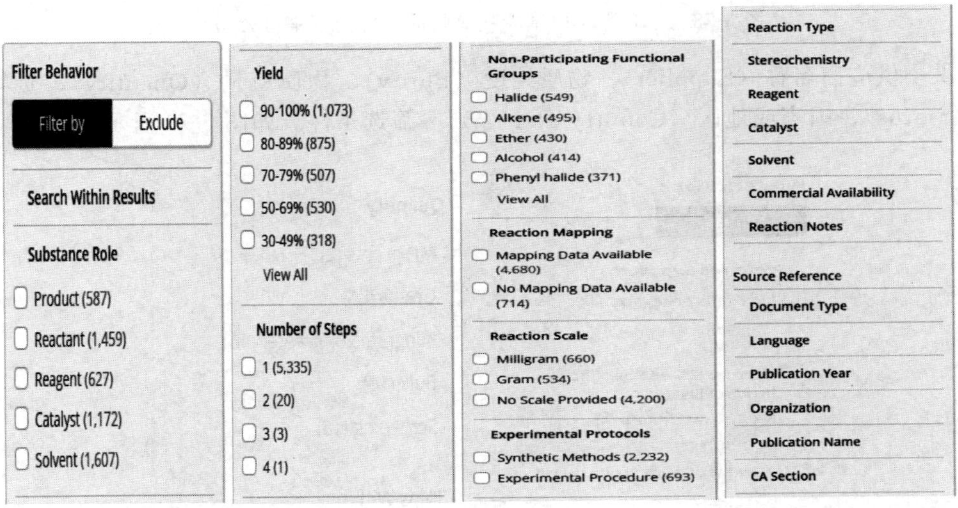

Filter Behavior
Filter by
Exclude
Search Within Results
Substance Role
Product (587)
Reactant (1,459)
Reagent (627)
Catalyst (1,172)
Solvent (1,607)
Yield
90-100% (1,073)
80-89% (875)
70-79% (507)
50-69% (530)
30-49% (318)
View All
Number of Steps
1 (5,335)
2 (20)
3 (3)
4 (1)
Non-Participating Functional Groups
Halide (549)
Alkene (495)
Ether (430)
Alcohol (414)
Phenyl halide (371)
View All
Reaction Mapping
Mapping Data Available (4,680)
No Mapping Data Available (714)
Reaction Scale
Milligram (660)
Gram (534)
No Scale Provided (4,200)
Experimental Protocols
Synthetic Methods (2,232)
Experimental Procedure (693)
Reaction Type
Stereochemistry
Reagent
Catalyst
Solvent
Commercial Availability
Reaction Notes
Source Reference
Document Type
Language
Publication Year
Organization
Publication Name
CA Section

图 5-76　检索结果的限定（Filter）模块

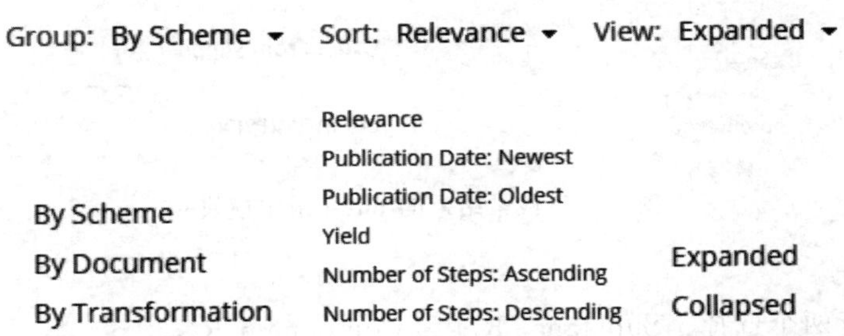

Group: By Scheme
Sort: Relevance
View: Expanded
By Scheme
By Document
By Transformation
Relevance
Publication Date: Newest
Publication Date: Oldest
Yield
Number of Steps: Ascending
Number of Steps: Descending
Expanded
Collapsed

图 5-77　检索结果的分组（Group）、排序（Sort）、显示（View）模块

点击 102 Suppliers ，显示提供 102 家 1-丁基-3-甲基咪唑氯盐的供应商（销售公司）。如图 5-78 所示。

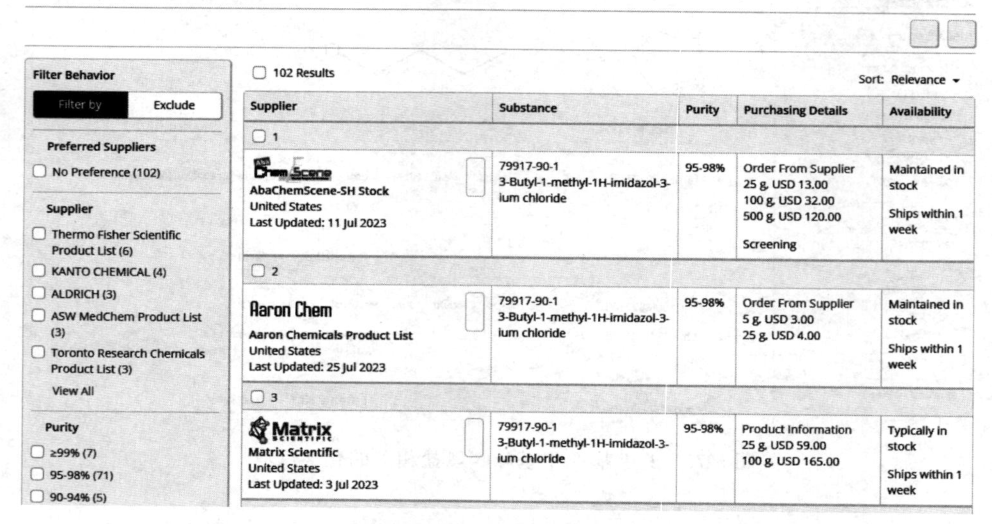

图 5-78　1-丁基-3-甲基咪唑氯盐的供应商（销售公司）

提供了供应商名称（Supplier）、物质纯度（Purity）、物质质量（Quantity）、货架状态（Stock Status）、国家或地区（Country/Region）等筛选条件。如图 5-79 所示。

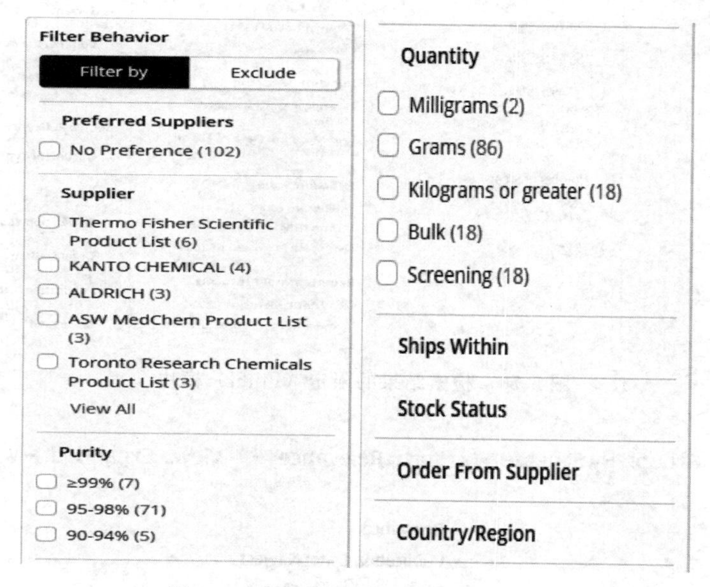

图 5-79　检索结果的 Filter 限定模块

② CAS 登录号

CAS 登录号有两个选择：Substance RN 和 Component RN。

比如，已知 1-丁基-3-甲基咪唑氯盐的 CAS No. 为 79917-90-1。选择物质 CAS 登录号

(Substance RN)，输入 79917-90-1，检索。检索及检索结果如图 5-80 所示。

Substances
Search by Substance Name, CAS RN, Patent Number, PubMed ID, AN, CAN, and/or DOI. Learn More
Enter a query...
Draw
Substance RN
79917-90-1
Add Advanced Search Field
Learn more about SciFinder^{n} Advanced Search.

1
79917-90-1
• Cl^-
$C_8H_{15}N_2.Cl$
Components: 2
Component RN: 80432-08-2
1-Butyl-3-methylimidazolium chloride
9,162 References
5,394 Reactions
102 Suppliers

图 5-80　检索及检索结果

检索结果的限定模块包括：物质角色（Product，Reactant，Reagent，Catalyst，Solvent）；文献角色（Reference Role）；是否有商业品来源信息（Commercial Availability）；分子量（Molecular Weight）；元素（Element）；官能团（Functional Group）；实验性能（Experimental Property）；实验光谱（Experimental Spectrum）等。限定模块如图 5-81 所示。

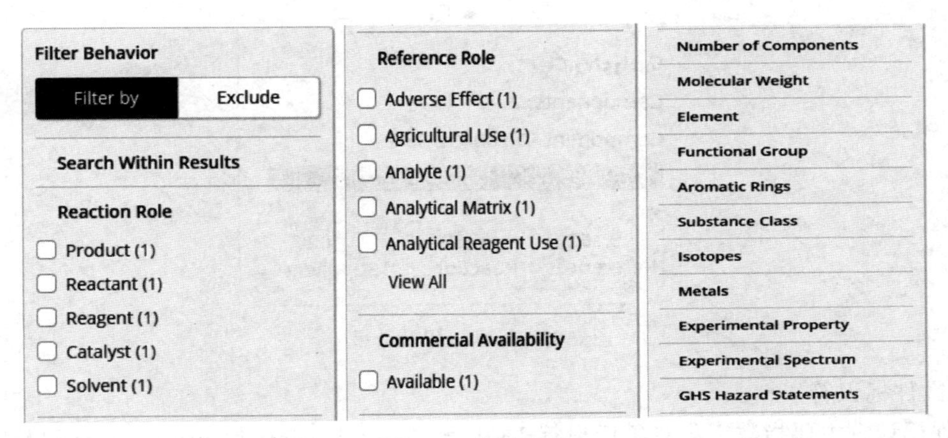

图 5-81　限定模块

此时可以选择三种方式浏览 CAS 登录号（79917-90-1，即 1-butyl-3-methylimidazolium chloride）相关的参考文献，分别是 9162 篇参考文献（References）、5394 个相关的化学反应（Reactions）和 102 个供应商（Suppliers）。

9,162 References | 5,394 Reactions | 102 Suppliers

③ 化学标识符

化学标识符有两个选择：Chemical Name 和 InChl Key。

比如，已知 1-丁基-3-甲基咪唑氯盐的化学名称为 1-Butyl-3-methylimidazolium chloride。选择化学名称（Chemical Name），输入 1-Butyl-3-methylimidazolium chloride，检索。检索过程及结果如图 5-82 所示。

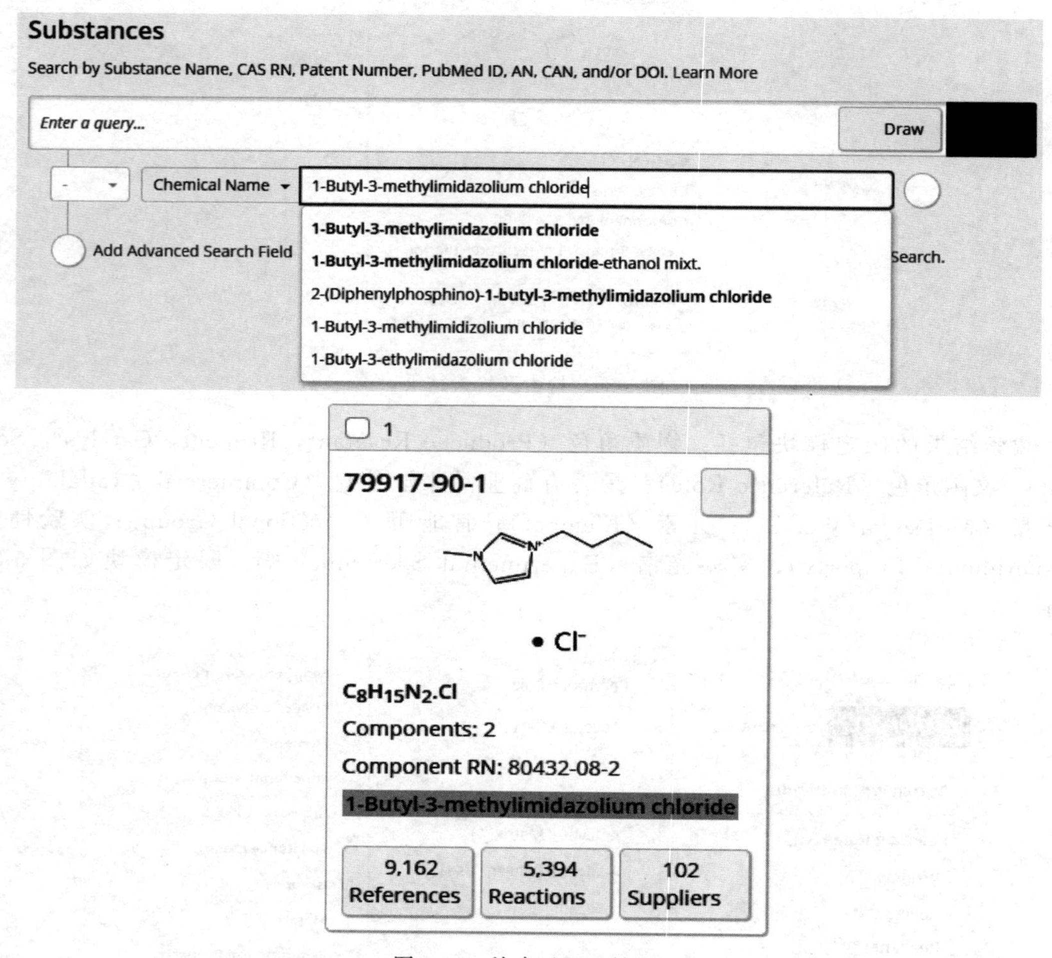

图 5-82　检索过程及结果

④ 文件标识符

文件标识符主要指数字化对象标识符 DOI 号（digital object identifier）。利用数字化对象标识符 DOI 号检索，可精确搜索到某一篇文献。

［DOI］https：//doi. org/10. 1016/j. jclepro. 2022. 133125 对应文章为

[**Authors**] Mai Ouyang, Kehui Hu, Qianwen Jiang, Qingda Yao, Hualong Zhou, Yupei Deng, Yiyue Shen, Fahui Li, Linghua Zhuang, Guowei Wang.

[**Title**] An approach on chromium discharge reduction: Effect and mechanism of ketone carboxylic acid as high exhaustion chrome tanning agent.

[**Journal name, Publication year, Volume, Article Number**] Journal of Cleaner Production, 2022, 367: 133125.

⑤ 专利标识符

专利号以国家代码或专利机构代码加上专利号组成，专利号可以是授权号，也可以是申请号或优先权号。利用专利号索引，既可以获得某专利的具体信息，也可以获得相关专利族的信息。也可以通过发明人姓名及出版年进行范围限定搜索。

⑥ 特性检索

可检索物质实验特性或者预测属性，如沸点、熔点、密度、电导率、核磁共振（NMR）谱、拉曼光谱等，如图 5-83 所示。

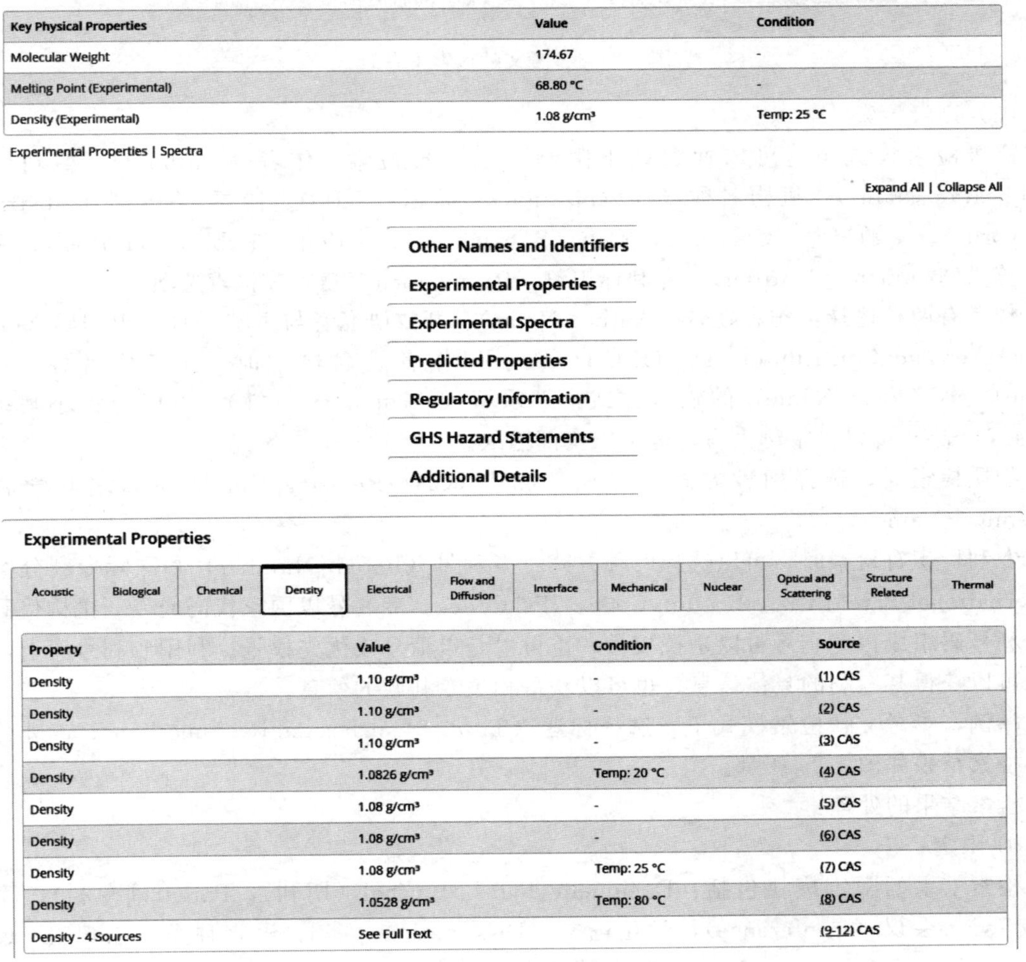

Key Physical Properties	Value	Condition
Molecular Weight	174.67	-
Melting Point (Experimental)	68.80 °C	-
Density (Experimental)	1.08 g/cm³	Temp: 25 °C

Experimental Properties | Spectra

Expand All | Collapse All

- Other Names and Identifiers
- Experimental Properties
- Experimental Spectra
- Predicted Properties
- Regulatory Information
- GHS Hazard Statements
- Additional Details

Experimental Properties

Acoustic | Biological | Chemical | Density | Electrical | Flow and Diffusion | Interface | Mechanical | Nuclear | Optical and Scattering | Structure Related | Thermal

Property	Value	Condition	Source
Density	1.10 g/cm³	-	(1) CAS
Density	1.10 g/cm³	-	(2) CAS
Density	1.10 g/cm³	-	(3) CAS
Density	1.0826 g/cm³	Temp: 20 °C	(4) CAS
Density	1.08 g/cm³	-	(5) CAS
Density	1.08 g/cm³	-	(6) CAS
Density	1.08 g/cm³	Temp: 25 °C	(7) CAS
Density	1.0528 g/cm³	Temp: 80 °C	(8) CAS
Density - 4 Sources	See Full Text		(9-12) CAS

图 5-83　特性检索

2. 参考文献检索

参考文献检索有两种检索模式：简单检索和高级检索。

（1）简单检索

通过 SciFinder^n 的结构编辑器 CAS Draw 或 Chemdoodle，画出物质结构式，进行检索（如图 5-84）。

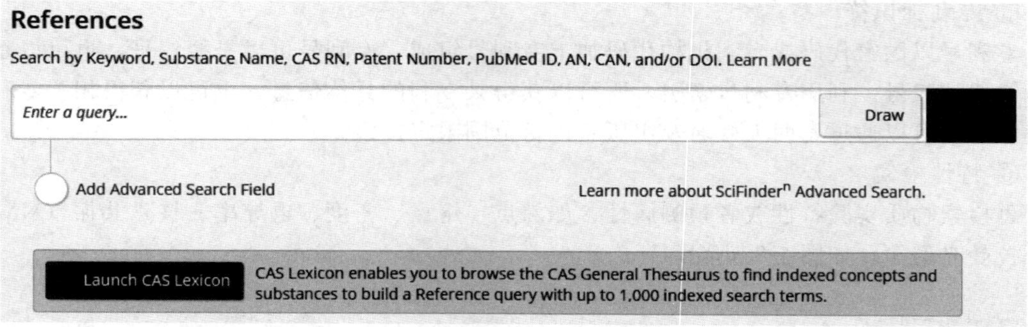

图 5-84　参考文献检索主界面

（2）高级检索

高级检索模式下，可以通过以下限制方式实现检索：作者（Authors）、期刊名称（Publication Name）、机构名称（Organization）、标题（Title）、摘要/关键词（Abstract/Keywords）、主题概念（Concept）、物质（Substances）、出版年（Publication Year）、文献标识符（Document Identifier）、专利标识符（Patent Identifier）等检索选项。

作者有两种选择：作者姓名（Author Name）、开放研究者与贡献者身份识别码（Open Researcher and Contributor ID，ORCID iD）。以作者姓名检索时，注意作者姓（Last Name）、名（First Name）的输入方式：必须填入 Last name（姓），不区分大小写；名（First Name）可以首字母大写，也可以全部输入。

物质检索时，选择两种方式：CAS 登录号（CAS Registry Number）或者化学名称（Chemical Name）。

专利标识符检索时，可以选择两种方式：专利号（Patent Number）和国际专利分类号（International Patent Classification Code，IPC Code）。专利号以国家代码或专利机构代码加上专利号码组成，专利号可以是授权号，也可以是申请号或优先权号。利用专利号索引，我们既可以获得某专利的具体信息，也可以获得相关专利族的信息。

举例，参考文献检索模式下，选择标题（Title）-“surface active ionic liquid”，进行检索。检索结果如图 5-85 所示。

检索结果的处理：

① 限定

检索结果的限定模块包括：Document Type [Journal（期刊），Patent（专利），综述（Review），会议（Conference），学位论文（Dissertation）等]；语言种类（English，Chinese，Japanese，German，Korean 等）；发表年份（Publication Year）；作者（Author）；机构（Organization）；期刊名称（Publication Name）；主题概念（Concept）；来源数据库（Database）等。如图 5-86 所示。

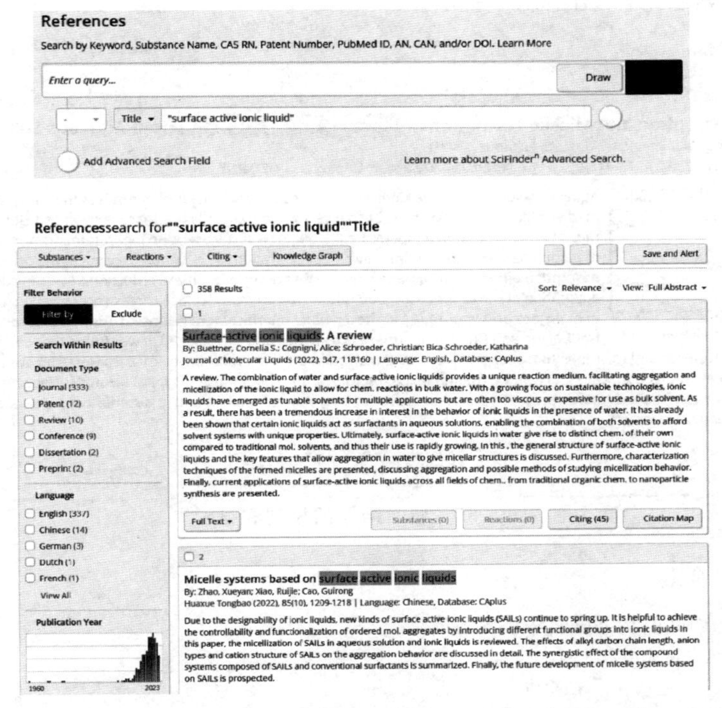

图 5-85　参考文献检索的高级检索实例

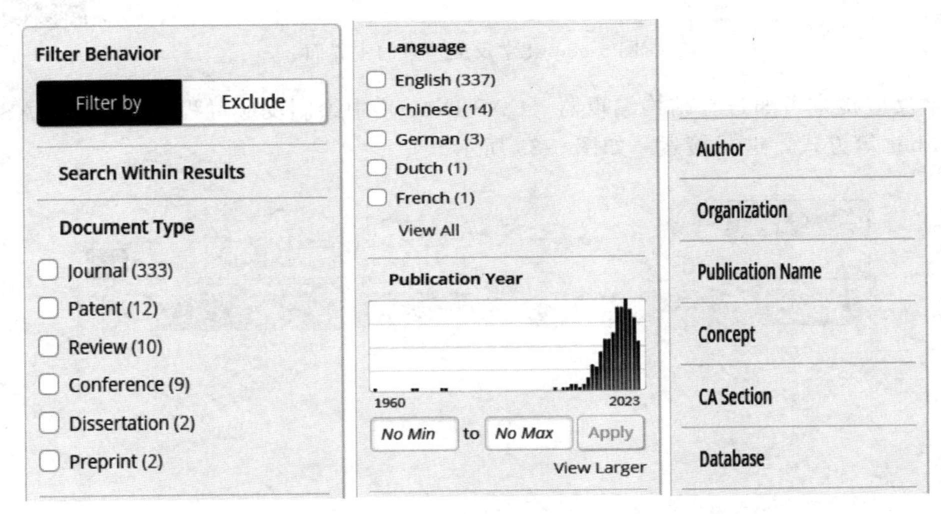

图 5-86　检索结果的 Filter 限定模块

② 排列

检索结果按照相关性（Relevance）；引用次数（Times cited）；检索次数（升序或降序）（Accession Number 输入数据库中时分配的登录号，Ascending or Descending）；发表日期（最新或最旧）（Publication Date，Newest or Oldest）进行排序。

③ 显示

按照完整摘要（Full Abstract）、部分摘要（Partial Abstract）、无摘要（No Abstract）

三种方式显示检索结果。如图 5-87 所示。

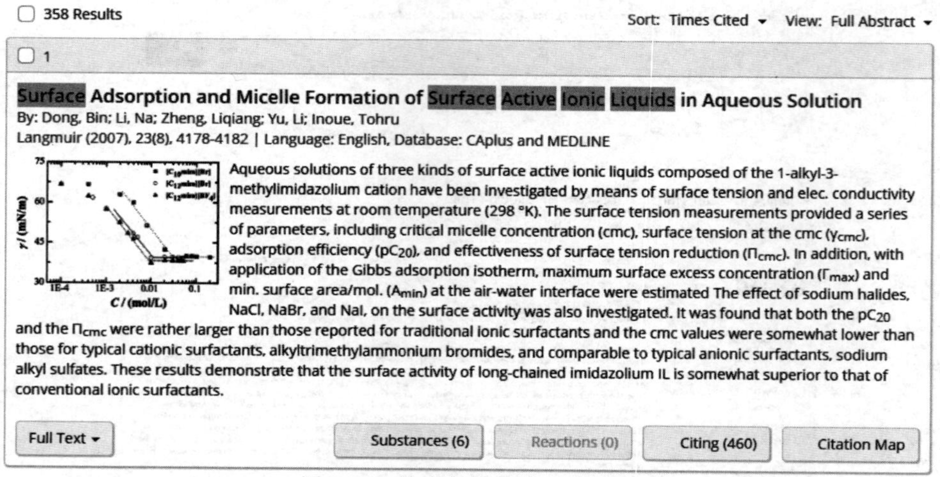

图 5-87 检索结果的排列和显示

3. 化学反应检索

化学反应检索的主界面如图 5-88 所示。

图 5-88 化学反应检索的主界面

化学反应检索可通过在结构编辑器（CAS Draw）中绘制反应过程或者输入 CAS Registry Number 等方式，进行检索。如图 5-89 所示。

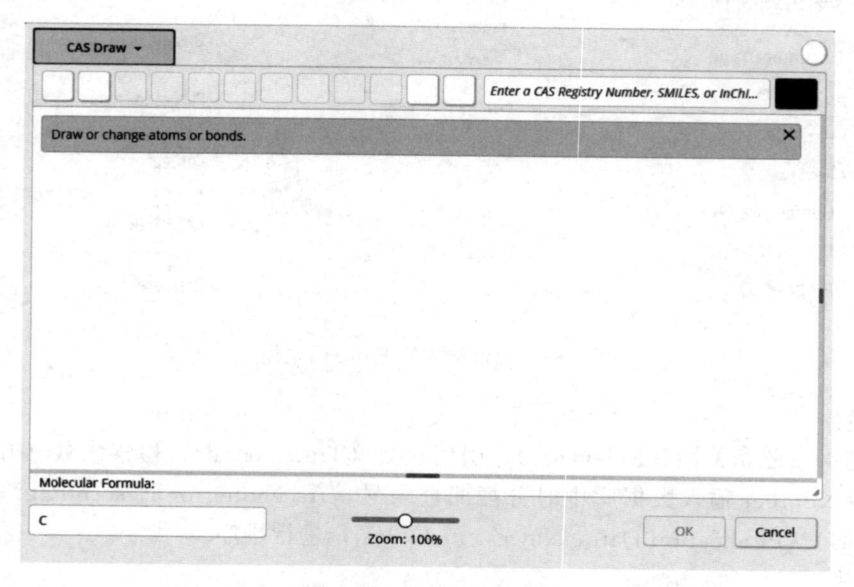

图 5-89 化学反应检索

检索噻唑席夫碱化合物，其 CAS No. 为 19959-13-8，化学结构式为 $C_{17}H_{14}N_2OS$，输入“19959-13-8”，点击 OK。检索过程及检索结果如图 5-90 所示。

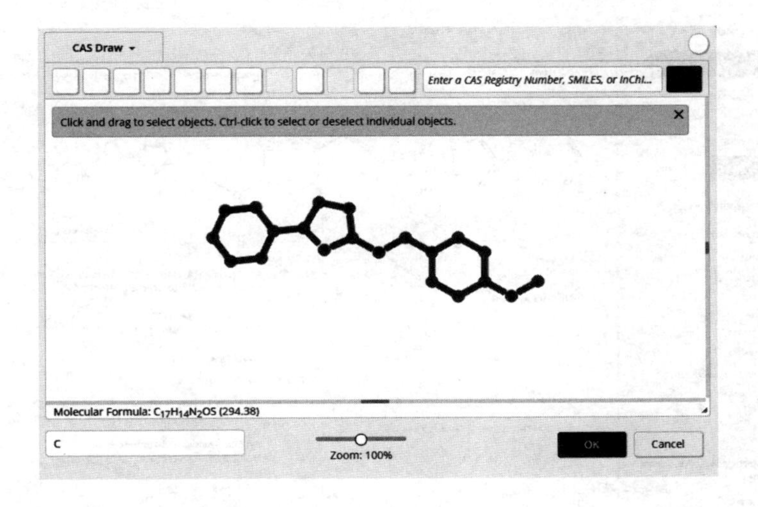

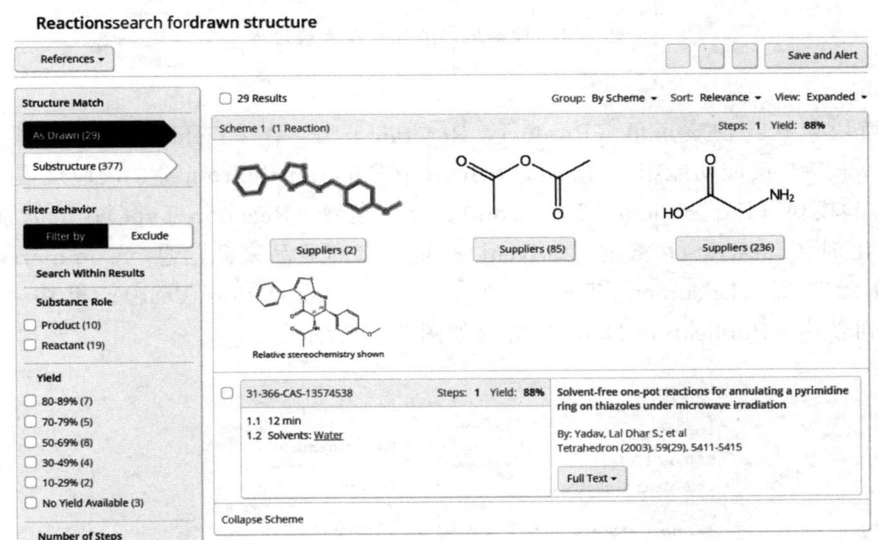

图 5-90 检索过程及检索结果

以物质角色（Substance Role）-产物（Product）进行筛选（Filter），得到 10 个检索结果。如图 5-91 所示。

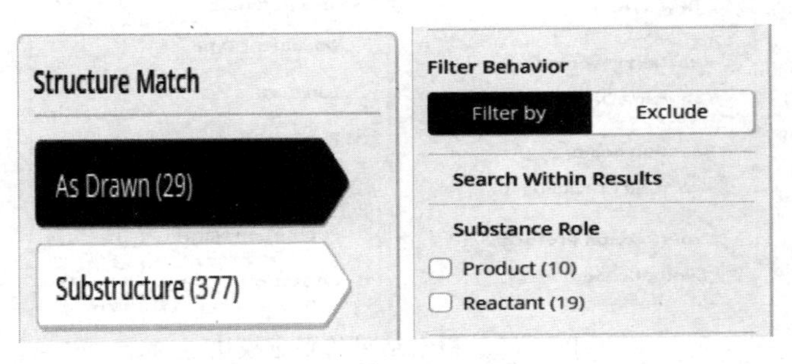

图 5-91

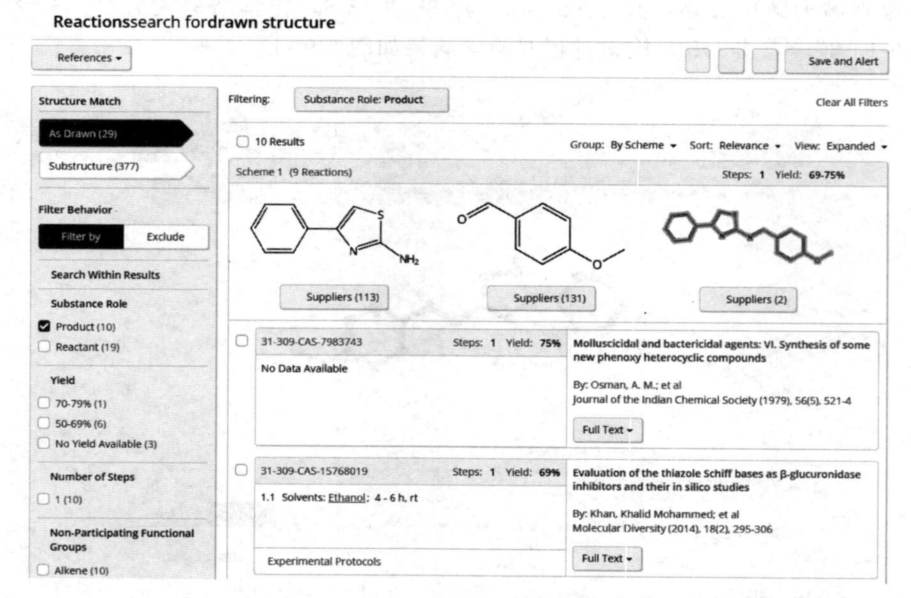

图 5-91　检索结果的配对及筛选过程

① 限定

限定模块包括：物质角色（Product，Reactant）；产率（Yield）；反应步骤（Number of Steps）；未参与反应功能组（Non-Participating Functional Groups）、反应规模（Reaction Scale）；实验模块（Experimental Protocols）；反应类型（Reaction Type）；试剂原料（Reagent）；催化剂（Catalyst）；溶剂（Solvent）；是否有商业品来源信息（Commercial Availability）；文献类型（Document Type）；发表年份（Publication Year）；机构（Organization）；期刊名称（Publication Name）等。如图 5-92 所示。

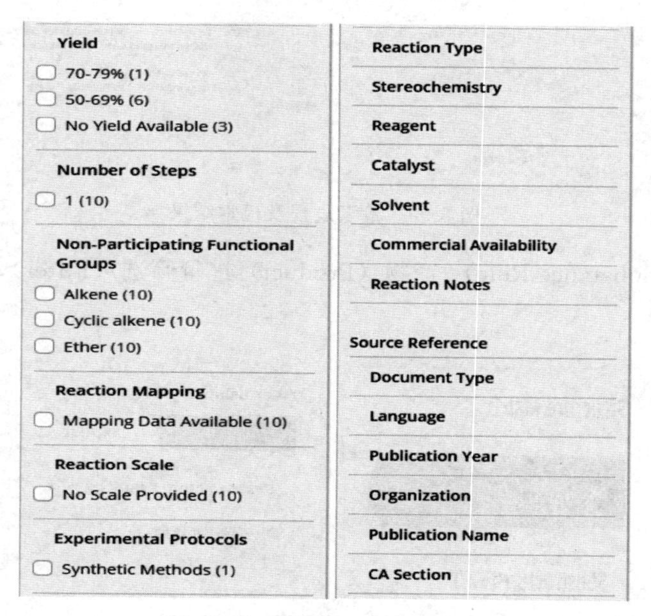

图 5-92　检索结果的限定模块

② 对检索结果进行分组、排序、显示处理。如图 5-93 所示。

Group: By Scheme ▾ Sort: Relevance ▾ View: Expanded ▾

By Scheme	Relevance	Expanded
By Document	Publication Date: Newest	Collapsed
By Transformation	Publication Date: Oldest	
	Yield	
	Number of Steps: Ascending	
	Number of Steps: Descending	

图 5-93 文献结果的分组、排序、显示

为了更好地评估检索结果，可以通过反应方程式（Scheme）、文档（Document）、转换类型（Transformation）对文献进行分组。

化学反应检索结果按照相关性（Relevance）、刊发日期（Publication Date）、产率（Yield）、反应步数（Number of Steps）排序。

从上面的叙述中可以看出，SciFinder^n 针对物质、参考文献、化学反应的检索结果，其筛选方式差异较大，这正是 SciFinder^n 的最精彩之处，这种强大的检索后处理功能，使科研人员可以对不同的检索结果进行特定的筛选分析、排序和二次检索，通过对检索结果的分析和限定，层层推进，最终找到最适合的检索结果，提高查全率和查准率。

Suppliers（供应商）、Sequences（生物序列）、Retrosynthesis（逆合成）三种检索方式，同学们可以参阅相关资料自主学习。

[实践训练 7] 检索黄酮类（flavonoid）或异黄酮类（isoflavonoid）化合物在抗癌（anticancer）方面应用的文献。

① 查询总结介绍黄酮类或异黄酮类化合物的综述性期刊论文或者书籍，了解黄酮类或异黄酮类化合物的背景知识。

② 检索黄酮类或异黄酮类化合物在抗癌方面应用，下载综述性期刊论文或者书籍。

③ 分析国内有哪些研究单位、哪些研究人员在进行相关研究。列表分析研究单位及相关科研人员。

第七节 特种文献数据库

特种文献是指出版发行和获取途径比较特殊的科技文献，特种文献一般包括专利文献（patent）、学位论文（dissertation）、标准文献（standard）、会议文献、科技报告、科技档案、政府出版物七大类。本节介绍专利文献的检索方法，其他特种文献，如学位论文、标准文献等检索方法，请同学们查阅南京工业大学图书馆资源。

一、专利文献数据库

1. 知识产权与专利

知识产权（intellectual property）是指人们的创造性智力劳动成果依照知识产权法享有

的权利，它包括工业产权和版权两大类。工业产权包括专利权、商标权和制止不正当竞争等方面。版权则是指在法律规定的特定年限内，向著者授予的印刷、出版或以其他形式复制其原始作品的独占权。

专利是专利权的简称，是指发明人或设计人所作的发明、实用新型和外观设计，经申请被批准后，在法律规定的有效期限和地域内，授予受保护的专利权，即专利权人享有独占的权利。如果他人要使用该项专利，应取得专利权人的许可，并付给一定的报酬；如果他人没有得到专利权人的同意而使用其专利，则视为侵权，并将受到法律的追究。保护期满后，专利即从个人占有变为公有，成为社会的公共财产。

2. 中国专利的类型

(1) 发明专利

发明专利指对产品、方法或者其改进所提出的新的技术方案。发明分为产品发明、方法发明和改进发明。产品发明是人们通过智力劳动创造出的新物品，包括新产品、新材料、新设备、新仪器等；方法发明是把一种产品改变成另一种产品所使用的方法或手段的发明；改进发明是人们对已有产品发明或方法发明提出实质性改革的新的技术方案，但并没有从根本上突破原有产品或方法的格局。

(2) 实用新型专利

实用新型专利是指对产品的形状、构造或者其结合所提出的适于实用的新的技术方案。实用新型专利必须针对某一具体的产品，该产品实用并具有一定的创造性。

(3) 外观设计专利

外观设计专利是指对产品的形状、图案或者其结合以及色彩与形状、图案的结合所作出的富有美感并适于工业应用的新设计。

3. 专利文献

专利文献是实行专利制度的国家及国际专利组织在审批专利过程中产生的官方文件及其出版物的总称。广义的专利文献，包括专利局出版的各种报道和检索性工具书；狭义的专利文献，指的是专利申请说明书和专利说明书。专利文献是一种标准化的连续出版物，内容极其丰富，及时反映了世界各国科学技术的发展成就与水平，在技术引进、科研、生产、进出口贸易、国际合作、科技查新等许多方面都起着重要的作用。作为一类特种文献，专利具有以下显著特点：

① 信息丰富，利用广泛；

② 内容新颖，反映新技术快；

③ 质量较高，技术内容可靠；

④ 内容完整详尽，实用性强；

⑤ 时间性强，重复报道量大。

4. 国际专利分类表

随着专利制度的国际化，逐步产生了国际上通用的分类法。目前许多国家普遍采用《国际专利分类表》(International Patent Classification，IPC)。

IPC 第一版于 1968 年正式生效。以后为了改进分类体系和适应技术的不断发展，对分类表定期进行修订。现在采用的是第八版国际专利分类表。

IPC 将技术内容按部、分部、大类、小类、主组、分组逐级分类，形成完整的分类体系。

IPC共有八个大部，将世界上现有的专利技术领域进行总体分类，每个部包含了广泛的技术内容，分别由A～H八个大写英文字母表示。八个部的技术范围见表5-4。

表5-4　国际专利分类表IPC的八个部

部	类别	英文
A部	人类生活必需	Human Necessities
B部	作业、运输	Operations; Transporting
C部	化学、冶金	Chemistry and Metallurgy
D部	纺织、造纸	Textiles and Paper
E部	固定建筑物	Fixed Construction
F部	机械工程;照明;采暖;武器;爆破	Mechanical Engineering; Lighting; Heating; Weapons; Blasting
G部	物理	Physics
H部	电学	Electricity

部的下面设分部，分部只有标题，不用分类符号表示。如B部下设有分离、混合，成型，印刷，交通运输四个分部。大类是“部”之下的细分类目，其类号由有关部的符号加上两位阿拉伯数字构成，如C07、A01等。小类是大类之下的细分类目，小类的类号由大类的类号加上一个大写字母组成（A、E、I、O、U、X除外），如A01B、C07D等。小类下设主组和分组。主组类号由小类类号加上1～3位数字，后再加/00来表示，如C07D473/00。斜线后面用2～5位数字表示，如C07D473/02，这个类号就是分组类号。分组是主组的展开类目。国际专利分类表IPC的实例见表5-5。

表5-5　国际专利分类表IPC的实例

C	化学、冶金	部
C07	有机化学	大类
C07D	杂环化合物	小类
C07D473/00	含嘌呤环系的杂环化合物	主组
C07D473/02	有氧、硫或氮原子直接连在位置2和6	分组
C07D473/04	两个氧原子	分组

5. 专利文献的编号体系

中国国家知识产权局出版的专利公报和专利说明书，其编号体系经历四个阶段：1985—1988年阶段；1989—1992年阶段；1993—2004年6月阶段；2004年7月至今。

为了满足专利申请量急剧增长的需要和适应专利申请号升位的变化，国家知识产权局制定了新的专利文献号标准，从2004年7月1日起启用新标准的专利文献号。

① 三种专利的申请号由12位数字和1个圆点（.）以及1个校验位组成，按年编排，如CN202211133792.0。其前四位数字表示申请年代，第五位数字表示申请专利类型：1—发明、2—实用新型、3—外观设计、8—指定中国的发明专利的PCT国际申请、9—指定中国的实用新型专利的PCT国际申请，第六位至十二位数字（共7位数字）表示当年申请的顺序号，然后用一个圆点（.）分隔专利申请号和校验位，最后一位是校验位。

② 自2004年7月1日开始出版的所有专利说明书文献号均由表示中国国别代码的字母串CN和9位数字以及一个字母或一个字母加一个数字组成。其中，字母串CN以后的第一位数字表示专利申请类型：1—发明、2—实用新型、3—外观设计，“指定中国的发明专利的

PCT 国际申请”和“指定中国的实用新型专利的 PCT 国际申请”的文献号不再另行编排，归入发明或实用新型一起编排；第二位至第九位为流水号，三种专利按各自的流水号序列顺排，逐年累计；最后一个字母或一个字母加一个数字表示专利文献种类标识代码。

二、专利文献的检索

专利文献的检索途径有以下五种：分类途径、姓名（名称）途径、号码途径、关键词途径及其他检索途径。

（1）分类途径

分类途径是查阅专利文献的主要途径之一，各国在受理的专利申请和批准的发明专利文献上，都按规定的分类规则确定专利分类号。印刷型的专利检索工具一般都有分类索引。根据所查课题的学科内容，利用《国际专利分类表》，首先确定课题所属的部，按学科的体系结构逐级确定类、小类、主组、分组，组成一个完整的国际专利分类号（IPC 号），利用 IPC 号，检索各种专利索引的 IPC 索引和各种数据库的 IPC 字段，就可以检索到专利号，根据专利号索取印刷型专利说明书或浏览、下载专利说明书。

（2）姓名（名称）途径

通过发明人、专利权人或受让人的姓名（名称）查找专利文献。各种专利数据库都有姓名（名称）的检索入口。

（3）号码途径

这是专利数据库检索的重要途径，包括专利文献号和登记号，如申请号、公开号、公告号、授权专利号等。

（4）关键词途径

选择最能反映发明本质和特征的技术词汇，在专利数据的题名和摘要等字段中检索。也可从《国际专利分类表》的关键词索引选择合适的关键词进行检索。

（5）其他检索途径

许多专利文献检索工具还编制特定的索引，可利用对应的索引进行检索。比如美国专利公报中的“发明人地区索引”，可根据地区进行检索。《化学文摘 CA》收录了大量的专利文献，由于《化学文摘 CA》有化学物质索引和结构式索引，若已知化学物质的结构式、名称、CAS 登录号等，也可利用 CA 检索专利文献。

三、国家知识产权局专利数据库

国家知识产权局专利数据库（http：//www.pss-system.gov.cn/），是我国知识产权局为公众提供免费专利说明书的系统，提供专利申请、专利审查、专利保护、专利代理等服务，介绍专利申请、审查、保护方面的知识。数据库于 2001 年 11 月开通，数据库内容包括自中国专利局接受专利申请（1985 年 4 月 1 日起）的所有专利公报、专利申请说明书、权利要求书及附图等，还收录了 103 个国家、地区及组织的专利数据，包括有中国、美国、韩国、英国、欧洲专利局和世界知识产权组织等。国家知识产权局专利数据库的界面如图 5-94。

提供常规检索、高级检索、命令行检索、药物检索、导航检索和专题库检索六种检索模式，可对检索到的专利文献进行多角度的统计分析。如图 5-95 所示。

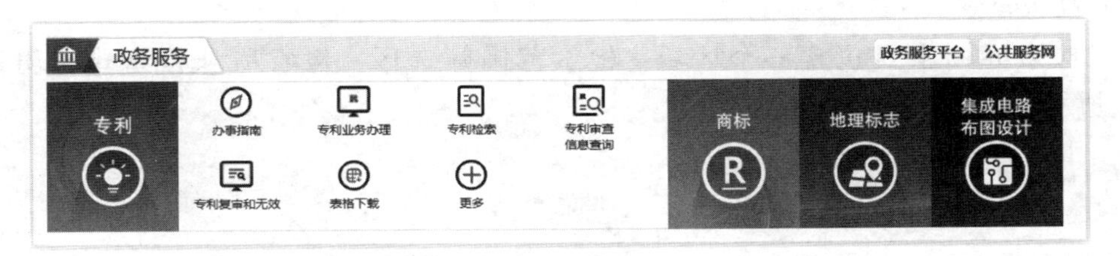

图 5-94　国家知识产权局专利检索主界面

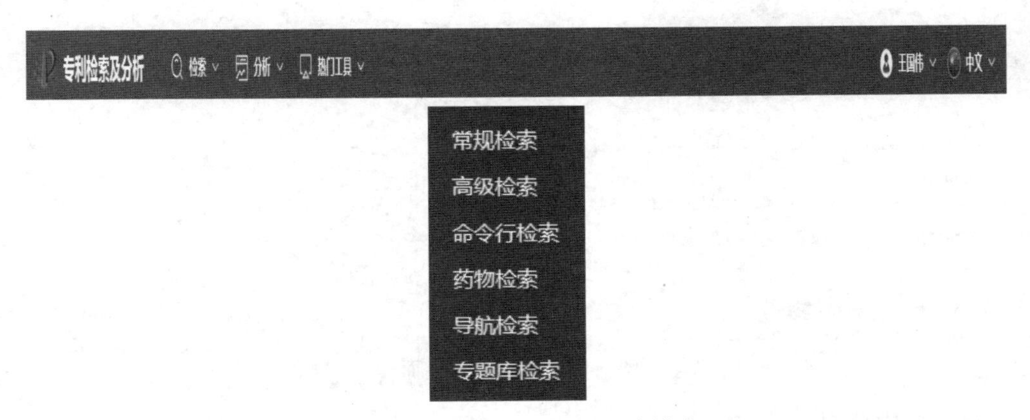

图 5-95　专利检索的六种检索模式

(1) 常规检索（conventional search）

点击“检索”菜单下的“常规检索”，即进入常规检索界面，如图 5-96 所示。

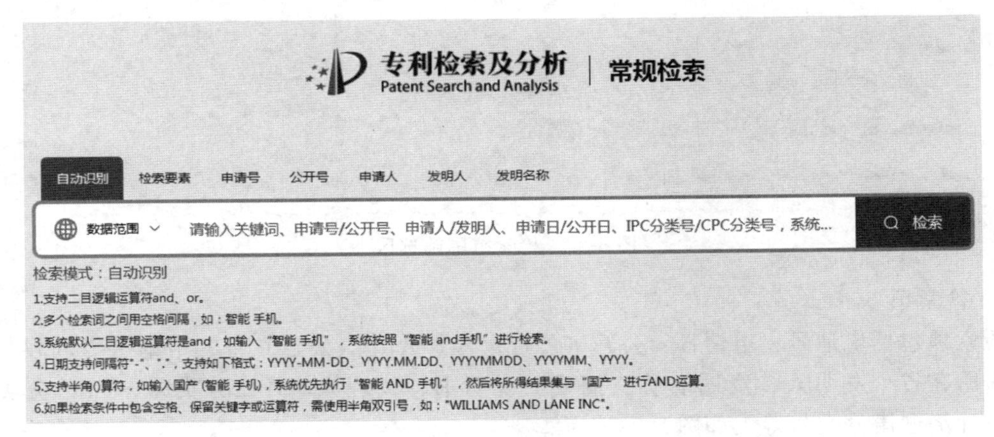

图 5-96　常规检索界面

常规检索中提供了 7 种检索模式：自动识别、检索要素、申请号、公开号、申请人、发明人、发明名称。输入相应检索字段时，需要特别关注各种检索模式的注意事项。如，选择“自动识别”模式时，系统将自动识别输入的检索要素类型，识别的类型包括号码类型（申请号、公开号），日期类型（申请日、公开日），分类号类型，申请人、发明人等；选择“检索要素”模式时，系统将在专利的标题、摘要、权利要求书和分类号中同时检索。

（2）高级检索（senior search）

高级检索界面主要包含三个区域：检索范围筛选区、检索项和检索式编辑区，如图 5-97 所示。

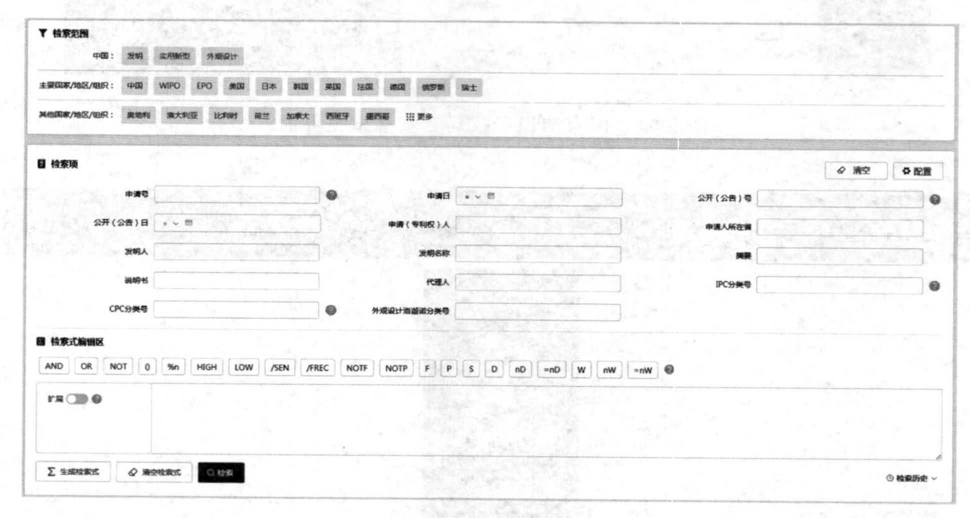

图 5-97 高级检索界面

① 选择检索范围

检索范围筛选区，可选择对中国发明专利、实用新型、外观设计进行检索；或者限定主要国家/地区/组织，WIPO、EPO、美国、日本、韩国、英国、法国、德国、瑞士等，或者限定其他国家/地区/组织（奥地利、澳大利亚、比利时、荷兰、加拿大等），进行检索。如图 5-98 所示。

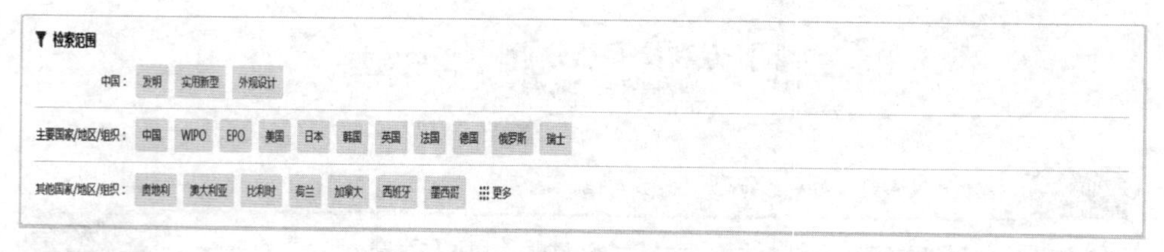

图 5-98 检索范围筛选区

② 检索项

检索项包括申请号、申请日、公开（公告）号、公开（公告）日、申请（专利权）人、申请人所在省、发明人、发明名称、摘要、说明书、代理人、IPC 分类号、CPC 分类号、外观设计洛迦诺分类号等。如图 5-99 所示。

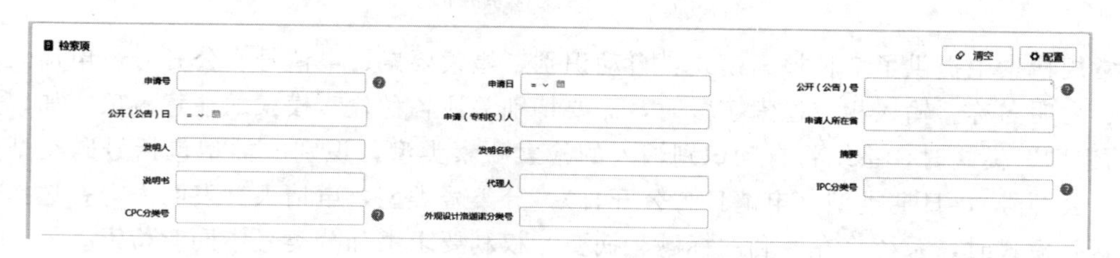

图 5-99 检索项

申请号和公开（公告）号对应的是号码检索途径，申请号由文献申请国＋申请流水号组成，公开（公告）号由文献申请国＋公开流水号＋公布级别组成。

申请日和公开（公告）日对应的是日期检索途径，由年、月、日三部分组成，各部分之间无需间隔，“年”为四位数字，“月”和“日”为两位数字。

发明名称、摘要、说明书对应的是关键词检索途径，其中的关键词字段则在专利的发明名称、摘要和说明书中进行检索。输入字符数不限，支持布尔逻辑算符与、或、非的检索，分别用 and、or、not 表示。

申请（专利权）人可为个人或法人，输入字符不限。支持布尔逻辑算符与、或、非的检索，分别用 and、or、not 表示。

IPC 分类号或者 CPC 分类号支持布尔逻辑算符与、或、非的检索，分别用 and、or、not 表示，操作助手按钮 ? 可查询 IPC 分类号或者 CPC 分类号。

③ 检索式编辑区

检索“南京工业大学”的“徐南平”教授申请或者授权的专利。输入检索项如图 5-100 所示。

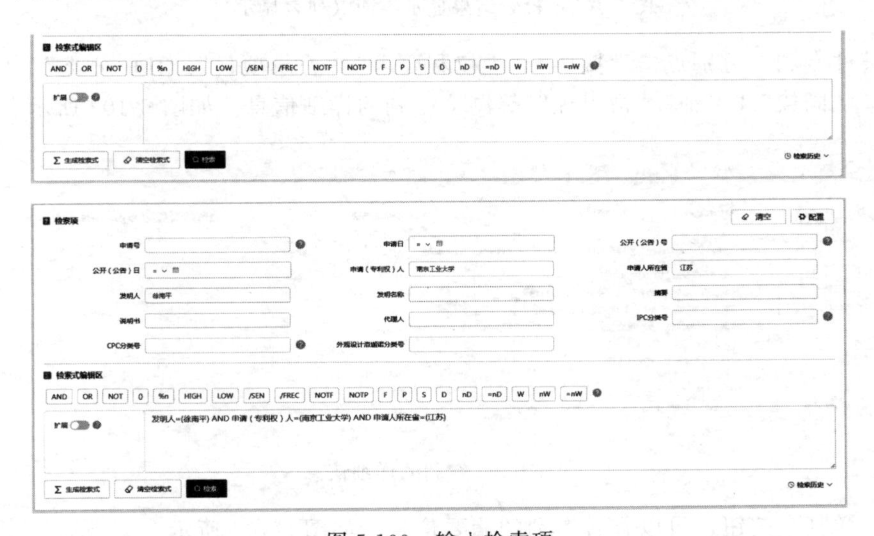

图 5-100　输入检索项

专利检索结果如图 5-101（图文显示）、图 5-102 所示（列表显示）。

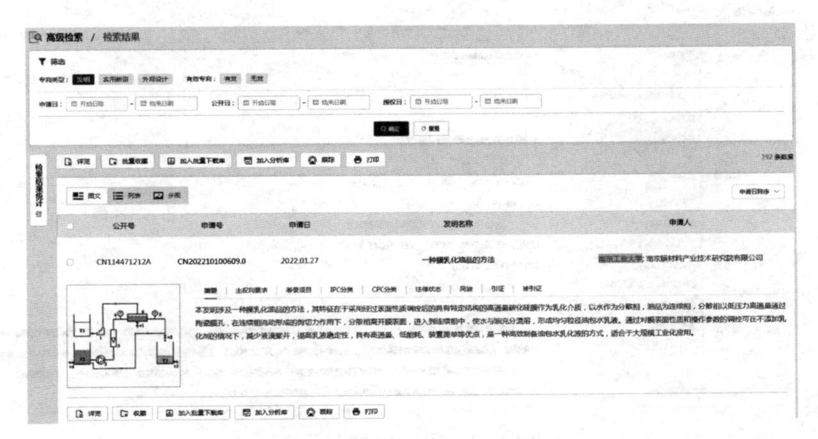

图 5-101　检索结果显示界面（图文显示）

图 5-102　检索结果显示界面（列表显示）

对于某件专利，分别点击“摘要”“主权利要求”“著录项目”“IPC 分类”“CPC 分类”“法律状态”“同族”“引证”“被引证”等浏览专利的详细信息。如图 5-103 所示。

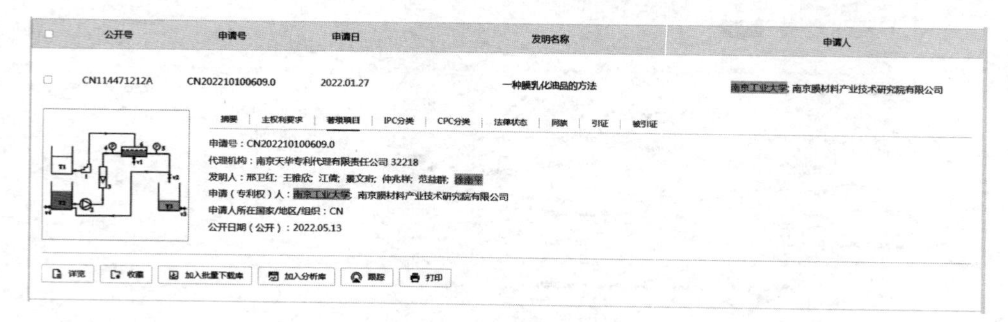

图 5-103　专利的详细信息

点击“详览”按钮，可以查看专利的摘要信息。如图 5-104 所示。

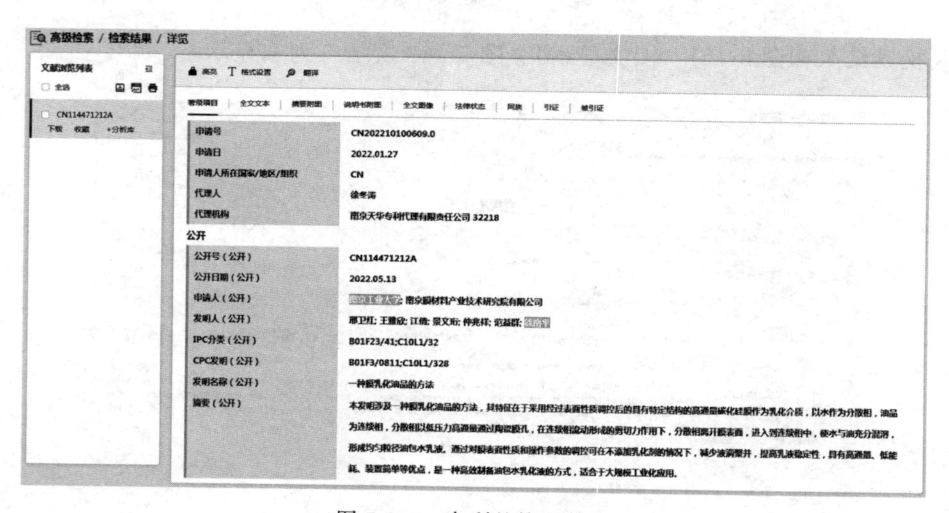

图 5-104　专利的摘要信息

点击“全文图像”显示专利说明书全文，如图 5-105 所示，点击“下载”按钮 ，可以下载专利的 PDF 全文。

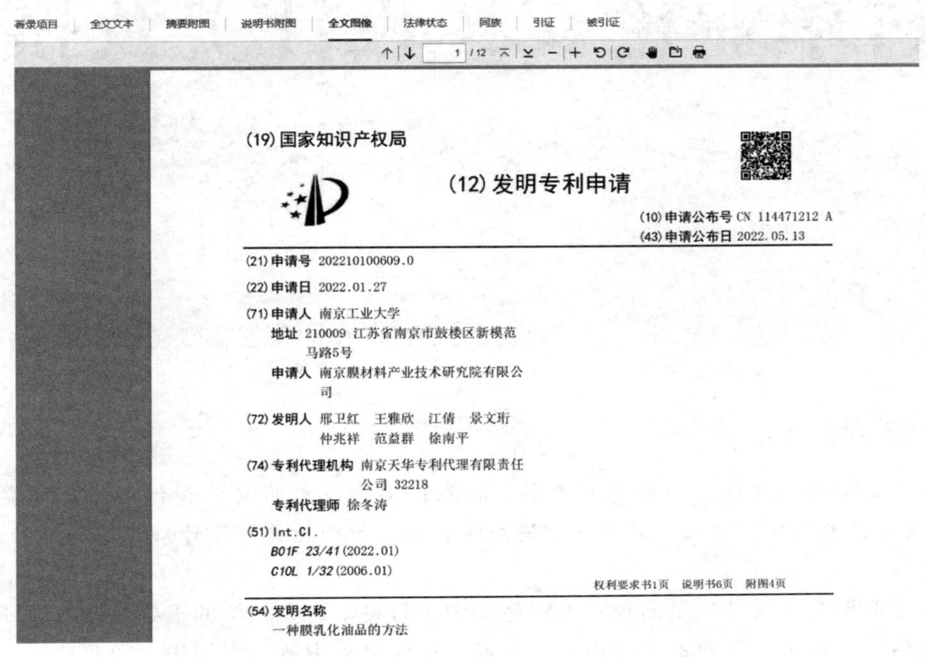
著录项目 | 全文文本 | 摘要附图 | 说明书附图 | 全文图像 | 法律状态 | 同族 | 引证 | 被引证

1 / 12

(19) 国家知识产权局

(12) 发明专利申请

(10) 申请公布号 CN 114471212 A
(43) 申请公布日 2022.05.13

(21) 申请号 202210100609.0

(22) 申请日 2022.01.27

(71) 申请人 南京工业大学
地址 210009 江苏省南京市鼓楼区新模范马路5号
申请人 南京膜材料产业技术研究院有限公司

(72) 发明人 邢卫红 王雅欣 江倩 景文珩 仲兆祥 范益群 徐南平

(74) 专利代理机构 南京天华专利代理有限责任公司 32218
专利代理师 徐冬涛

(51) Int.Cl.
B01F 23/41 (2022.01)
C10L 1/32 (2006.01)

权利要求书1页 说明书6页 附图4页

(54) 发明名称
一种膜乳化油品的方法

图 5-105　下载专利的 PDF 全文

通过高校国家知识产权信息服务中心、万方数据知识服务平台、壹专利检索分析数据库等检索并获取中文专利文献；通过美国专利检索平台（https://patft.uspto.gov）、欧洲专利检索平台（https://worldwide.espacenet.com）、PCT 国际专利检索平台（https://www.wipo.int/pct）检索英文专利文献。检索获得相关专利信息后，可以通过药物在线（www.drugfuture.com）下载中国专利、美国专利和欧洲专利的 PDF 原文。

[实践训练 8] 检索黄酮类（Flavonoid）化合物在抗癌（anticancer）方面应用的中国发明专利。

第六章

本科毕业论文（设计）及撰写

Chapter 6

[要点提示]

本科毕业论文（设计）的概念、类型、特点；毕业论文的意义和作用；本科毕业论文（设计）流程；本科毕业论文（设计）撰写规范；本科毕业论文（设计）评价及答辩。

本科毕业论文（设计）是高校对本科生集中进行科学研究训练的重要实践教学环节，在本科生的培养方案中，毕业论文（设计）一般与毕业要求中的工程知识、问题分析、设计和开发解决方案、研究能力以及能够与业界同行及社会公众进行有效沟通和交流高度相关。毕业论文（设计）是对学校教学质量的综合检验，是检测学生掌握本专业基础理论、专业知识、实验技能、分析问题和解决问题基本能力的综合性考卷，其完成质量与学校人才培养质量息息相关。本科毕业论文（设计）通常安排在大学四年级，第一学期学生在指导教师的指导下开始选题和开题，第二学期完成论文的研究、写作和答辩，想要有效地提高学生毕业论文（设计）的写作质量，必须充分认识其重要性，并全面关注毕业论文（设计）全过程的各个环节，特别是掌握结构模式和思维方法，依据高校毕业论文（设计）要求和质量评价标准，在反复修改的过程中提高毕业论文（设计）的学术质量。

第一节　本科毕业论文（设计）概述

本科毕业论文是各高校本科毕业生为获取学士学位而撰写的学术论文，通常是由大学本科毕业生撰写的符合要求的毕业论文或毕业设计说明书。本科毕业论文着重对科学研究的基本方法和规范进行训练，综合考查学生运用所学专业理论知识、实验技能以及分析问题和解决问题的能力。本科毕业论文的撰写是在指导教师的具体指导下限时（通常撰写时间为1个月）完成的。大多数的本科毕业生初次撰写论文，缺乏撰写论文的经验，为保证毕业论文（设计）工作的顺利完成，各高校根据本校的实际情况，制定《本科生毕业论文（设计）管理办法》作为对本科毕业论文（设计）撰写与指导工作的规范要求。

一、本科毕业论文的定义

本科毕业论文是指高等学校对本科学生集中进行科学研究训练，要求学生依据研究成果在毕业前撰写的论文。学生在教师指导下选定课题进行研究，撰写并提交论文。目的在于培养学生的科学研究能力，综合运用所学知识、基础理论和技能解决实际问题的能力，从总体上考查学生本科阶段的学业水平。论文题目由指导老师指定或由学生提出，经指导老师同意确定，研究内容均应是本专业学科发展或实践中提出的理论问题和实际问题。通过选题、文献查阅、评述文献、制订研究方案、实施科学实验，分析科学研究过程中出现的问题并提出解决方案，处理数据，对结果进行分析并得出结论，撰写论文对学生进行初步训练。

综上所述，本科毕业论文是各高等学校根据各专业人才培养目标，要求毕业生根据各高校毕业论文（设计）管理办法，在老师的指导下独立撰写的学术论文。本科毕业论文是对学生课程学习的综合检验，是检验学生思维能力、动手能力和表达能力的有效方式，是考查本科生学业水平的标志，也是学生申请授予学士学位的依据。

二、本科毕业论文的类型

专业不同，本科毕业论文的研究领域、研究对象、方法和论文表现形式也会不同，所写论文的内容性质亦不同，因此，有必要对其进行分类。

可将本科毕业论文分为理工科类论文和文科类论文两大类。地方本科院校毕业论文基本按上述两类进行分类。

（1）理工类本科毕业论文（设计）

分为下述几种类型：工程设计、理论研究、实验研究、计算机软件、综合论文等。

（2）经、管、文、外语类本科毕业论文

分为下述几种类型：专题、论辩、项目研究、综述和综合论文等。

三、毕业论文的特点

毕业论文虽属学术论文中的一种，除了具有学术论文的专业性、理论性、实践性、创新性和规范性等特点之外，又有自己的特点：

（1）指导性

毕业论文是在导师指导下独立完成的科学研究成果，毕业论文作为毕业前的最后一次作业，离不开教师的帮助和指导，对于如何进行科学研究，如何撰写论文等，教师都要给予具体的方法论指导。在学生写作毕业论文的过程中，教师要启发引导学生独立进行工作，注意发挥学生的主动创造精神，帮助学生最后确定题目，指定参考文献和调查线索，审定论文提纲，解答疑难问题，指导学生修改论文初稿，等等。学生为了写好毕业论文，必须主动地发挥自己的聪明才智，刻苦钻研，独立完成毕业论文的写作任务。

（2）习作性

根据教学计划的规定，在大学阶段的前期，学生要集中精力学好本学科的基础理论、专门知识和基本技能；在大学的最后一个学期，学生要集中精力写好毕业论文。学好专业知识和写好毕业论文是统一的，专业基础知识的学习为写作毕业论文打下坚实的基础；毕业论文的写作是对所学专业基础知识的运用和深化。大学生撰写毕业论文就是运用已有的专业基础知识，独立进行科学研究活动，分析和解决一个理论问题或实际问题，把知识转化为能力的实际训练。写作的主要目的是培养学生具有综合运用所学知识解决实际问题的能力，为将来作为专业人员写学术论文做好准备，它实际上是一种习作性的学术论文。

（3）层次性

毕业论文与学术论文相比要求比较低。专业人员的学术论文，是指专业人员进行科学研究和表述科研成果而撰写的论文，一般反映某专业领域的最新学术成果，具有较高的学术价值，对科学事业的发展起一定的推动作用。大学生的毕业论文由于受各种条件的限制，在文章的质量方面要求相对低一些。这是因为：第一，大学生缺乏写作经验，多数大学生是第一次撰写论文，对撰写论文的知识和技巧知之甚少。第二，多数大学生的科研能力还处在培养形成之中，大学期间主要是学习专业基础理论知识，缺乏运用知识独立进行科学研究的训练。第三，撰写毕业论文受时间限制，一般学校都把毕业论文安排在最后一个学期，而实际上完成毕业论文的时间仅为十周左右，在如此短的时间内要写出高质量的学术论文是比较困难的。当然这并不排除少数大学生通过自己的平时积累和充分准备写出较高质量的学术论文。

四、毕业论文的意义和作用

毕业论文的撰写，对于本科毕业生来说，是其学术表达能力的直观表现，也是对学生综合运用所学知识解决问题能力的总测试，是考核学生学历水平的重要依据之一，也是各高校授予学士学位的重要依据。

1. 毕业论文写作的意义

（1）综合检验学生综合素质和学校教学质量

根据各专业培养计划，学生在校期间需要完成规定课程的学习并通过考核。毕业论文是大学教学计划中一个重要环节，它与其他教学环节构成一个有机的整体，又是各教学环节的继续、深化和检验。其中，各类基础课和专业课更偏重于学生对于理论知识的理解和对单门课程知识的掌握。毕业论文则侧重于考查学生综合运用所学知识进行研究的能力，是检测和巩固专业基础知识的重要环节，而毕业论文写作是毕业生学术和技术的交流工具，是与业界同行及社会公众进行有效交流的手段之一。在论文写作中，学生需要系统掌握和运用专业知识和理论，对研究内容进行分析、解释并提出自己的见解。此外，学生还需要通过大量的文献阅读，了解相关领域最新的研究成果，作为专业知识的补充。毕业论文的撰写可以检验学生获得知识的广度和深度，检验学生专业学习的水平和信息检索的能力。

（2）反馈教学工作中存在的问题

写好一篇毕业论文，要求学生系统地运用所学的知识和技能，理论与实际相结合，有较宽的知识面和一定的写作功底，具备一定的分析问题、解决问题的能力，并在毕业论文写作过程中得到拓宽、深化和升华。学生在毕业论文写作中会或多或少暴露出学习过程中存在的一些问题，如知识掌握不牢固、不会灵活运用、论文的条理不清、文字表述能力差、格式错误多等。如果多数学生的论文写作内容和格式符合规范，能表达自己的见解，说明前期的工作取得了实际成效，如果论文中出现的问题比较多，说明日常教学和管理中存在较多的问题，需要有针对性地加以改正和调整。通过毕业论文写作中暴露的问题，反馈出日常教学环节存在的问题，是对学生培养过程的系统性教学反思，有助于开展相关教学改革工作从而全面提高教学质量。

（3）巩固专业知识，促进知识到能力的转化

知识是获得能力的基石，但知识不等同于能力。在实践过程中系统地运用知识分析和解决实际问题，才能培养和锻炼科研能力。毕业论文写作，除了巩固专业知识，还可促进学生专业知识向能力的转化。要写出一篇合格的毕业论文，学生需要在透彻理解知识的基础上，主动探究才能分析问题和解决问题，拓宽其知识面的同时，也能深度理解专业知识。这种探究式学习的过程，不仅有助于学生养成良好的学习习惯，也能提高他们的认识能力和创新能力。此外，论文写作过程中需要查阅大量的文献资料，需要设计实验过程、处理实验数据、计算和绘图以及综合分析数据和总结归纳，通过论文写作过程中反复斟酌、思考和运用所学知识进行练习和实践，将知识内化为分析问题和解决问题的能力，可以促进实践能力的养成。

2. 毕业论文写作的作用

（1）有助于学习与工作态度的养成

撰写毕业论文的过程是训练学生独立进行科学研究的过程。通过撰写毕业论文，学生可以了解科学研究的过程，掌握检索文献资料、制定研究方案、操作仪器以及处理和分析数据等方法。在撰写毕业论文的过程中，学生直接参与和亲身体验了科学研究工作的全过程及各个环节，有利于提高学生对工作认真负责、一丝不苟、敢于创新和协作攻关的精神，以及对事物潜心考察、勇于开拓、勇于实践的态度。还能培养学生勇于探索、严谨推理、实事求是、用实践检验理论、全方位考虑问题等科学技术人员应具有的素质，形成理论联系实际的工作作风和严肃认真的科学态度。

（2）提高查阅和利用文献资料的能力

写好毕业论文，需要检索和阅读大量的文献资料，这是一项实践性很强的活动，它要求学生善于思考，并通过大量实践逐步掌握文献检索的规律，提升信息检索与文献利用能力，学会利用专业数据库迅速准确地获取所需文献，再结合自己的论文课题，对文献进行分析、整理和归类，对文献资料进行分析、概括、比较和提炼之后，逐步形成自己的观点，并把这些观点条理清晰、内容全面地整理出来。深入而全面地收集文献资料，将别人的成果作为自己的起点和经验，是写好毕业论文的基础。

（3）提高提出问题、分析问题、解决问题的能力

在众多信息与数据中发现有价值的问题是毕业论文写作的关键，只有发现问题，才能提出问题，对问题进行综合分析和总结归纳，继而解决问题，毕业论文写作需要各种能力的综合运用，比如理工科学生在论文写作中需要具备设计、计算和绘图的能力，实验研究和数据处理的能力，还需要外语和计算机应用能力等。

（4）提高写作水平和书面表达能力

毕业生走向工作岗位后，书面表达能力及较高的写作水平是最基本的要求，在将来的工作中，写通知、调查报告、总结等应用文以及解说词之类的说明文，向领导汇报工作等都需要良好的写作能力和表达能力。而毕业论文写作的成果除了要上交一份完整的书面材料，还要在答辩中为自己的论文进行辩说，这是学生增长知识和交流信息的过程，学生在完成这一

教学环节中不论是书面写作还是口头语言表达都能得到很大的锻炼。

第二节　本科毕业论文（设计）流程

本科毕业论文（设计）是本科专业人才培养方案中重要的综合实践教学环节，是培养学生理论研究能力、创新能力、综合实践能力的重要途径。本科毕业论文（设计）是集中开展的，一般理工类学生不少于12周，人文管理类学生不少于7周。一般由指导老师负责学生毕业论文（设计）的选题、开题、研究（设计）、撰写和答辩等过程各项任务的下达和指导工作，指导老师同时负责学生本科毕业论文（设计）的工作进度。

一、课题的来源

课题的选择，是从事科学研究和毕业设计的第一步，而且是至关重要的一步。除学有专长的学生可以个人申请自选课题之外，一般来讲，毕业设计的课题来源主要有以下三种。

（1）基金项目

基金项目主要包括国家设立的自然科学基金，国家级的重大科研项目，国家各部、委、办的基金项目，各省、市级设立的基金项目，高校自己设置的基金项目等。毕业论文（设计）的选题，可能源于指导老师主持或者参与的上述项目的延伸。

（2）企事业单位委托的项目

企事业单位，尤其是一些企业，在生产经营的过程中可能会遇到一些技术或管理上的难题。为尽快地解决这些难题，他们通常会把解决问题的项目委托给高校，让教师们去论证研究。由于企业所委托的项目都与生产实际密切相关，因而具有很大的现实使用价值，同时也反映生产企业对技术的需求，企业委托的课题与生产实际联系紧密，能为学生提供很好的实践的机会，如果能研究出相应的成果并解决相关问题，那么就可以迅速为企业带来丰厚的经济效益和社会效益。

（3）学生自己的研究领域

有的学生在大四之前，就已经成功申报科研项目如挑战杯、各类创新创业项目等，拥有一定的科研能力，因此可以依据自己的研究领域、知识水平，结合自己的专业特长和研究能力选题，学生自拟题目更能够接近学生的实际水平。

二、选题的意义与原则

选择课题并非易事，毕业论文（设计）是从选题开始的，好的开始是成功的一半，选题对毕业设计无疑具有重要的意义。只有在选题时遵循一定的原则，才能够比较容易地选出一个有研究价值并且有能力解决的课题。

1. 选题的意义

（1）规划毕业论文（设计）的方向和目标

大学生进行毕业设计要面临三个问题，即“研究什么”“怎样研究”和“如何表达”。选题就是要解决“研究什么”的问题。正如在大海中航行、沙漠中探险一样，没有明确的方向和目标，就会漫无边际地瞎撞乱闯。在进行毕业论文（设计）时，如果没有明确的研究对象，就无从研究。因此，选题规划着毕业论文（设计）写作的主攻方向。

（2）决定毕业论文（设计）的价值和成败

在科学面前，“提出问题往往比解决问题更重要”。提出一个新的问题、新的想法或者从新的角度去审视旧的课题，是一种创新，因而选题在一定程度上决定着毕业设计的价值。

（3）促进知识结构的调整和科研能力的提高

通过选择课题，大学生可以进一步调整自己的专业知识结构，确定研究任务的方向，再按照选题的任务、要求和完成期限，确定自己在有关学科领域中学习的深度和广度，有目的、有计划地“充电”，使自己的知识结构与选题吻合，既为撰写毕业论文（设计）作好了准备，也巩固和深化了已学知识，培养和锻炼了科研技能，并为毕业之后的专业实践与个人发展打下了良好的基础。

2. 选题的原则

（1）选题应符合专业培养目标

选题应符合专业培养目标的要求，体现专业特点，达到综合训练的目的，选题内容力求有利于学生深化、扩大和领悟所学知识，使学生在毕业论文（设计）中得到创新意识、科学研究能力的培养和设计能力的训练。选题应体现理论联系实际的原则，密切联系科研或生产，产学研的结合，更能增加选题的应用价值。论文类题目应具有一定的理论和现实意义，有一定学术价值；设计类题目应具有实用价值，切忌脱离实际。

（2）需要性原则

选题必须面向实际，面向社会实践和学科本身发展的需要，具有实用价值。按需选题，这是选题的首要原则。遵循这一原则，选题时要注意那些亟待解决的课题、开创性的课题、总结实践经验的课题，这些课题大多属于基础理论或应用基础理论的范畴。科学发展有不平衡性，科学研究也就有不平衡性。从科学研究的需要出发，从科学发展的全局出发，凡是有利于社会发展和科学发展的，都可以成为选题的对象，去加以研究和填补。当然，从科学本身的发展角度进行选题，成果也许不能马上应用于生产，但最终还是会直接或间接地为社会生产服务。

（3）创新性原则

题目贵在有新意，新颖的题目才能得到关注。在选题时一方面要选择本学科亟待解决的课题，另一方面要选择本学科前沿的课题。选题前先进行信息检索，在查阅某一专题大量文献的基础上，掌握别人对该问题研究的情况，就前人对该专题做过哪些研究进行归纳整理、分析和评价，指出继续研究的方向，反映自己的观点和见解。可以是以新的研究方法、新的研究角度处理旧有的材料、解决已有的问题，也可以是以新方法、新材料证明新观点、解决新问题，或者以老方法解决新问题。

（4）可行性原则

可行性，指选题一定要切合实际。毕业论文有时间限制，选题应难度适中，深度与广度兼顾。主观条件上要符合本科生知识、能力、水平等实际，满足本科毕业论文（设计）工作量的要求，保证学生经过努力能够在规定的时间内完成任务。客观条件即进行研究所需的条件，包括设备、资料、实验室条件、社会环境等能确保研究顺利进行的外部条件。

三、熟悉课题任务书

每个导师在指导学生学位论文之前，通常会向学生介绍专业和研究方向，有的导师会给出备选课题，并下达课题任务书，指导学生高质量地完成毕业论文（设计），任务书是由指导教师填写的，用于向学生传达毕业论文工作任务的一种表格式文书。它除了对学生提出和规定各项工作任务外，还对学生完成论文（设计）工作起引导、启发及示范等作用。任务书主要有以下几方面内容。

（1）毕业论文（设计）的目的

目的主要是培养学生初步掌握科学研究的基本方法，掌握查阅文献的基本技能，增强和提高利用专业理论知识解决实际问题的能力及相应的动手能力。

（2）毕业论文（设计）内容指导

从任务书的宗旨和指导教师指导的需要来看，这里的“内容指导”是指导教师向学生指明论文研究内容和需要解决的科学问题。该项目是任务书中最具实质性的内容，起到引导学生撰写开题报告、开展研究以及撰写论文正文的作用，其表述内容用语既要明确、具体，又要有前瞻性、引导性、启发性，给学生留下独立思考、创造的余地。指导教师需要精心设计此项内容，宜分几个大要点，避免大段板块式文字，内容要条理化，使学生容易领会。学生接到任务书以后，首先是认真审题，弄清楚题目含意。其次是明确论文任务，仔细阅读分析研究内容，深入思考。

（3）毕业论文（设计）的要求

毕业论文（设计）的要求是指课题具体研究目标，是本研究最后要实现的结果，简言之是论文具体的目的。说明研究要达到的效果，将得到什么新理论、新规律、新观点、新认识。了解论文具体要求，方能够有的放矢，顺利完成毕业论文。

（4）毕业论文（设计）的进度安排

进度安排是指导教师制定的论文工作程序和时间安排计划。能否按规定期限完成各阶段工作任务，是评价学生研究能力和学习态度的重要依据。一般是依据相关高校《关于本科生毕业论文（设计）工作的实施办法》和各系本科生毕业论文（设计）工作安排，将毕业论文（设计）的全部工作分为若干步或若干个阶段，利于掌握和控制进度。

（5）主要参考文献

任务书的“主要参考文献”项目，是指导教师规定的学生必须阅读的重要文献，这也是指导教师填写“内容指导”项目的依据。所填文献是指导教师阅读研究过的、学生可以就近取得的文献或者指导教师个人可以提供的文献等，否则规定的阅读任务就会落空。

四、撰写开题报告

学生根据指导教师下达的任务书独立完成开题报告，一般于3周内提交给指导教师批阅。为了再次理清选题过程中的逻辑思路，对所选课题的价值以及解决问题的可能性进行审查评估，毕业论文（设计）正式开始之前还必须进行开题论证，也就是要撰写开题报告。对于毕业论文（设计）开题报告，每个高校的格式均不一样，但核心内容大致相同，主要内容如下。

（1）立论依据

① 选题目的与意义

交代研究的价值及解决的问题，即回答做这项研究的原因，问题提出的缘由，有什么依据，想解决什么问题，有什么价值。简言之，即对为什么研究进行说明，解释选题或者研究的理由。重在阐述论文拟解决学界的哪些问题，在理论上将得出什么结论。要求具体、客观且具有针对性，注重资料分析基础，注重时代、地区或单位发展的需要。

选题的意义可细分为理论意义、现实意义或实践意义等，应分开来写。理论意义指通过课题研究，解决了哪些理论问题，重在表明论文选题对理论研究有哪些贡献，是继续本领域的研究，发现了别人有什么不足或填补研究空白，还是对理论有所发展或创新，指出课题研究的学术价值。实践意义，即指出现实中存在的问题，该课题研究对实践具有帮助和指导，该研究可能产生的有益结果，是否具有可借鉴和推广应用的作用。

② 文献综述

文献综述，也称国内外研究现状。它是通过全面系统地搜集某一特定研究领域的大部分相关文献资料，并在阅读、理解、分析、比较、归纳的基础上，对该课题的发展过程、发展趋势及存在的问题等，进行全面介绍、综合分析和评论。在大量阅读文献的基础上，对与选题相关的已有知识进行梳理和综合分析，重点论述当前与本课题相关的国内外研究现状，并对前人的主要观点进行概要阐述。综述别人在本研究领域的成果，表明研究背景的产生。根据研究背景，厘清哪些问题已解决，哪些问题尚待解决，思考如何拓展别人的思想，基于研究背景中特定的问题对自己的启示，提出自己的见解，即论题的发现以及论文的主要研究内容。该部分内容包括论题的发现、作者的观点、对研究问题的回答等。文献综述，应有综、有述、有评论，评述结合。

研究现状评述撰写有四个目的：一是考查学生利用网络搜索引擎和图书馆数据库资源进行信息检索的能力。二是使学生了解别人在与自己选题相关领域的研究成果，以利于下一步的研究。三是通过撰写国内外研究现状，可以考查学生是否阅读了大量的相关文献，是否有能力将文献中的思想转化为自己思想的一部分。四是考查学生在自己选题范围内，对前人研究方法和成果的理解和把握程度，并考查学生分析文献、利用文献的综合能力。

国内外研究动态综述主要程序：选题→文献信息检索→展开论证→文献研究→文献述评→综述撰写。根据自己确定的选题，进行信息检索，要认真精读收集到的文献，特别是经典综述、数据库资源中的高被引文献等。在大量阅读其他文献的基础上，特别是要在他人研究的基础上发现尚有值得研究的空间，有哪些理论拓展空间或研究价值。通过文献综述，可掌握大量的文献资料，对相关类似的观点进行分类、归纳整理说明这些观点与自己的研究的关系，选取具有代表性作者的观点，用学者的观点支撑自己的研究。简要介绍课题研究的发展，现在研究的主要方向，对现行研究的主要观点进行概要阐述。分析国内外研究的现状和不足之处，现有的研究中尚有不深入之处是什么，或在研究方法上存在什么缺陷等等，并就指出的问题进行论证。与自己选题相关，别人做过的，可借鉴参考，取长补短。阐述自己的见解或创新点和拟解决的问题。既要借鉴前人的研究，同时又要高于前人的研究，阐述自己如何丰富前人的成就，如何弥补过去研究的不足。

（2）本课题要研究或解决的问题和拟采用的研究手段（途径）

① 本课题要研究或解决的问题

本课题要研究或解决的问题一般指课题研究目标，确定目标至关重要，目标不明确，会使研究陷入困境；目标过大，则难以达到。所以，每一位科研工作者，每一位攻读学位的人，一定要明确题目的界限范围，要慎重选择自己的研究目标。研究目标相对于研究内容来说较为宏观，具体指出论文的重点是什么，存在的问题及对策，包括阶段目标和最终目标。要求目标明确，清楚地规定出研究任务。

② 研究内容

研究内容指实现研究目标所要进行的具体工作，是细化了的研究目标。具体要研究什么，内容要详细，每一步将怎么开展，可行性与创新性如何，要一条一条列举出来，具有可操作性。

③ 拟采用的研究手段（途径）

研究的主要手段是指进行研究所采用的主要方法，是将研究问题转化为项目的行动，从操作层面将课题研究落到实处，比如文献分析法、调查法、统计法、实验法、比较研究法等，可以视具体情况而定。根据课题的实际情况，指出该课题研究将如何进行，并用简短语言概述拟采用什么研究方法，说明使用该方法的优点，说明收集数据和材料的步骤、方法和途径。一般来说研究是从基础问题开始的，需要分阶段进行。

研究计划进度是依据导师下达的任务书制订工作计划，提供论文写作，如论文初稿、中期检查直至论文定稿等整个研究过程所涉及的详细时间安排。精心制订研究计划，将研究过程分解成很多步，在特定时间段按计划完成特定的研究任务，为工作目标设定最后期限，可确保论文按时完成。

最后列出开题报告主要参考文献，理科论文一般不低于 30 篇，其中英文文献不低于 5 篇，近三年的最新文献不低于 10 篇。

第三节　本科毕业论文（设计）撰写规范

一、毕业论文的基本结构

毕业论文的基本结构由封面、论文题名、中英文摘要、关键词、目录、正文、参考文献、附录、致谢等组成。各项内容的基本要求如表 6-1。

表 6-1　本科毕业论文撰写要求

项目	要求
封面	由学校统一印刷，按要求填写
论文题名	论文题名应该用简短、明确的文字写成，概括毕业论文的主要内容、专业特点。论文题名字数要适当，一般不宜超过 20 个字。如果有些细节必须放进标题，为避免冗长，可以设副标题，把细节放在副标题里
中英文摘要	摘要应反映论文的精华，概括地阐述课题研究的基本观点、主要研究内容、研究方法、取得的成果和结论。摘要字数要适当，中文摘要一般 300 字左右，并有相应的英文摘要；中文在前，英文在后。摘要包括： ① 论文题目（中英文摘要） ② “摘要/Abstract”字样（位置居中） ③ 摘要正文

续表

关键词	关键词一般3～5个，中文关键词之间用二个字符分开，英文关键词之间用分号分开，最后一个关键词后无标点符号
目录	目录作为论文的提纲，应列出论文各组成部分的小标题，应简明扼要，一目了然。只显示至三级目录
正文	正文是作者对研究工作的详细表述。其内容包括：绪论（前言）、文献综述、理论分析、数值分析或统计分析、实验原理、实验方法及实验装置、实验结果及讨论分析、结束语等
参考文献	参考文献是毕业论文（设计）不可缺少的组成部分，它反映毕业论文（设计）的取材来源、材料的广博程度和材料的可靠程度，也是作者对他人知识成果的承认和尊重。一份完整的参考文献是向读者提供的一份有价值的信息资料
致谢	以简短的文字对在课题研究与论文撰写过程中直接给予帮助的指导教师、答疑教师和其他人员表达谢意
附录	对于一些不宜放在正文中，但又具有参考价值的内容可以编入附录中

二、毕业论文（设计）的前置部分

毕业论文（设计）的前置部分包括论文封面、论文题名、中英文摘要、中英文关键词、目录、文献综述等内容。

（1）论文封面

毕业论文（设计）的封面主要包括所在学校名称、论文的题目、作者姓名、作者学号及班级、作者专业、指导教师姓名以及日期等有关信息。毕业论文（设计）的封面基本上是由学校统一设计的，不需要学生自己去设计。

（2）论文题名

毕业论文（设计）的题目要求以最恰当、最简明的词语反映论文中最重要的特定内容，做到文题贴切。题目中不能使用非规范的符号、代号、公式以及缩略语，其中的每一个词语必须为助于选定关键词和编制题录、索引等二次文献提供可以检索的特定实用信息。中文题目的字数一般要求不超过20个汉字，外文的题目一般不超过10个实词，并且中外文的题目应该保持一致，通常采用居中的编排格式。

（3）摘要部分

毕业论文（设计）的摘要包括中文摘要和英文摘要两部分。摘要是毕业论文（设计）的内容不加注释和评论的简短陈述。摘要主要是说明研究工作的目的、方法、结果和结论等重要信息，并且重点是结果和结论。因此它应该具有独立性和自明性的特征，即使不去阅读论文的全文，也能够使读者获得必要的相关信息。中文摘要的字数应控制在200～300字之间，英文的摘要应该控制在250个实词之内。

（4）关键词

关键词是为了文献标引的需要，从《词语主题词表》或论文中选取的，用于标识全文主题内容的单词或术语。每篇论文的关键词一般应该选取3～5个词语，其排序通常应该按照研究的对象、性质和采用的手段排序，而不是任意地排列。关键词与关键词之间尽量用分号隔开，并且关键词要另起一行排在一起，放在摘要的左下方，中英文的关键词要求相对应。

（5）论文目录

毕业论文（设计）的目录由各部分内容的顺序号、名称和对应的页码组成，并专门生成一张目录页排在“摘要”的后面。

（6）文献综述

文献综述的内容一般来讲应包括以下几个方面：所研究的课题在国内外发展的历史和现状，所研究的课题在当前阶段所具有的主要理论观点和相关技术，所研究课题准备主攻的方向以及所能获得的最终成果，阐述所研究的课题急需解决的主要问题以及该课题研究发展的大致趋势。文献综述的格式一般都包含以下四部分：前言、主题、总结和参考文献。撰写文献综述时可按这四部分拟写提纲，再根据提纲进行撰写。

前言部分，主要是说明写作的目的，介绍有关的概念及定义以及综述的范围，扼要说明有关主题的现状或争论焦点，使读者对全文要叙述的问题有一个初步的轮廓。

主题部分，是综述的主体，其写法多样，没有固定的格式。可按年代顺序综述，也可按不同的问题进行综述，还可按不同的观点进行比较综述，不管用哪一种格式综述，都要将所搜集到的文献资料归纳、整理及分析比较，阐明有关主题的历史背景、现状和发展方向，以及对这些问题的评述，主题部分应特别注意代表性强、具有科学性和创造性的文献引用和评述。

总结部分，与研究性论文的小结有些类似，将全文主题进行扼要总结，最好能提出自己的见解。

参考文献虽然放在文末，但却是文献综述的重要组成部分。因为它不仅表示对被引用文献作者的尊重及引用文献的依据，而且为读者深入探讨有关问题提供了文献查找线索。参考文献的编排应条目清楚，查找方便，内容准确无误。

在撰写文献综述时应注意以下几个问题：

① 搜集文献应尽量全。掌握全面、大量的文献资料是写好综述的前提，否则，随便搜集一点资料就动手撰写是不可能写出好综述的。

② 注意引用文献的代表性、可靠性和科学性。在搜集到的文献中可能出现观点雷同，有的文献在可靠性及科学性方面存在着差异，因此在引用文献时应注意选用代表性、可靠性和科学性较强的文献。

③ 引用文献要忠于文献内容。由于文献综述有作者自己的评论分析，因此在撰写时应分清作者的观点和文献的内容，不能篡改文献的内容。

总之，一篇好的文献综述，应有较完整的文献资料，有评论分析，并能准确地反映主题内容。

三、毕业论文（设计）的主体部分

正文是学位论文的主体和核心部分，是分析问题的主体部分，是观点和材料大量聚集的部分，也是全文结构中的主体部分。不同学科专业和不同的选题可以有不同的写作方式。正文应包括论点、论据、论证过程和结论。正文是一篇论文的本论，属于论文的主体。它占据论文的最大篇幅。论文所体现的创造性成果或新的研究结果，都将在这一部分得到充分的反映。因此，要求这一部分内容充实，论据充分、可靠，论证有力，主题明确。为了满足这一系列要求，同时也为了做到层次分明、脉络清晰，常常将正文部分分成若干章、节或小节。每一章、节或小节可冠以适当标题（大标题或小标题）。章、节、小节的划分，应视论文性质与内容而定。但就一般性情况而言，主体部分包括引论、本论和结论部分。

1. 绪论部分

毕业论文（设计）的绪论（或前言）部分主要是对本课题研究的范围、目的及前人研究成果简单概括与评述，进而提出问题。其中，设计书应说明本设计的来源、目的、意义、范围及应达到的技术要求，简述本课题在国内（外）的发展概况、存在问题及本设计的指导思想，阐述本设计拟解决的主要问题及解决此课题所需条件；论文应阐述选题的缘由，评述本课题已有研究情况，说明本文所要解决的问题和采用的手段和方法，概括本文的成果及意义。

2. 正文部分

正文部分是整个研究工作的核心部分，要对问题展开分析，应占主要篇幅。毕业论文的正文一般包括以下内容：

（1）材料与方法

这一部分是论文的基础，主要解决“用什么做”和“怎么做”的问题，这部分非常重要同时也是论文最容易撰写的部分。因此，人们在撰写论文时往往会从“材料和方法”部分入手。这部分应提供所有必要的方法细节，使该项研究工作可以重复，需要在“方法”部分阐述实验或研究中所采取的各个步骤。

① 实验材料。实验材料信息要做到准确无误，需要明确其厂家和规格等信息。如果实验材料不同于市面上常见的物品，需要详细地描述其特征和来源。

② 实验仪器。需要注明仪器设备的生产厂家、型号、精度和操作方法。如果是对现有仪器做了改进，除需注明出处外，还应指明改进之处；对于自己设计安装的仪器，则应详细说明并且附图片或照片；如果是自行设计仪器则更应当详细说明。

③ 实验方法。撰写实验方法部分时总体要重点突出，详略得当。在这一部分里，主要说明制定的实验方案和选择的技术路线，以及实验的具体操作步骤，还要说明实验过程中实验条件的变化因素及其依据等。如果是采用别人的实验方法，只要指明某方法并标出所引用的参考文献序号即可。如实验程序有改动的地方，则必须说明改动的原因。

④ 数据处理。如果使用计算机进行实验数据存储、运算、分析建库研究，应详细说明软件名称、设计及操作方法，包括制图和制表软件甚至实验设计方法。

（2）结果与讨论

实验结果是论文的价值所在，是作者调查、观察或实验所得研究成果的结晶，是论文的关键，全文的结论由此得出，讨论由此引发。作者的研究成果、论证论点的论据都在这一部分体现，是用事实来回答论文所提出的问题，也是评价该课题的极为重要的依据。一篇论文的质量高低主要取决于这部分内容的科学性与准确性。

① 实验结果的内容及表达方式

数据部分：应如实、具体、准确地写出经统计学处理过的实验观察数据资料，不需要全部原始数据。处理原始数据时，要将其分组重新排列，制作频数表，并算出均数或百分率、标准误差等相关数据，进行显著性检验等统计处理。分析实验中得到的各种现象和数据，对实验结果进行定性或定量分析，并说明其必然性。

图表部分：图表能够将复杂的数据和信息有效地呈现给读者，作者需要通过图表将数据的特点、趋势和差异等展现出来。图表的质量直接影响到论文的质量和可读性，在制作图表时，首先根据需要表达的数据和信息选择合适的图表类型，图表必须有明确的图注和表题，并且根据情况配上简明扼要的文字说明，使读者看到图表后就能了解图表的含义。所有图表均应随文编排，先见文后见图。

② 讨论

讨论是一篇论文的核心部分，主要是解释现象、阐述论证观点、阐明调查或研究结果的含义；与绪论呼应，回答绪论中提出的问题。写讨论部分应该注意如下几点：不要写与文章核心内容无多大关联的内容。避免过多着墨于枝节问题，以免冲淡主题；正确引用相关文献，达到引证自己结论、对比找到与已有研究结果的异同，突出创新点。讨论部分要层次清楚、推理逻辑性强、论证严谨。

（3）结论

学位论文的结论包括每章小结和全文总结两个部分。每章小结中要求概括出本章所取得的主要研究成果，得出的重要结论，结论不是前述部分的简单重复，也不是研究成果的罗列。它是作者在理论分析、实验结果的基础上经过分析、推理、判断、归纳形成的更深入的认识和观点。因此，结论的撰写内容应包括：研究结果说明了什么问题，得出了什么规律，揭示了什么原理，解决了什么理论或实际问题，有何新的见解，以及有哪些不足之处和尚待解决的问题等，并且要指出作者在本章中所进行的创新工作、取得的创新成果。这不仅可以提高作者的概括能力，而且对确认作者的研究成果也大有益处，并能提高论文的可读性，便于论文评阅者对论文质量做出准确评价。每章小结一般以“本章小结”为题，虽没有统一规范的写法，但基本写法为：只写结论部分，而对结论不加阐述。

四、附属内容

学位论文通常还包括有参考文献、附录、注释、致谢等内容，主要陈述有哪些依据和有哪些需要向读者补充交代的内容以及何人协助和指导了论文的写作和其他研究工作等。这些内容属于附属性内容，是论文主体部分的一个重要补充。

1. 参考文献

（1）著录参考文献的意义

参考文献是从事科学研究时参考的各类文献资料的总称。参考文献是现代学术论文的重要组成部分，它反映毕业论文的取材来源、材料的广博程度和可靠程度。科学是有继承性的，现在的研究都是在过去的研究基础上进行的，有专业人员估计，一个创造性的科技项目大约有90%的知识可以从以往的文献中获得，创造部分只占10%。因此，在学术论文中，凡在文中引用他人的研究成果，均应标注文献序号，并在文后按顺序列出文献。这在一定程度上为论文审阅者、编者和读者评估论文的价值与水平提供了客观依据。若使用前人的材料，而又不引出文献，就有抄袭或剽窃的嫌疑。著录参考文献的意义归纳起来有以下几点：充分表明尊重他人的劳动，也便于读者了解相关领域里前人所做的贡献，便于查阅有关文献；说明本课题范围内前人的工作成果和背景，并为证实自己的论点而提供足够的考据材料；表明作者使用参考文献的深度和作者论著本身的起点；反映出作者严谨的科学态度；确定学术论文质量水平的标志之一。

（2）著录参考文献的内容

作者。是文献的生产者，是读者鉴别文献的重要依据之一。

题名、书名。文献的标题，如论文的篇名、图书的书名等，具有能够概括原文中心意义的作用，含有重要的主题信息，是读者识别文献的重要标志之一。

出版事项。包括版次、出版地、出版年、卷、期、页码，这些项目表明了文献的出处，使读者能准确、顺利地查找到原文。

（3）著录参考文献的原则

① 著录最必要、最新的文献，将论文涉及的历史渊源、技术方法、引用数据及与作者的研究密切相关论著列为参考文献，除个别历史文献外，应尽可能选用最新的（3～5年内的）和最主要的文献，不选用无关的文献。理工类毕业论文参考文献的数量一般不少于30篇。

② 著录亲自阅读过的和在文中直接引用的文献，作者未亲自阅读过的文献不能作为参考文献列入。由于条件限制，作者无法找到原文，只阅读过其摘要的文献，一般不作为参考文献。只著录对本研究工作有启示或较大帮助的以及文中直接引用的文献，切忌列入无关文献。

③ 著录公开发表的文献。公开发表是指在国内外公开发行的报刊或书籍上发表，或其他类似形式。在供内部交流的刊物上发表的文章和其他内部参考资料，均不能作为参考文献引用。

④ 采用规范化的著录形式。采用统一的书写符号、标注方法和书写次序。国家标准GB/T 7714—2015《信息与文献 参考文献著录规则》等对参考文献的著录做出了明确的规定，应严格执行。

2. 附录

附录是附在论文正文后页的有关资料，是正文主体部分的补充项目。它可以对专门技术问题做较系统的介绍，也可以介绍参考资料和推荐某种方法。附录并非论文的必备部分，只有在需要时才列在参考文献之后。

附录的内容包括：一些较之正文更为详尽和更为原始的实验数据；一些重要公式的演算、推导、证明过程；一些重要的仪器、设备的解释或说明，一些辅助资料，如计算机框图或程序软件等；一些重要的统计表；一些重要的曲线图、照片、图纸等；建议阅读的参考文献题录；不便列入正文的其他内容。附录内容的一般原则是：对于插入正文后有损于编排的条理性和完整性的材料；篇幅太大的材料；属第二手资料或属珍贵罕见的材料；对一般非专业读者并非很必要，但对本专业同行有重要参考价值的内容。

一篇论文可以没有附录，也可以有几个附录。附录也可以别于正文而另拟标题，用大写拉丁字母从A起按顺序编号，附录中的小标题，用A1、A2的顺序编号。附录中的图、表应在每个附录内单独编号，如：图A1、图A2分别表示附录A中的图1、图2。

3. 注释

注释，用于对论文中的一些词语进行简短的解释和说明，目的是让他人容易看懂，只在必要时列出。注释的类型有正文注（亦称夹注）、脚注、尾注等。

4. 致谢

致谢是以书面形式对课题研究与论文撰写中给予帮助者的肯定和感谢。致谢并非是论文必不可少的组成部分，只在必要时使用。

（1）致谢的对象和范围

对论文的选题、构思或撰写修改给予指导或提出重要意见的人；对在实验过程中做出过某种贡献的人；给予经费资助的单位、团体或个人；提供过实验材料或仪器及给予其他方便的人；被论文采用的数据、图表、照片的提供者；提供过某种重要信息，但并非论文共同作者的人。

（2）致谢的一般原则

对于致谢的对象，可直书其名，也可写尊称，如教授、博士等，最好依贡献大小来排序。致谢的言辞应恳切、实事求是、恰如其分。致谢的语句要尽量简短，用一两句话，不要占用太多的篇幅。对一般例行的劳务，可不专门致谢。已经用其他形式致谢过的，不再书面致谢。致谢的对象与论文作者有着严格的区别，二者不可混淆。

五、毕业论文的写作细则

各高校对毕业论文格式的要求不尽相同，基本要求都会涵盖如下一些方面。

1. 书写

毕业论文（设计）要用学校规定的稿纸单面书写（必须用黑或蓝黑墨水）或用计算机打印，正文中的任何部分不得写到稿纸边框线以外。稿纸不得左右加贴补写正文和图表的线条，或随意接长截短。如用计算机打印，一律用A4规格复印纸输出。打印论文封面用黑体二号字，姓名及单位用黑体三号字。打印正文中文用宋体或楷体小四号字，英文用新罗马体12号字页码用五号字；版面上空2.5cm，下空2cm，左空2.5cm，右空2cm；1.5倍行距。毕业论文（设计）文中汉字必须使用国家正式公布过的规范字。

2. 标点符号

毕业论文（设计）中的标点符号应按国家标准GB/T 15834—2011《标点符号用法》使用。

3. 名词、名称

科学技术名词术语尽量采用全国自然科学名词审定委员会公布的规范词或国家标准、部标准中规定的名称，尚未统一规定或叫法有争议的名词术语，可采用惯用的名称。使用外文缩写代替某一名词术语时，首次出现时应在括号内注明全称。外国人名一般采用英文原名，按名前姓后的原则书写。一般很熟知的外国人名（如牛顿、爱因斯坦、达尔文、马克思等）应按通常标准译法写译名。

4. 量和单位

毕业论文（设计）中的量和单位必须符合中华人民共和国的国家标准GB 3100～3102—1993，它是以国际单位制（SI）为基础的。非物理量的单位，如件、台、人、元等，可用汉字与符号构成组合形式的单位，例如元/km。

5. 数字

毕业论文（设计）中的测量、统计数据一律用阿拉伯数字。

6. 标题层次

毕业论文（设计）正文部分应根据需要划分章节，一般不宜超过4级。章应有标题，节宜有标题，但在某一章或节中，同一层次的节，有无标题应统一。章节标题一般不宜超过15字。

章节的编号宜采用阿拉伯数字。不同层次章节数字之间用下圆点相隔，末位数字后不加点号，如：引言编号“0”；章编号“1”“2”……；节编号“2.1”“2.2”……，“3.2.1”“3.2.2”……。各层次章节编号全部顶格排，其后空1个汉字的间隙接排标题，标题末尾不加标点，正文另起行。

章节的编号如选择传统方法，可混合使用汉字数字和阿拉伯数字。

7. 注释

毕业论文（设计）中有个别名词或情况需要解释时可加注说明，注释可采用文中编号加脚注的方式（将注文放在加注页的下端），而不宜用行中插注（夹在正文中的注）。注释只限于写在注释符号出现的同页，不得隔页。引用文献标注应在引用处正文右上角用［］和参考文献编号表明，五号字。

8. 公式

公式应居中书写，公式的编号用圆括号括起放在公式右边行末，公式与编号之间不加虚线。

9. 表格

每个表格应有自己的表号和表题，表号和表题应写在表格上方居中排放，表号后空一格书写表题。表格允许下页续写，续写表题可省略，但表头应重复写，并在右上方写“续表”。

10. 插图

毕业设计的插图必须精心制作，线条要匀称，图面要整洁美观。每幅插图应有图号和图题，并用五号宋体在图位下方居中处注明，图与图号、说明等应在一页纸上出现。

11. 参考文献

参考文献是学位论文的重要组成部分。参考文献在正文中的标引一般采取顺序编码方式（以先后顺序用阿拉伯数字连续编号，将序号置于方括号内作为上角标）。在学位论文的附属部分，将学位论文正文中所有引用的参考文献，按照要求的格式罗列整理。根据GB/T 3792—2021规定，以单字母方式标志以下各种参考文献类型：

（1）连续出版物（期刊）[J]

［序号］ 作者．文献题名［J］．刊名，出版年，卷（期）：起始页码-终止页码．

［序号］ 作者．文献题名［J］．刊名，出版年，卷（期）：文章编号（article number）．

举例：

［1］ Deng Y P，Li F H，Shen Y Y，et al. Experimental and DFT studies on electrochemical performances of ester-containing vinylimidazolium ionic liquids：effect of ester substituent and anion［J］. *Journal of Chemical Engineering Data*，2023，68（4）：835-847.

［2］ Ouyang M，Jiang Q W，Hu K H，et al. Effect of hydroxyl group on foam features of hydroxyl-based anionic ionic liquid surfactant：Experimental and theoretical studies［J］. *Journal of Molecular Liquids*，2022，360：119416.

(2) 专著类［M］

［序号］ 作者．书名［M］．版本（第一版不标注）．出版地：出版者，出版年．

举例：

［1］ 赵乃瑄，冯君，俞琰．实用信息检索方法与利用［M］．3版．北京：化学工业出版社，2018.

(3) 学位论文［D］

［序号］ 作者．文献题名［D］．所在城市：单位，年份．

举例：

［1］ 胡柯慧．AES型表面活性离子液体的合成及泡沫性能研究［D］．南京：南京工业大学，2022.

(4) 专利

［序号］ 申请者．专利题名：专利号［P］．公告日期/公开日期．

其他参考文献，分别标注为标准［S］，论文集［C］，报告［R］，报纸［N］，电子公告/在线文献［EB/OL］，数据库/光盘文献［DB/CD］。

12. 页眉和页脚

页眉采用下列形式（在页眉页脚设置中选择"奇偶数不同"）：

奇数页：××××大学本科生毕业设计（论文）（小五号宋体居中）；

偶数页：* 章题目（小五号宋体居中）。

正文及其以后部分，其页脚为居中、连续的阿拉伯数字页码。不宜采用分章的非连续页码。摘要和目录等内容的页脚为居中、连续的大写罗马数字页码。

第四节 本科毕业论文（设计）评价及答辩

一、本科毕业论文（设计）评价

论文评价是一个复杂而困难的问题，这是由于论文的性质、类型不同，如人文社会科学论文与自然科学论文、理论性论文与应用性论文、学术论文与学位论文等，论文价值的标准与方法也有所不同。论文属于精神产品，对其进行量化十分困难且难以准确，但不进行量化又难以准确地进行比较和评选。尽管如此，论文评价也有其基本的标准，即学术价值与应用价值，各类论文都可以从这两方面进行衡量。在自然科学领域里，国家评定发明专利的标准是新颖性、先进性和实用性。国家三大科学技术奖（国家技术发明奖、国家自然科学奖、国家科技进步奖）的标准是：科学技术水平、社会效益、经济效益和对科学技术进步的作用大小。在社会科学领域里，同样要看论文的学术性（理论性）和实用性。因此，学术价值与应用价值基本概括了各种论文的评价标准，只是不同性质、类型的论文，侧重与强调的方面有所不同。下面主要以毕业论文为例，对其评价进行论述。

1. 毕业论文评价步骤

毕业论文的考核及成绩评定，是一项十分严肃的工作，它不仅反映了学生的学习量，而且在一定程度上反映了学校的教学质量。因此，必须强调毕业论文考核及成绩评定的程序化和规范化。严格要求，合理评定成绩，这对鼓励公平竞争，培养和发现人才，养成严谨治学的学风，调动教师和学生的积极性、创造性，促进教学改革，都有积极的意义。按照教育行政部门的规定，毕业论文的考核及成绩评定，必须通过“审阅”“评阅”“答辩”三个环节，这三个环节分别给出评语和分数，然后综合起来评定学生的毕业论文成绩。学生必须在论文答辩会举行之前将经过导师审定并签署过意见的毕业论文交给答辩委员会。答辩委员会的评阅老师在仔细研读毕业论文的基础上，确定初评成绩，并拟定要提问的问题，然后举行答辩会。

（1）指导教师审阅

学生毕业论文或毕业设计说明书完成后，指导教师应对毕业论文或毕业设计说明书进行认真、负责的审阅，写出评语，提出成绩评定的初步意见。审阅的内容（表 6-2）包括：任务的难度、分量及完成情况；综合应用所学基础理论和专业知识进行实践的能力；创新性；查阅资料、获取信息的能力；工作态度和工作能力；存在的问题及错误。指导老师审阅毕业论文后，可根据毕业论文（设计）指导教师评阅表中的评价指标进行成绩评定，并针对论文的具体情况提出修改意见。

表 6-2　指导老师评价论文具体要求

评价内容	具体要求
文献综述	查阅文献有一定的广泛性;有综合归纳资料的能力,有自己的见解
论文内容(理论分析、建模、设计、计算、实验、论证等)	理论分析正确、模型可靠、设计合理、计算准确、实验结果可信、论证充分。论文内容与专业要求相吻合,理论与实际联系紧密
工作量和难度	工作量饱满,难度适中
论文(设计说明书)质量	结构合理、条理清楚、文理通顺、用语符合专业要求;文体格式规范、图表清楚;图样绘制与技术要求符合国家标准,图片质量符合要求
创新性与应用价值	具有较强的创新性

（2）评阅人评阅

在指导教师审阅后，学生应于毕业论文答辩前一周将毕业论文或毕业设计说明书送给评阅人进行评阅。评阅人应认真、细致地对毕业论文或毕业设计说明书进行审阅和评定，写出评语，提出成绩评定的意见。评阅的内容如下：选题是否符合专业培养的目标，深度和广度是否适当；是否正确、严密，有无独创性，设计、计算及主要图纸的质量是否符合标准；文字表述及其他附件是否合适。评阅人评阅后，可根据表 6-2 对论文进行成绩评定，并填写论文评阅意见。

2. 答辩会的评价

答辩完毕，请学生暂时离开会场，答辩委员会根据论文质量和答辩情况进行讨论，以决定学生是否通过答辩、答辩的成绩以及对该论文的评语。

（1）投票表决

答辩委员会用无记名投票表决是否通过，至少要有 2/3 的答辩委员通过，才能确定学生通过论文答辩，投票结果要记录在案。

（2）答辩成绩

答辩委员会根据学生的毕业论文初评成绩和答辩成绩给出论文综合成绩。毕业论文的答辩成绩按分项计分，最终以百分制统分。成绩可按优秀、良好、中等、及格与不及格五档进行评定，优秀和良好的界线在于是否有独创性见解。在评定成绩时，可根据学生报告情况和论文水平进行考核，学生报告时要求论文介绍思路清晰，表达简明扼要，重点突出，能全面准确介绍论文内容。论文水平从文献综述、业务水平、论文质量、工作量、难度等几项指标进行考核。

（3）拟定评语

就论文质量和答辩过程中的情况加以小结，肯定其优点和长处，指出其错误或不足，并加以必要的补充和指点，内容包括：对论文内容和论文结构的评述，论文存在的问题，对该同学论文写作态度的评价等。

（4）宣布结果

由答辩委员会宣布论文成绩及评语。对不能通过答辩的学生提出修改意见，允许学生一段时间后另行答辩。答辩学生应该认真听取答辩委员会的评判，进一步分析、思考答辩委员会提出的意见，总结论文写作的经验教训。要认真思索论文答辩会上，答辩委员会提出的问题和意见，精心修改自己的论文，加深研究，求得纵深发展，取得更大的成果，使自己在知识上、能力上有所提高。

二、本科毕业论文的答辩

毕业论文答辩是毕业论文的重要组成部分，毕业论文答辩目的是通过学生口述回答答辩委员会委员（下文简称答辩老师）所提的问题，对学生的专业素质、学术水平、工作能力、口头表达能力和应变能力等进行考核，它有“问”有“答”，还可以有“辩”。通过答辩对学生知识面的宽窄、对所学知识的理解程度和能否创造性地应用做出判断，以此作为能否毕业和授予相应学位的依据。毕业论文考查的是学生在校学习阶段全部学业的综合成果，包括是否具有与学历水平相当的系统完整的专业知识、较高的理论分析水平和解决实际问题的能力、较强的文章写作能力和语言表达能力。毕业论文答辩除了辅助考查以上内容外，重点考查口头表达能力和思维的敏捷程度。其作用可概括为“检查”“交流”和“拓展”。

1. 答辩的准备

毕业论文答辩是一种有计划、有组织、有鉴定的比较正规的论文审查形式。在举行答辩会前，院（系）、答辩委员会、答辩者三方都要做好充分的准备。

（1）院（系）的准备工作

院（系）要做的准备工作，主要是做好答辩前的组织工作。这些组织工作主要有：审定参加毕业论文答辩学生的资格、组织答辩委员会、拟定毕业论文评价标准、布置答辩会场等。

① 审定答辩的资格

参加毕业论文答辩的学生，要具备以下的条件：已修完高等学校规定的全部课程，所学课程全部考试考查及格，并取得学校准许毕业的学分；所写的毕业论文必须经过指导教师指导，并有指导老师签署同意参加答辩的意见。以上两个条件必须同时具备，才有资格参加毕业论文答辩。

② 组织答辩委员会

答辩委员会是负责毕业论文答辩的临时机构，是审查和公正评价毕业论文、评定毕业论文成绩的重要组织保证，全面负责答辩过程中的各项工作。一个答辩委员会一般由 3～5 位专家组成，另设秘书一人，其中多数具有高级职称，从中确定一位学术水平较高的委员为主任委员（主席），负责答辩委员会会议的召集工作。根据各专业学生人数和课题性质，答辩委员会可组成若干答辩小组，答辩小组由 3～5 人组成，设答辩小组长一人，具体负责答辩工作。答辩委员会的专家应提前阅读、熟悉要答辩的论文、指导教师的评语及相关情况。答辩安排及答辩委员会成员名单要提前数日公布。秘书应做好答辩记录。答辩小组的具体职责是：审阅毕业论文或毕业设计、对学生的答辩资格予以审定、主持答辩、讨论并确定最后成绩与评语。

③ 制定答辩的程序

制定严密、有序、全方位的毕业论文答辩程序。将答辩前的毕业论文的撰写和答辩后的总结列入答辩程序之中。答辩的具体环节应科学化、规范化，这对保证答辩工作的顺利进行和提高答辩质量有着举足轻重的作用。

④ 拟定评价的标准

毕业论文答辩以后，答辩委员会要根据毕业论文的水平以及作者的答辩情况，评定论文成绩。为了使评分宽严适度，应事先制定一个共同遵循的评价标准。

（2）答辩委员会的准备

在答辩会举行前，答辩委员对学生上交的论文进行审阅，提出评阅意见，并初步拟定答辩时提问的问题。

① 提问的原则

以论文内容为基础，兼顾相关的知识内容；难易程度适中；明确、具体、容易理解；适当启发、深入引导；先易后难、逐步深入等。对某一篇论文所提问题的难易程度，应与指导老师的建议成绩联系起来。凡是指导老师建议成绩为优秀的论文，答辩老师所提问题的难度就应该加大一些；建议成绩为及格的论文，答辩老师提的问题应相对容易一些。坚持点面结合、深广相连的原则，形式多样、大小搭配的原则。

② 提问的类型

由于每一篇论文各有自己的内容、形式、特点和不足，答辩老师提问的问题也就必然是千差万别的，即使是同一篇论文，不同的答辩老师所要提问的重点也会有所不同。答辩老师在论文答辩会上所提出的问题应在论文所涉及的学术范围之内，主答辩老师一般是从检验真伪、探测水平、指出不足三个方面提出三个问题。

检验真伪，是指围绕毕业论文的真实性拟题提问。它的目的是要检查论文是否是学生自己写的。如果论文是抄袭他人的成果，或是由他人代笔之作，学生就难以回答出这类问题。

探测水平，是指围绕学生水平高低、基础知识是否扎实、掌握知识的广度和深度提出问题，主要是针对论文中涉及的基本概念、基本理论以及基本原理运用等。

指出不足，是指围绕论文中存在的薄弱环节，如对论文中论述不清楚、不详细、不确切以及相互矛盾之处提问，让学生在答辩中补充阐述或给出解释。

（3）毕业论文作者准备

① 准备内容

毕业答辩的听众是导师和同行专家，他们将通过听取答辩者所做研究工作的汇报，对答辩者的研究能力和学术水平做出评价。论文作者要顺利通过答辩，需熟悉有关规定，明确答辩目的、过程和要求。

② 熟悉自己所写论文的全文

尤其是要熟悉主体部分和结论部分的内容，仔细审查文章中有无自相矛盾或模糊不清的地方等。如发现有上述问题，就要做好充分准备补充、修正、解说等。

③ 编写论文报告提纲

准备论文自述过程需要的多媒体课件、图表、照片、挂图、样品或者当场演示的实验等。论文报告提纲一般以幻灯片形式展示，编写提纲时应注意以下几点：幻灯片应简洁清晰；总字数不能过多；图表清晰，可视性强。

④ 模拟正式论文答辩

在规定时间内试讲，重点突出、条理清楚、层次分明、从容自然地自述完论文主要内容。准备毕业论文答辩提纲是答辩成功的重要一环。因为答辩的时间限制，必须对论文的内容提纲挈领地表述，切忌照本宣科。答辩提纲首先要确定讲述的要点，然后围绕这个要点按照逻辑顺序列出：为什么要进行这项研究？研究是怎样进行的？通过研究发现了什么？根据这个提纲分别从论文中提取有关内容简要地记述每一条细节。提纲的内容，一般应包括：

论文的选题意义。主要回答为什么选择这个课题（或题目）；研究这个课题有什么应用价值或理论意义；本课题的研究历史和现状，即前人做过哪些研究、取得哪些成果、有哪些问题没有解决、自己有什么新的想法、提出并解决了哪些问题等。

论文写作过程中使用的研究方法：包括实验是怎样设计的、数据是如何获得的、论文结构的安排等。

论文的主要成果：包括主要说明或解决了什么问题、成果有何创新之处、有何理论或应用价值等。

2. 答辩一般程序

（1）答辩开始

答辩开始，由答辩委员会主席宣布答辩会场纪律、参加答辩人员名单、答辩次序及其他安排和要求等事项。

（2）答辩报告

答辩者先做自我介绍，包括：姓名、专业、年级、班级。然后按提纲进行论文介绍，包括：选题的背景、意义，论文的观点，使用材料，论证过程，得出的结论，进一步的设想、建议。必要时可进行板书、演示，建议边演示边介绍，根据事先准备的讲稿，尽可能脱稿发言，本科生报告时间一般为10～15分钟。

（3）问题答辩

论文报告完毕，主答辩老师一般提3个问题，根据学生回答的具体情况，其他答辩老师随时可以适当地插问。答辩时间为5～10分钟，答辩时，答辩人仍然要站在讲台上，面对答辩老师。当答辩老师提出问题或建议时，答辩人应做笔记，这样有助于答辩人完整答复。无论问题如何苛刻，答辩人都必须耐心认真解释，尽量做出圆满的回答。在这种场合下，绝大多数问题的提出都是合理的、有根据的，答辩老师不会故意刁难答辩人。有些看起来似乎是不着边际的提问，恰恰能反映出答辩人对本学科知识的了解程度。答辩人可以重述自己讲过的相关内容，也可提出新的证据加以补充。除非有绝对事实依据，否则不要试图用反驳代替回答。要有自信心，不要紧张；听清问题后经过思考再作回答；回答问题要简明扼要，层次分明；对回答不出的问题，不可强辩；当论文中的主要观点与主答辩老师的观点不一致时，可以与之展开礼貌的辩论。

（4）结束答辩

答辩者在回答完所提问题后，按答辩委员会主席的示意，礼貌地表示谢意后退场。答辩委员会根据论文质量和答辩情况，按照毕业论文（设计）的评价指标，商定论文是否通过，并拟定成绩和评语，在规定时间内将答辩成绩通报给学生。

第七章

学术论文撰写

Chapter 7

[要点提示]

介绍学术论文概念、分类、特点；自然科学论文撰写前的准备工作；撰写自然科学论文的一般步骤和方法。

科学研究活动的最终目标是要获得研究成果或研究成果的推广应用。其中，研究成果是科研工作者对某一问题或某一项目比较系统的研究和认识，反映了科研工作者的综合业务水平与科研创新能力。科学研究的成果主要表现为学术论文发表、科技报告发表、学术专著编著、技术专利申请、项目验收与成果鉴定、科研成果报奖等形式。为了能准确、全面、系统、简洁明了地表达好科学研究的成果，学习和掌握各类科研成果的表达形式及其撰写方法，是极其必要的。

第一节　学术论文概述

学术论文是对科学研究的新观点、新见解、新发明的一种表达与反映。真正有价值的科研成果，总是要通过学术论文的形式表达出来。一般说来，它都具有直接或间接的应用价值，因此，学术论文也属于应用论文的范畴。

一、学术论文的定义

学术论文，也称科技论文、科研论文、研究论文，简称论文，是对某一学科领域中的问题作比较系统、专门的研究和探讨，表述科学研究成果的理论性文章。学术论文的显著特征就是论文必须要有新发现、新发明、新创造或新推进，而不是重复、模仿、抄袭前人的工作，总之，要有新的科技信息，否则就不是严格意义上的学术论文。因此，学术论文是对社会科学和自然科学领域中的某些现象和问题进行系统的研究，以探究其本质特征及其发展规律的理论性文章。

根据国家标准《学位论文编写规则》（GB/T 7713.2—2022）中的定义，学术论文（academic paper）是对某个学科领域中的学术问题进行研究后，记录科学研究的过程、方法及结果，用于进行学术交流、讨论或出版发表，或用作其他用途的书面材料。学术论文是对科学研究成果的一种描述与反映，是科研活动中的一个重要环节，是进行国际、国内学术交流的重要工具。

二、学术论文的分类

学术论文承载着科研工作者的研究成果。学术论文因作者和涉及领域的不同，其发表方式也存在着差异，这使得学术论文具有多种形式。按照一定的标准，合理地对学术论文进行分类，不仅可以使对科研成果的总结条理清晰、层次分明，更可以让科研工作者在查阅前人的工作成果时节省大量时间和精力。

1. 根据研究领域分类

从研究领域考虑，学术论文一般可分为理论性、实验性、应用性等基本类型。

（1）理论性学术论文

在自然科学、社会科学以及技术开发应用领域，都有层出不穷的理论研究成果。这些理论研究成果是研究者个人或者集体对某一自然、社会或思维等现象的内在规律性所进行的理论探讨，将它们以学术论文的形式表现出来，就形成了理论性学术论文。具有创新价值的学术论文的发表，对于科学发展和技术进步具有重大的推动作用。

（2）实验性学术论文

实验性学术论文的重点在于实验方案的设计以及对实验结果进行的观察和分析。它有两种基本形式，一种是以介绍实验本身为目的，重在说明实验装置、方法和内容；另一种是以归纳规律为目的，重在对实验结果进行分析和讨论，从而总结出客观的规律。

（3）应用性学术论文

将理论研究成果应用于解决实际问题，是科学研究者的使命。在自然科学研究领域，应用研究的核心是技术开发，包括技术研究和产品研制两个方面。产品研制是技术开发与应用成果的继续和发展，即利用所开发的技术研制出各种型号和规格的产品，以满足生产和其他领域的需求。在社会科学研究领域，根据科学理论提出各种改革方案，形成应用性学术论文就是社会科学应用研究的一种方式。

2. 根据发表形式分类

就发表形式而言，学术论文一般包括期刊论文、学术著作和会议论文三种基本类型。

（1）期刊论文

期刊论文是指发表在国内外正式出版的学术期刊上的学术论文，它是学术论文的重要形式之一，也是科研人员进行学术交流和技术推广的重要途径。在学术期刊上发表论文，是科研人员实现科研成果推出最快捷、最直接、最有效的方式之一。一般而言，课题研究中的大多数科研成果是以期刊论文的形式推出的。期刊论文主要有以下三种类型。

① 综述性文章（review）。它是指对某一领域的研究状况或某一专题的研究进展进行综合分析、详细阐述的综述性论文。综述性文章的基本类型有整理型综述、研究型综述等，前者综述的内容完全是别人的研究成果；后者综述的内容既有别人的研究成果，也包括作者自己的研究成果（包括最新成果）。在学术期刊的版面安排上，综述性文章一般都排在前面，它的分量较一般专栏性文章和报道性文章更重。综述性文章特点如下：一是对该领域研究情

况总结较为全面；二是对最新研究成果进行分析和评述；三是指出存在的问题并展望发展方向；四是为读者提供较为翔实的参考资料；五是期刊论文中综述性文章篇幅最长。在科研选题阶段，研究者（特别是初学者）阅读综述文章是一个必要过程。从综述性文章中，读者可以迅速地了解该领域的研究历史和目前状态，从中可获取研究理论、分析方法、技术流程以及最新成果等一系列有价值、可利用的科研信息。一般而言，每个领域（或专业）都有一些经典的综述性文章，研究者应有意识地收集、阅读和利用。

② 专栏性文章（paper）。它是对某一问题（理论、实验）给予比较完整的论述并在学术期刊的某一专栏上刊载的论文，其内容主要为介绍创新性研究成果、理论性的突破、科学实验或技术开发中取得的新成就。专栏性文章的基本类型有理论性文章、实验性文章等。前者指提出新理论或新计算方法的学术论文；后者指设计的新实验、新方案等技术发明或创新。专栏性文章特点如下：一是提出创新性理论观点和实验发现；二是比较完整地报道最新的研究成果；三是介绍研究方法和技术开发新进展；四是阐述新产品及新工程的最佳方案；五是期刊论文中专栏性文章篇幅居中。专栏性文章是研究者在科研工作中必不可少的参考文献，也是追踪国内外科研前沿最直接的科研信息来源。由于学术期刊发表的论文绝大多数是专栏性文章，因此对于从事科研的专业技术人员来说，经常查询与本研究领域相关的专栏性文章，从中获取最新的科研资讯，不仅是进行课题研究的必要工作，也是引导科研工作、促进课题研究的一种有效方式。

③ 报道性文章（communication）。它也称简讯、简报或快报，是将最新研究成果（理论、实验）在学术期刊上以最快速度刊载的学术报道。报道性文章特点如下：一是快速报道理论或实验的最新发现；二是简明扼要地报道最新的研究成果；三是期刊论文中报道性文章篇幅最短。留意最新的研究报道，及时查询报道性文章，从中可以了解最新的研究动态，获取新原理、新技术等有价值、可利用的科研信息。如此，在科研工作中，就能有效地避免重复研究或者落后于他人。

（2）学术著作

学术著作也是学术论文的重要形式之一。出版学术著作，是科研人员研究成果的集中体现，是关于某个课题或论题的观点、理论、实验或调查的系统性研究成果，是评价科研质量、体现学术水平最重要的衡量尺度。一般而言，研究者经过较长时间的科研成果积累，就有可能总结、提炼并撰写出比较有分量的学术著作。学术著作是指对某一专题具有独到学术观点的著作，一般为作者多年研究成果的积累或者是已发表的学术论文的集成，一般包括学术论著（独著、合著、编著等）和学位论文。除此之外，会议论文收录成集也可作为学术著作。

① 学术论著。它具有论点深刻、论证严谨、阐述全面、学术性强、完成周期长等特点，是体现作者在该领域科研成果的高级形式。学术论著一般为作者多年研究成果的积累或者是已发表的学术论文的集成，一般有独著、合著、编著、编写等类型。

② 学位论文。它是为了申请相应的学位或某种学术职称资格而撰写的研究论文。学位论文的特点：一是选题源于科研项目；二是具有一定的独创性（创新性）；三是取得有一定显示度的科研成果；四是写作必须符合学位论文规范；五是已经发表或完成了一定数量和水平的期刊文章。学位论文是高等院校和科研机构的毕业生用以申请授予相应学位而撰写的论文，一般由系列专题论文集合而成，主要反映作者在该研究领域具有的学识与研究水平，其篇幅亦应达到规定的要求。

（3）会议论文

会议论文是指某次学术会议之后发表的论文集中所包含的论文，由该次学术会议主办者征集，经专家评审通过，并曾经在该次学术会议上进行过报告或张贴。会议论文在收录进相应的论文集之前，一般需经会议主办者修改、编辑。会议论文包括特邀报告、口头报告、张贴报告等形式。

① 特邀报告。它是指作者受主办学术会议的主席之邀而撰写的会议论文，一般要在主会场或分会场作报告。特邀报告的作者一般都是某一领域的学术权威或资深专家，受到特邀是一种学术荣誉，也是对该作者学术成就的一种肯定。

② 口头报告。它是指在学术会议上进行口头报告的论文。目前，大多数会议报告者都要事先准备报告的演播文件等，会议组织者会提供相应的演播设备供报告者选用。

③ 张贴报告。它是指在学术会议上以张贴的形式进行交流的论文。论文作者必须在大会指定的时间和地点张贴论文，并且要求作者在现场接受咨询并回答提问。需要指出的是，张贴论文与口头报告具有同等的地位，二者均被收录到大会论文集中。

三、学术论文的特点

科学性是学术论文的灵魂和生命，主要包括以下3层含义：论文内容的科学性，论文表述的科学性，论文结构的科学性。

创新性是科学研究的生命，是衡量学术论文价值的根本标准，没有创造就没有科学的发展。所谓创新性，就是要有所发现、有所发明、有所创造、有所前进，要以科学的、实事求是的、严肃的态度提出自己的新见解，创造出前人没有的新理论或新知识，或者一些已知原理在实践中的进展。

学术性是学术论文的本质特征，是与其他类议论文章根本区别之所在。学术论文是议论文的一种，它同一般议论文一样都是由论点、论据、论证构成，但它只能以学术问题作为论题，以学术成果作为表述对象，以学术见解作为文章的核心内容，否则它就失去了学术性的根本特质。学术论文的学术性还表现在论文侧重于理论论述，坚持摆事实、讲道理，将感性认识上升到理性认识。

规范性是由学术论文的性质、内容、特点、功用所决定的，形式上有着固有的规定性和规范性。在人们长期使用过程中，学术论文形成了自己独有的规范、要领、要求和基本格式。这就是说，学术论文虽有文体上、样式上的区别，但同一文体、样式的学术论文在文面和基本格式上，一般是固定不变的，有着约定俗成的规范性。

可读性是指学术论文的语言以精确、平实、简明为特色，让读者容易读、读得懂，这是由学术研究和学术论文的本质所决定的。

四、学术论文撰写的基本要求

学术论文承载着科研工作者的研究成果，是研究者发布学术成果的主要方式之一。为了促进科学进步、提高学术水平，同时也为了便于研究者对相关内容的查找、阅读与理解，任何一篇学术论文都必须满足一定的撰写要求，方可公开发表。这样可避免学术质量不高的文章滥竽充数，或是研究成果由于撰写水平不高而难以得到学术界的认可。

（1）高水平、高质量原则

撰写并发表高水平、高质量的学术论文，不仅对相关科研领域的发展具有重要的推动作用，也是研究者工作能力强、学术水平高的体现。研究者在科研工作中取得的高质量学术创新成果（理论、实验、调查等），是撰写高质量学术论文的事实基础，没有创新性的研究成果，就失去了撰写学术论文的基础，高质量学术论文的写作也就无从谈起。此外，高水平的写作技能，是撰写高质量学术论文的必要条件。没有高超的论文写作技巧，就无法确切地表达科研成果的创新性和科学价值，就难以使读者充分地认识和理解研究工作的重要意义。尤其是向国际学术期刊投稿时，若不具备写作技能，不能很好地使用国际语言（如英语），就不可能在国际重要学术期刊上发表论文。高质量的科研成果是撰写学术论文的基础，是发表高水平学术论文的内因；高水平的论文写作技能是撰写学术论文的条件，是发表高水平学术论文的外因。

（2）其他要求

撰写学术论文还应从以下三个方面统筹把握：①文字表述，要求语言简洁、准确、通顺、完整；②谋篇布局，要求思路清晰，条理清楚，层次分明，论述严谨；③细节规范，如名词术语、数字、符号的使用，图表的设计，计量单位的使用，参考文献的引录等，都要符合学术论文的规范化要求。

第二节　自然科学论文的撰写准备

自然科学论文，包括理、工、农、林、医等学科，每一学科又分为若干专业，各专业的研究对象、手段和方法又各不相同。有的学科以实验为研究手段，利用实验发现新现象，寻找规律，验证某种理论和假说，这类学科是以实验结果作为自己的主要成果，如工、农、林、医等；有的学科是先提出假说，进行逻辑推理，借助数学等手段进行研究，这类学科的理论要依靠实验结果来检验，它的研究又以实验结果为前提；有的学科是理论的研究，而不需要实验。由于学科不同，研究方法不同，就构成了它们的相异点。但是它们却是异中有同，论文的基本写作规范还是有共同规律可循的。

一、自然科学论文的结构

构成整体的各个部分及其结合方式，称为文章的结构。结构是文章的骨架，没有一个好的结构，就会使材料散乱无序，文章的内容就难以得到充分有力的表现。如同园林布局，同样的花木山石，安排不好就会使人感觉索然无味，安排精巧就会给人以峰回路转、曲径通幽的美感。

1. 结构的要求

（1）紧扣主题

主题是文章的灵魂，结构是表现主题的形式与手段。当文章的主题确定之后，全篇论文都集中围绕主题展开阐述与论证，做到“文必扣题”。因此文章结构的安排要为突出主题服务。无论内容安排的先后，详略主次的配合，层次段落的确定，叙述议论的结合，都要服从并服务于主题的需要。若无主题，文中的材料只能是机械地、零乱地堆砌，使读者不知文章所云何事、何理。

（2）完整统一

主题是一个完整的思想，要表达这个完整的思想，必须有一个完整的结构。所谓完整统一，是要将构成文章的各个部分和谐地、有机地组织到一起，使文章组织上协调，格调上一致，做到层次清楚，脉络分明；前后呼应，详略得当；章节之间环环相扣，成为一个完整的统一体。

（3）合乎逻辑

自然科学论文直接揭示真理，主要是表明一个观点或说明一个道理。所以要求它的结构必须符合人们认识事物的规律。而提出问题、分析问题、解决问题的过程正符合人们认识问题的思维规律。根据事物的逻辑关系安排结构，确保结构严密，合情合理，合乎逻辑。

2. 结构的内容

论文结构的内容，包括层次、段落、开头与结尾、过渡与照应、详写与略写，其中层次最重要。层次是指文章内容的编排次序。它是事物发展的阶段性和人的思维发展的进程在文章中的反映，是文章内容展开的具体步骤。论文的常见结构如下：

（1）并列结构

先提出总论点，然后分别从各个方面或不同的角度进行说明、论证，最后加以总结。

（2）递进结构

这种结构是根据事物的发展，由浅入深、由表及里、由此及彼、由因及果或由果及因地逐层阐明、深化，把主题阐述清楚。由现象到本质，一气呵成地把事理说透。这种结构方式通常有按时间顺序、空间顺序和推理顺序等几种。

（3）树枝式结构

指在总论点下，有两个或两个以上分论点，再往下有支撑分论点的材料单元，其余类推。

（4）综合式结构

自然科学论文的写作，很少用单一的结构方式来安排层次，常常是配合使用多种结构方式。

二、写作流程

自然科学论文写作一般有如下九个步骤。

① 论文提纲非常重要，节省时间的同时，更能提高论文的质量，特别是行文逻辑性。

② 按照提纲总结组织好所有的图、表等，这样基本上就能知道论文的重点和核心思想。

③ 绪论是论文的关键部分，可能需要论文全部完成后，再来反复修改这一部分。

④ 实验部分比较容易，相对来说不用花很多时间，第一次写论文时可以最先从这部分开始写。

⑤ 实验结果与讨论是论文的主体部分，实际上就是按图说话。

⑥ 总结概括全文主要结论。

⑦ 对步骤②～⑥反复修改提炼，完全满意后撰写论文摘要。

⑧ 致谢与参考文献。

⑨ 最后确定论文的标题，这是画龙点睛的部分，要仔细斟酌。

三、拟定提纲

提纲的拟定是进一步完善论文构思的过程。提纲是论文写作的蓝图，是全篇论文的框架结构。拟定提纲的过程，就是理清思路、形成粗线条的论文逻辑体系、构建论文框架的过程。按照编写好的提纲来展开文章结构，是组织文章的一种有效方法。

1. 提纲的作用

提纲是论文的前期形态和简化形式。编写提纲的主要作用是帮助作者从全局着眼，树立全篇论文的基本骨架，用序号和文字显示出论文的主要内容及逻辑体系，明确层次和重点，使文章简明具体、一目了然。通过提纲，把自己初步酝酿形成的思路、观点、想法用文字固定下来，写起来就会全局在握，目标明确，思路开通，会避免松散零乱、脱节游离，甚至“下笔千言，离题万里”。依据提纲行文，随着文思的畅游和思路的深化，会有许多新的想法、新的发现，会使原来的设想得到修改、补充，甚至放弃，文章就可能更为理想，更为完善。拟定写作提纲，可以为论文的写作发挥重要作用，拟定写作提纲是作者思路定型的过程，是把论文格局形态化的过程，从而形成一个中心突出、层次井然、疏密适宜、结构严谨的论文框架体系，为论文的写作和修改提供依据与参照，会更清楚地意识到行文中存在的不足与缺陷，找到修改的恰当方法。编写论文提纲不是浪费时间，做无用功，实际上，编写一个详尽的论文提纲，虽然会占用不少时间，却给后期写作铺就了通畅大道，最终还是节省了时间，保证了论文的质量和水平。那种急于求成，不写提纲，甚至在调查研究还很不充分的情况下就匆忙动笔的文章，往往写出来后连自己看着都觉得文章不像样子，结果不得不推倒重来，欲速则不达。古人说：“晓其大纲，则众理可贯。”有了一个好提纲，文章就写好了一半。因此，必须在分析研究材料、认真构思的基础上，编写论文提纲。

2. 提纲的要求

（1）提纲内容

主题和材料是论文的内容，结构和语言是论文的形式。为了表现主题，展示思想，必须合理安排内容结构。提纲要根据主题需要，勾勒出文章结构的大块图样，并把材料分配到文章的各个部分。提纲的拟写要项目齐全，能初步构成文章的轮廓，尽量写得详细些。内容包括：题目（暂拟）、论文的宗旨目的、中心论点、各个分论点、各个分论点的小论点、各小论点的论据材料（理论材料和事实材料），每个层次采取哪种论证方法、结论和意见等。这样的提纲纲目清楚，主题明确，较全面地表明了文章的观点。在拟定提纲时，还要考虑各章节含意是否相当，相互之间是怎样联系的，各部分在文中起什么作用，该用多大篇幅。注意拟定提纲的详略，有些作者对思考比较成熟的部分在提纲中写得详细，对尚未成熟的问题则写得简略。这样就发现了薄弱环节，进而可对提纲进行补充和修改。因此，提纲一般来说是由略到详，经过反复思考、逐步修改完成的。

从内容要求出发，论文提纲有详细与简略之分，两种提纲的选用，既和论文涉及内容的范围、复杂程度和篇幅长短有关，也和作者的喜好、习惯相关，作者可以根据实际需要去选择，但是一般说来，论文的提纲宜详不宜简。

（2）提纲编写方式

提纲常见的编写方式有两种：标题式和提要式。标题式提纲是以简短的语句或词组构成的标题形式，扼要地提示论文要点，编排论文目次。这种写法简洁、扼要，便于短时间记忆，是应用得最为普遍的一种写法。总的来说，提纲的写法有定则，也无定则，应根据论文的学科特点、复杂程度和个人的写作习惯来确定。拟定提纲的意义在于启发作者的主动性和创造性，写作时既要遵循提纲，又不要过分受提纲的束缚，要边写边思考，不断开拓思路，才能写出高质量的论文来。对于初学论文写作的学生，由于驾驭材料的能力和熟练程度不高，应尽可能编写内容详细一点的提纲。

第三节　自然科学论文的撰写

学术论文由前置部分、主体部分和附属部分组成。前置部分包括标题、论文作者、摘要、关键词；主体部分包括前言（绪论）、正文、结论；附属部分包括参考文献、附录、注释、致谢等。

一、前置部分

1. 标题

标题是用最恰当、最简明的词语反映论文中最重要的特定内容的逻辑组合。好的论文题名能给读者留下鲜明的印象，透过它可以窥见文章的全貌。因此，论文的标题一般要求做到准确得体、简短精练和醒目。准确得体就是标题要确切地反映论文的特点，能把论文的主旨、研究的目的、研究内容中某些因素之间的关系，准确地表达出来，不得过大、过泛、过于笼统，论文题名在高度概括文章内容的同时，必须做到确切得体，恰如其分。简短精练就是要尽量做到少用字，却又能确切地概括反映文章的内容，让人一看就懂，不拖泥带水，一般以不超过 20 个字为宜。醒目就是为了激发读者的阅读兴趣，题名要选用适当的词语，突出关键字，注意词的排列位置，以引起读者的注意，一般题目的前半部分是比较引人注意的，应把关键的字和词尽可能排在前面。

2. 作者及工作单位

作者署名是论文必要的组成部分。署名者可以是个人作者、合作作者或团体作者。在封面和标题页上署名的个人作者，只限于对于选定研究课题和制订研究方案、直接参加全部或主要部分研究工作并作出主要贡献，以及参加撰写论文并能对内容负责的人，按其贡献大小排列名次。至于参加部分工作的合作者、按研究计划分工负责具体小项的工作者、某一项测试的承担者，以及接受委托进行分析检验和观察的辅助人员等，均不列入。这些人可以作为参加工作的人员一一列入致谢部分，或排于脚注。

直接由个人创作的作品，由作者个人署名，个人署名应使用真实姓名。多位作者共同完成的作品联合署名时，署名顺序按对该文贡献大小排列。第一作者是主要贡献者和直接创作者，也是作品的直接责任者，享有更多的权利，承担更多的义务。团体作者，如果由一个组织机构或数人组成的团体对一篇作品承担责任，可用该团体的名称来署名。

作者单位及其通信地址是作者的重要信息之一，一般在发表作品时，应在作者署名之后，尽可能注明作者的详细工作单位、通信地址和邮编，以便于读者与作者联系。作者工作单位必须用全称标注，不得用简称。论文作者有多位时，他们的地址均应按作者姓名的排列顺序分别列出。

3. 摘要与关键词

摘要是以提供文献内容梗概为目的，简明、确切地记述论文重要内容的短文，不加评论和补充解释。摘要在文章的前面，如果摘要能吸引杂志编辑和审稿人的兴趣，那么他们就会认真阅读全文，继而决定是否采用论文。如果摘要写得很差，则预示着论文很可能失去发表的机会。而读者在看论文时，同样是先看文章的摘要，摘要写得好，能使读者迅速了解文章的基本内容，从而决定是否通读文章的全文。摘要的写法可大致分为以下三种。

报道性摘要要求概括地、不加注释地陈述论文研究的对象、目的、方法、结果及得出的结论等主要信息，综合反映出论文的具体内容。报道性摘要信息量大，参考价值也高，常用于学术论文、技术报告、会议报告等文献。

指示性摘要只简要叙述研究的内容概况或成果，而不述及研究的方法和内容。这类摘要多用于综述、述评、简报及学术专著等论题不集中且篇幅较长的文章。

报道/指示性摘要是一种介于报道性摘要和指示性摘要之间的文摘形式。它以报道性摘要形式叙述一次文献中价值较高的内容，而以指示性摘要形式处理其余内容。适用于既有主题单一的专题性部分又有某一领域的综述性内容的文章。

摘要的主要内容包括：阐明该项研究工作主旨、目的、范围及其重要性；说明该项研究工作 的对象，描述所使用的实验方法和过程，总结研究成果，突出观察到的新现象和新见解；阐 明研究结论及其价值和意义。摘要行文要简短扼要，一般不超过 300 字。公开发行的科技期刊一般都应有外文（英文）摘要，外文摘要可附在中文摘要后面。外文摘要的要求与中文摘要的要求大致相同，篇幅以 1000 字左右为宜，在文中应采用第三人称表达式，谓语动词尽量用一般现在时或过去时。

关键词是为了便于检索，在学术论文中必须标注。关键词是论文信息的高度概括，是论文主题的集中反映。论文作者在论文写作完成后，将论文起关键作用的、最能说明问题的、代表论文内容特征、通用性强、为同行所熟知的、最有意义的词选出来作为关键词。

二、主体部分

1. 前言

前言又称序言、引言、绪论，写在正文之前。它是一篇学术论文的开场白，是全文的核心，最重要也最难写，是告诉别人你的工作为什么重要，而后面的部分只是告诉别人你怎样做到的。一定要写明假设和目标，由它引出文章，起着铺垫、过渡、引导的作用。通过前言，读者可大致了解论文研究的背景、目的、重点、范围及过程等。前言的基本内容包括：目前研究的热点、存在的问题以及研究工作的历史背景和引起研究工作进行的缘由（问题的由来）；前人的研究进展（已有实验，已有结果，已明确问题，未解决问题）以及最近国内外的研究动态（有关重要文献简述）；本研究的重要性、必要性及现实意义等。前言也可点明本文的理论依据、实验基础和研究方法，简要阐述研究内容，预示研究的结果、意义和前景，但不必展开讨论。

前言不应太长，基本上两段。第一段阐述该领域研究的重要性和目前存在的主要问题，这个问题不解决会有什么后果以及解决问题的迫切性，主要内容包括简要说明研究工作的背景、目的、范围，即为什么写这篇论文和要解决什么问题；前人研究工作简要的历史回顾，即前人在本课题相关领域内所做的工作和尚存的知识空间，使读者对该领域的概况一目了然，同时显示论文的价值及地位；第二段阐述为了解决这个问题，别的研究组做了哪些探讨，有哪些优缺点，然后引出自己的工作，同时概括说明这个工作如何解决提到的问题。前言的写作要求简单明了，不要与摘要雷同，不要写成摘要的注释，不必对本领域内前人研究历史和现状作详细回顾，言简意赅，突出重点，不可冗长，应能对读者产生吸引力。

前言写清楚后，一方面自己能进一步确定后面的结果与讨论部分哪些必须重点阐述，哪些只需简单带过；另一方面读者认识到这个工作的重要性，便于后面的理解，从而留下更深刻的印象。不管前言还是其他部分，严禁直接复制参考文献，绝不允许整句甚至整段抄写其他论文。如果想表达与某论文某句话相同的意思，必须用自己的语言写出来。在科学研究上的大胆创新和充分尊重前人的成果，是一个辩证的统一，不要抱着侥幸的心理，故意不引用前人的工作，担心降低自己工作的影响力，这样只会适得其反。科学研究贵在创新，没有创新，科学就不能前进与发展。但是，科学又是连续的，所有的创新又必然建立在前人成果的基础之上。在研究论文中充分引用前人已经发表的有关论文，这样做的目的首先是充分尊重前人的成果，同时也让读者全面了解有关问题的历史和发展现状，得以对论文中的创新之处做出适当的评价。在使用“领先”“首次”等词时，务必十分慎重。前言一般应与结论相呼应，在前言中提出的问题，在结论中应有解答，但应避免与结论雷同。

2. 论证部分

论证部分即学术论文的正文，是学术论文的核心组成部分，是展现研究工作的成果和反映学术水平的主体。主要用来回答“怎样研究”这个问题。论文的论点、论据和论证及具体达到预期目标的整个过程都要在这部分论述，它的篇幅最长，除了要有论点、有材料、有概念、有判断、有推理外，还要求合乎逻辑、顺理成章、通顺易读。论证部分应充分阐明学术论文的观点、原理、方法及具体达到预期目标的整个过程，并且突出一个“新”字，以反映学术论文具有的首创性。根据需要，论文可以分层深入，逐层剖析，按层设分层标题。学术论文写作不要求文字华丽，但要求思路清晰，合乎逻辑，用语简洁准确、明快流畅；内容务求客观、科学、完备，要尽量让事实和数据说话；凡用简要的文字能够说清楚的，应用文字陈述，用文字不容易说明白或说起来比较烦琐的，应由表或图来陈述。物理量和单位应采用法定计量单位。由于学科差异，根据所涉及的选题和研究方法，论证部分的内容也有所不同。一般包括原理、材料、方法、结果和讨论五个部分，可以灵活掌握这五个方面的写作，有时可精简为材料与方法、结果与分析、结论与讨论三节，有时只有材料与方法、结果与讨论两个部分。不论怎样合并，其基本内容不变。

（1）材料与方法

材料与方法是论文中论据的主要内容，是阐述论点、引出结论的重要步骤。这一部分又是论文的基础，是判断论文的科学性依据。如果这一部分处理不当，结论将成为空中楼阁，论文的质量会大打折扣。这一部分要阐述的重点是，实验对象和实验材料的性质和特性、选取和处理的方法、使用的仪器设备和器材、实验及测定的方法和过程、出现的问题和采取的处理方法等。

① 材料与方法的主要内容

A. 实验材料。实验材料为植物时、应写明植物名称（包括拉丁学名）、种类（品种或品系）、数量、来源等；实验材料为动物时，应写明动物名称、种类（品种或品系）、数量、来源、性别、年龄、身长、体重、健康状况、分组标准与方法；实验材料为微生物或细胞时，应写明微生物或细胞的种、型、株、系的来源，培养条件以及实验室条件。

B. 实验仪器。如果是购买的仪器，需要注明仪器和设备的生产厂家、型号、精度和操作方法；如果是对现有仪器做了改进，除需注明出处外，还应指明改进之处，对于自己设计安装的仪器，则应详细说明并且附图片或照片；如果是自行设计的仪器或自制药品则更应当详细说明。

C. 实验试剂。所用试剂应写明名称、规格、成分、纯度、生产厂家、浓度和计量、配制方法和过程、使用剂量和次数、使用方法和途径等。

D. 实验方法与条件。这一部分包括实验过程，实验与记录的手段，观察步骤，记录指标及注意事项，测量的方法、指标，试剂的名称、剂量、剂型和使用方法等。所用方法如前人用过，公知公认，只写明其方法名称即可；引用他人的方法应注明出处；对已发表但尚未被人们所熟知的方法要提供参考文献，并对其方法原理做简要的描述；对新的或有实质性改进的方法，要说清这些方法的理由，并详述其改进部分，以便他人日后重复；用不同方法进行对比实验，要写清楚如何对比，怎样计算并列出相应的计算公式。如以数学模型加以研究，应讲明使用何种数学模型，具体运算以及逻辑推理的方法及依据（包括文献依据和理论依据），以及动物或人体实验研究的对比分析方法。

E. 数据处理和统计分析方法。如果使用计算机进行实验数据存储、运算、分析建库研究，应详细说明软件名称、设计及操作方法，包括制图和制表软件甚至实验设计方法。例如，实验对象是否随机抽样分组，是否有足够的例数（或实验次数），对照组和处理组的条件是否相同或相似及实验重复次数等。

② 材料与方法的写作特点

此部分内容有很大的伸缩性，可因研究内容不同，叙述有详简，内容详简程度可据以下三种情况而定：凡属于前所未有的技术革新、发明创造、实验设计等，均需详细阐述，并需对设计原理、实验步骤、操作要点、观察记录方法、仪器安装、药品配制过程以及必要的线路图或模式图和注意事项加以说明，以便能重复这些实验，并判断其准确性和精确程度；如实验方法为前人的方法、公认的方法，只需要写出实验方法的要点即可，方法的出处列在参考文献中；如将前人的实验过程或方法加以改进，属于改进的部分要详细阐述，其余部分则简要叙述。

按逻辑顺序安排内容要抓住论文的主要论点和关键问题，按照研究工作的逻辑顺序安排材料和叙述实验过程，而不是采用自己实验时间的先后顺序。那些对阐述观点作用不大，但对于重复该实验又属于必要的数据和内容，可列入论文的附录，以供读者参考。也可以通过各种图表来表示各种资料之间的相互关系，使读者一目了然。

（2）结果

实验结果是论文的价值所在，是作者调查、观察或实验所得研究成果的结晶，是论文的关键。全文的结论由此得出，讨论由此引发，判断推理和建议由此导出。作者的研究成果和论证论点的论据都在这一部分体现，是用事实来回答论文所提出的问题，也是评价该课题的极为重要的依据。一篇学术论文的质量高低主要取决于结果与讨论这部分内容的科学性与准确性。

① 实验结果的内容及表达方式

A. 数据。应如实、具体、准确地写出经统计学处理过的实验观察数据资料，不需要全部原始数据。处理原始数据时，要将其分组重新排列，制作频数表，并算出均数或百分率、误差或标准偏差等相关数据，进行显著性检验等统计学处理。分析实验中得到的各种现象和数据，对实验结果进行定性或定量分析，并说明其必然性。

B. 图表。仅有实验数据还不足以说明实验的结果。观察结果常用精选过的图和表来表达。由于插图能够显示变化的规律性，也有利于对不同变化进行对比，形象又直观，因此在表达实验结果时，大多采用图来表示。当需要列出的准确数值或数据不多时，也可用表来表达。图和表都很简洁明了，易于比较，便于记忆。

C. 照片。从实验结果中得来的照片也是一种插图，它比图片更为形象、客观，使读者能直观地理解研究成果。

D. 文字。对数据、图或表加以如实说明。对于从结果中得出的结论，应说明其使用范围，可与理论计算的结果加以比较，以验证理论分析的正确性。

② 实验结果的写作要求

A. 按实验所得到的事实材料的逻辑顺序进行安排，分成节、段，可加小标题。在每一节、段的开头，先简要说明实验的具体目的和意义。然后，从结果中选出最能说明问题的数据，列成表格或选出一些最主要的现象制成图或照片，依照逻辑顺序把图表、公式和计算结果列出。

B. 阐述要实事求是，数据要准确可靠，一切以事实为依据。文字叙述要准确，基本上是解释图、表和照片，提出图、表和照片所能说明的内容和所能证实的结论。

（3）讨论

讨论是对实验方法和结果进行的综合分析和研究，又称“分析和讨论”。只有通过讨论，才能获得对结果的规律性认识。因此，讨论部分体现着论文写作的基本目的。实验结果同经过讨论后所获得的认识或结论不同，前者是具体的现象，而后者是理论升华。作者创造性的发现和见解主要是通过讨论部分表现出来的，讨论部分一般包括对方法和结果两方面的研究。要从论文内容需要出发，决定讨论什么、不讨论什么、什么要着重讨论。有时要详写，或进行严密的推理，或引经据典给予说明，或同其他人的研究进行比较，或运用数学公式演算推导；有时只要略写，或对结果进行简洁的归纳，或说明结果的作用和意义。虽然写法上有繁简之分，但都必须以实验结果为基础，以理论为依据，进行科学的分析。既不要局限于旧说和成见，也不要轻易否定别人的观点。要防止武断和感情用事，防止凭个别的材料得出不合逻辑的一般结论。不要回避存在的问题，对不符合预想的实验结果要作说明和交代。

论文有时将“讨论”同“结果”合在一起写，其原因一是讨论内容单薄、无需另列；二是实验的几项结果独立性强、内容多，需要逐项讨论。这时，先说明一项结果，紧接着进行讨论，再说明一项结果，再进行讨论，条理更清楚。

（4）结论

结论主要是回答“研究出什么”的问题。作为论文的必要组成部分，结论主要是根据自己的实验结果，经过判断、推理、归纳等逻辑分析过程而得到的对事物的本质和规律的认识。结论是作者在对观点经过反复论证、对公式进行严密推导、对数据反复实验的基础上获得的，应与引言所提出的问题遥相呼应，对整个研究成果做出总判断、总评价，是研究结果的逻辑发展，在全篇文章中起画龙点睛的作用。

内容上的要求。结论不是前述部分的简单重复，也不是研究成果的罗列。它是作者在理论分析、实验结果的基础上经过分析、推理、判断、归纳形成的更深入的认识和总观点。因此，结论的撰写内容应包括：研究结果说明了什么问题，得出了什么规律，揭示了什么原理，解决了什么理论或实际问题，有何新的见解，以及有哪些不足之处和尚待解决的问题等。

文字上的要求。结论的措辞必须严谨，要有严密的逻辑性，文字必须鲜明具体，切忌含糊不清、歧义和随意轻率。结论的语句只能作一种解释，用词要准确、鲜明，对于得出的新观点和新见解，可用“揭示”“指出”“表明”“证实”等词引出。

结论应基本采用文字叙述，除个别论述实际需要，一般不再出现图、表，做到言简意赅，主要表达定量信息，必要时可将重要数据或结果引用到结论中。另外，结论体现的应是作者在本文中的重要研究成果，对于研究中所借鉴的他人文献资料应安排在正文部分，避免出现在结论中。再有，还应减少无关语句，避免出现自我评价和自我批评的语句。

结论要求层次分明。篇幅较长的结论可依据正文的研究结果的顺序依次列出，使读者一目了然。例如，论文的结论撰写可按：①简述实验所得的最终结果；②根据结果推出的规律、普适性；③研究成果的实用价值及其意义；④对未来前景的展望；⑤对本研究进一步提出的建议等几方面来阐述。篇幅较短的结论可自成一段，其内容顺序与较长结论相同，只是文字少些，撰写时同样要层次清晰。

三、附属内容

学术论文通常还包括参考文献、附录、注释、致谢等内容，主要陈述有哪些依据和有哪些需要向读者补充交代的内容，何人协助和指导了论文的写作和其他研究工作等。这些内容属于附属性内容，是学术论文主体部分的一个重要补充。

1. 参考文献

参考文献需要注意以下三个方面：①每个期刊都有自己的格式，所以必须按要求的格式组织。②文献的作者、期刊缩写、年代、卷数以及页码等信息必须仔细核对正确。③所有列出的参考文献必须阅读过，不能简单地把某篇文献的相关参考文献引入论文。

引用文献的小诀窍：①引用最新的文献。②投哪个期刊就多引用哪个期刊或者与其具有同等及以上影响力期刊上的文献。所在领域做得好的课题组的文献也都尽量引用到，尤其要引用他们发表在所投期刊上的文献，因为论文很可能送到这些课题组评审。

2. 附录

附录是附在论文正文后面的有关资料，是正文主体部分的补充物，它可对专门技术问题做较系统的介绍。附录并非学术论文的必备部分，只有在需要时才列在参考文献之后。

（1）附录的内容和类型

附录的类型可分为补充性附录和参考性附录两种。补充性附录是指在论文送交刊物后，又发现有新的资料或需要补充的内容，这时可用补充形式与论文同时刊出。有些实验或者观察到的现象，虽未对本研究工作产生影响，列入正文又会冲淡主要观点，但如实报道出去也许对别人有用，这就可作为补充性附录列出。参考性附录的内容包括：一些较之正文更为详尽和更为原始的实验数据；一些重要公式的演算、推导、证明过程；一些重要的仪器、设备的解释或说明；一些辅助资料，如计算机框图或程序软件等；一些重要的统计表、曲线图、照片和图纸等；建议阅读的参考文献题录；不便列入正文的其他内容。

附录内容的一般原则是：对于插入正文后有损于编排的条理性和完整性的材料；篇幅太大的材料；属第二手资料或属珍贵罕见的材料；对一般非专业读者并非很必要，但对本专业同行有重要参考价值的内容。

（2）附录的写作要求

一篇论文可以没有附录，也可以有几个附录。附录的写作也有统一的规定和格式。“附录”两字居中书写，单独占一行。附录也可以别于正文而另拟标题，其位置应在“附录”两字之下，单独占行。附录的分节段法，用大写字母从 A 起顺序编号。附录中的小标题，用 A1、A2 的顺序编号。附录中的图、表应在每个附录内单独编号，如图 A1、图 A2 分别表示附录 A 中的图 1、图 2。附录应与正文连续编码。

3. 注释

注释用于对论文中的一些词语进行简短的解释和说明，目的是让他人容易看懂，只在必要时列出。注释的类型有正文夹注、脚注、尾注等。

（1）正文夹注

正文夹注通常是通过在正文中的词和一些短语后面用加圆括号的办法，将需要说明和解释的内容注入括号。如文中第一次出现的生物普通名称（或中文名称）需夹注拉丁文学名等。

（2）脚注

脚注亦称呼应注，通常列于本页底脚处，并加一横线与正文相隔，只有一个注释时，脚注符号可用“*”或“#”，注释多于一个时可用“1）”“2）”。每条脚注均应另行书写。

（3）尾注

尾注的符号同脚注。通常用于较复杂内容的注释。这种注释的文字较长，一般列于篇末，写作形式与附录相同。

4. 致谢

致谢部分通常是感谢相关基金对本项目的经费支持，或者是合作者、同事在某个细节方面的帮助，但是凭借这些帮助不足以成为论文的作者，所以放在致谢部分。因此，应分清楚哪些人可以列为作者，哪些人只需致谢。

四、修改定稿

1. 修改的作用

修改是对论文初稿所写的内容不断加深认识，对论文表达形式不断优化选择直至定稿的过程。“不改不成文”，这句话说明了修改在论文形成全过程中的重要作用。一篇论文的修改，不仅仅是在语言修辞等枝节上找问题，更重要的是对全文的论点及论据进行再次锤炼和推敲，使论文臻于完美。学术论文的写作过程就是一个不断修改的过程，即使运用电脑写作，随写随改，也仍然需要最后通篇阅读、修改。一篇论文，只有经过反复推敲和修改定稿后，才算是最后完成。因此，论文修改是科学研究的继续与深入，是提高论文质量的有效措施，是科学研究者严谨的科学态度与对读者和社会高度负责的体现。

2. 修改的范围

由于修改的目的是使文章能够更准确、更鲜明地表述研究成果，那么，就修改的范围而言，总的说来就是发现什么问题修改什么问题。具体地说，内容上包括修改观点和材料；形式上包括修改结构和语言。

（1）修改观点

观点体现着论文的价值，是修改时应该首先注意的问题。要注意修正错误的观点、主观片面的观点和陈旧的观点。修改观点应从两方面进行：一是观点的订正，检查全文论点及由它说明的若干问题是否带有片面性或表述不够准确，进行反复斟酌和推敲。如发现问题，应重新查阅资料，对实验方法及数据，给予增补、改换。二是观点的深化，应检查自己的论点是否与别人雷同，有无新意。如果全篇或大多数观点都是别人已经阐述过的，没有自己的见解和新意，则应从新的角度提炼观点，形成自己的见解。

（2）修改材料

初稿中的材料一般只是按序罗列。修改材料就是通过对这些材料的增、删、改、换，使文章“骨肉”丰满、观点明确、论点和材料达到和谐统一。

“增”是为了使支持和说明观点的材料更充分，需要多种层次、多种属性的材料做多方面的论证。如果材料单薄、属性不全，则论点立论就不稳，应当再次选材增加内容，弥补缺陷，使之丰润饱满。例如，对于实验性论文，不能仅靠很少的几个实验数据，便展开主观想象或得出规律，这种做法是违背科学规律的。如果发现这种情况则应及时增补实验内容，获取更多的实验数据，真正使论点立于不败之地。

“删”即净化和精练材料，突出重点。成功的论文不是材料的堆砌，若干观点所用材料如果有相似的情况，应适当归类合并，保留精华，去掉累赘。最后纵观全文，所用的材料应该是充分而必要的、质量可靠和数量适度的。

“换”即初稿中的材料一般并不都是最令人满意的、最恰当的，为了使所用材料更准确、更有说服力，可对材料进行适当改换。改换材料，一是改换材料在全文中的位置，使各部分材料针对性地支持某个论点增加论证的逻辑效果；二是改换新的材料，丢掉不典型、不新颖和说服力不强的材料，使文章内容精练、中心突出。

（3）修改结构

结构是论证的逻辑展开形式，也是论文内容的组织安排形式，它反映了作者对论题的思考步骤和推理逻辑过程。因此，结构的修正，就是要理顺作者的思路，使全文各部分间脉络清晰、层次井然、详略得当、逻辑严密、中心突出、主题明确、浑然一体。

结构的优劣，直接关系着文章整体大局和内容的表现效果。初稿完成后，首先要看是否符合论文的结构要求、是否举纲辑要；论点、论据、论证三要素是否全部具备、得当，是否层次分明、脉络清楚。其次，要看结构的各部分安排是否妥当。开头、结尾、段落、层次，主次结构的各个环节是否合适。如发现中心论点或分论点需要变化，层次不够清楚，段落不够规范，内容松散无力，则应进行修改。如果论文准备投送期刊发表，则应按照所投刊物的要求，再检查论文的标题、署名、单位、摘要、关键词、正文、参考文献等各个部分是否符合该刊要求。但是，不论怎样，结构是为表现内容服务的，修改结构要从大处着眼，抓住主要矛盾，务必以鲜明和准确地表现文章的内容为基本准则。

（4）修改语言

要把自己的研究成果准确地描述出来，就必须在语言修辞上反复斟酌和修改。学术论文对语言的要求首先是具有准确性，其次才是可读性。因此，论点及论据的表述均应实事求是，切忌夸张；对自己的成果或结论，作者不应做出过多评价。例如，有的作者常把自己的成果说成是“国内首创”“填补了某某空白”，这些语言一般不应出自作者之口，否则将给读者自骄自傲、自高自大的感觉。语言的可读性也不容忽视，初稿中的语句难免出现重复和生涩的现象，这就需要进行加工修改。

论文修改时要对语言进行锤炼，首先是对字词的推敲选择，使用字词必须准确；其次，要注意句段的修改，切忌出现语法错误；并力求句式富于变化，长短相间，具有气势，增强感染力和说服力；同时，应注意语言的规范和书写格式的合理。此外，修改论文时，还应订正注释，并注意按学术论文的规范要求调整和修改其他各个组成部分。图表是学术论文的特殊语言，在进行语言修改时，还应检查一下文章中图表数据是否可靠、形式是否规范、符号是否符合要求、标点是否合理等。总之，修改语言的目的是使文章的观点得到准确、鲜明、简练、生动的表达。

（5）修改方法

修改论文很难有一个固定的方法，每个人的思维方式、写作习惯不同，修改的方法自然不同。根据学术论文的特点，一般有效的修改方法有下列几种。

① 整体着眼，通篇考虑

修改时，首先应反复阅读初稿，注意从大的方面发现问题，不要被枝节上的毛病纠缠住。所谓大的方面即指论文的基本观点、主要论据是否成立；全文布局是否合理；论点是否明确；结论是否自然恰当；论证是否严谨；全文各个部分是否形成了一个有机的整体。

② 逐步推敲，精细雕琢

初稿完成后，可逐字、逐句、逐段审看，挑瑕疵，找毛病，发现问题及时解决。这种修改方法需要事先对全文作大体上的通读，对文中各个部分的表述基本上做到心中有数，如果盲目进行，则效果甚微，甚至会越改越乱，越改越不称心。

③ 虚心求教，请人帮助

初稿写成后，作者头脑里已经形成一个定式，修改时自己很难从中跳出来，同时，作者对自己煞费苦心写出的初稿往往十分偏爱，很难割舍，这种心理是正常的，这时，为了保证论文的质量，最好的办法就是虚心向别人求教，把自己的稿子送给专家或导师看，请别人提意见。然后，认真分析所提意见，再做修改。实践表明，这种方法可以避免较大的失误。

五、论文定稿

1. 定稿的要求

完成学术论文的初稿后，必须经过反复修改，才能最后定稿。初稿起码应达到以下几点方能定稿：观点正确，富有新意，论据充分可靠，论述层次清楚，逻辑性强，语言准确生动，具有感染力，能为读者所接受。简单地说，论文修改的理想效果，首先是自己满意，其次是能让读者满意。

2. 初稿的压缩

学术论文一般有字数规定，并不是越长越好，所以常常要对初稿进行压缩，即对论文做进一步的提炼精简。一般来说，压缩可从以下几方面入手。

（1）压缩引言

撰写论文时，往往会在引言中先交代课题研究背景和研究动态、写作目的及主要究方法和手段，这对支持论点是有重要作用的，但毕竟不是全文的核心。因此，引言应力求简练，否则，会有喧宾夺主之感。一般而言，引言部分只要起到辅助论点的作用即可。

（2）压缩图表

图表是学术论文常用的一种特殊语言。好的图表，应当结构合理、项目清楚、大小合适。一般在初稿写作中很难达到这个要求，这就需要进一步修改、压缩、调整。图表不宜过大，文字尽可能清晰好看、言简意赅。图表中已表达清楚的内容，一般不再作过多的文字叙述；过分简单的图表，则应改为文字描述，避免图表排版的困难。

（3）压缩论证过程

学术论文不是教科书，对论点的论证不必从基本原理说起。有的作者唯恐读者看不懂，或担心论证有漏洞，在论证时，不惜笔墨从基本知识讲起，原想使论文天衣无缝，顺理成章，结果却恰恰相反，降低了论文的学术价值。一篇好的论文，其论证应是简洁有力，读后使人耳目一新、心服口服。因此，对初稿中那些被公认的事实，要尽量压缩。

（4）压缩参考文献

参考文献应录入与论点、论据、方法及结论等有紧密关联和产生重要作用的文献。

（5）压缩正文

文中含糊不清、模棱两可的字句也要尽量删改压缩。作者应当考虑到读者的心理需要，把读者最需要的东西保留下来，还可以通过指导教师和责任编辑审阅原稿后提出压缩意见，再由作者执笔压缩。

总之，压缩的目的是使论文变得更加简练明了。围绕这个目的，作者可采取多种方法压缩，根据体裁合理取舍。当然，有时在最后的定稿过程中，在做初稿压缩的同时，也可能会补充或扩展内容。定稿是学术论文写作的最后程序。稿件经过反复修改后，作者已经确定符合有关要求，便可定稿。

第八章

学术论文的投稿及发表

Chapter 8

[要点提示]

介绍国际科技期刊的投稿流程和注意事项。

对于理工科学生而言，了解期刊论文的投稿方法及注意事项是非常必要的。本章简单介绍国际科技期刊的投稿流程和注意事项。

国际期刊投稿的基本流程：选择期刊（select journal）→准备稿件（prepare manuscript）→投稿（submit manuscript）→编辑处理稿件（with editor）和专家评审（under review）→稿件退修（revise）→接收或拒收（accept or reject）（图 8-1）。本章按照国际科技期刊投稿流程的顺序，对各个主要环节分别进行简要介绍。

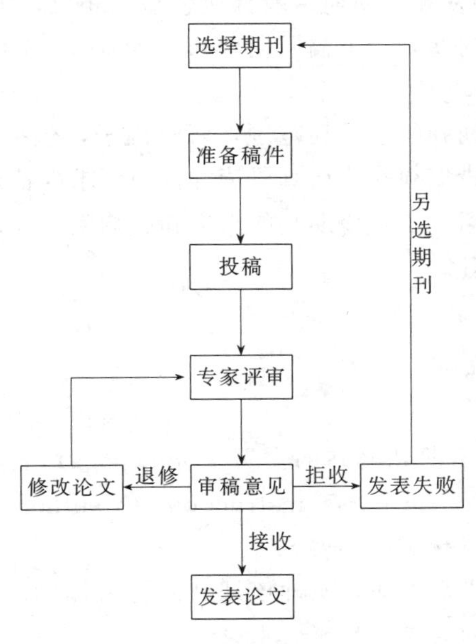

图 8-1　国际期刊投稿的基本流程

第一节　选择期刊

一、了解目标期刊

在撰写学术论文及期刊投稿前，首先要选择并锁定拟投稿的目标期刊。通常依据文章内容和创新程度选择合适的期刊。对自己论文的水平或价值（理论价值与实用价值）做出客观、正确的评估，这是一个重要而困难的工作过程。评估的标准是论文的贡献或价值大小以及写作水平的高低。作者可通过仔细阅读、与同行讨论、论文信息量评估等办法来完成这项工作。在此基础上，选择恰当影响因子（impact factor，IF）的期刊。影响因子大的期刊固然值得推崇，但若自己论文的水平达不到这类期刊的发表标准，即使投稿了，也很难被接收，甚至秒拒。因此只有选择与自己文章定位相符的期刊，发表的可能性才会更大。目前ScienceDirect数据库有“Journal selection”功能，可以尝试应用该功能优选适宜的期刊。

（1）根据研究内容，确定目标期刊的范围

根据拟投稿论文的主题、关键词、研究内容等，参照课题研究过程中阅读的相关参考文献、发表类似学术论文的期刊，初步筛选出可供候选的期刊或期刊群。

（2）根据创新程度，确定目标期刊的层次

根据拟投稿论文的创新程度，对照本专业领域已经发表的论文，判断该论文在创新性上达到了什么层次的期刊要求，是SCI收录期刊或EI收录期刊还是本学科核心期刊或统计源期刊。

（3）鼓励向SCI期刊投稿

SCI期刊具有如下优势：通常SCI期刊不收版面费（open access期刊除外，可以避开该类期刊）；国际期刊从送审到发表，周期一般都比较短。相反，国内高层次期刊的版面非常有限，而且投稿人太多；国内期刊的审稿周期较长，少则5～6月，多则一年以上；国内期刊影响因子较低。

在期刊官网中，了解该期刊的宗旨和范围，影响因子，包括刊载文章类型、读者对象、当前热点等，下载该期刊的投稿须知，认真研读并依照要求准备论文。

通过有关学术论坛的介绍，了解该期刊的声誉和影响因子等；了解其他投稿人对该期刊投稿情况的反映和刊发周期等。

二、熟悉投稿要求

1. 研读投稿须知

确定目标期刊后，可从该期刊网站的主页（homepage）上，获取该刊的“投稿须知”（author guides，guidelines for authors，instructions to authors，information for authors，advice to contributors，advice to authors）。

仔细研究拟投稿期刊的投稿须知，明确该期刊的论文体例，以及对标题、图表、符号、参考文献格式、文稿排版等的要求。

从撰写论文的第一稿开始，就按照投稿须知的要求撰写。这样做既能节省编辑和审稿人的时间，也能节省作者自己的时间。所有的编辑和审稿人都不愿意在准备不充分的稿件上浪费时间。作者提交不规范的稿件，也是对编辑和审稿人的不尊重。

2. 参照论文样稿

查找该期刊最新发表的论文作为样稿，阅读论文样本并在写作论文时参照其格式。有些期刊会提供相应的论文格式模板，如 word 模板（*.doc 格式）和 latex 模板（*.tex 格式）。下载后利用 Word 软件或 Latex 软件撰写所要投稿的论文。在撰写时不要轻易修改模板中的格式。

第二节 准备稿件

一、文稿准备

（1）国际期刊审稿人对高质量稿件的看法

① 论文具有原创性和创新性；

② 题目合适，摘要规范。图表清晰可靠，精选参考文献；

③ 英语表达好，语法错误、拼写错误少。

（2）国际期刊编辑对作者的建议

① 论文要投对期刊，每次只投一种期刊，绝对禁止一稿多投；

② 注意文章的框架结构、内容和格式要符合期刊的要求；

③ 论文组织论证严密，逻辑性强；具有可读性，条理清晰，有影响力；

④ 英语表达要流畅；

⑤ 杜绝抄袭、剽窃、数据造假等学术道德问题。

（3）国际期刊编辑抱怨最多的论文细节问题

① 题名和摘要含混不清或不科学；

② 关键词缺失或者不合乎期刊的规范；

③ 参考文献数量不当或过时；

④ 低质量的图片和无意义的说明；

⑤ 论文的语言不清楚，不具有客观性、准确性、简洁性；

⑥ 忽视了期刊的投稿要求。例如，投稿须知中的刊载论文范围、读者对象、双倍行距、图与表、行号、表格放在后面等要求。

二、学术论文的组成及要求

1. 学术论文的组成

① Title

② Author affiliation information

③ Abstract & Keywords

④ Introduction

⑤ Experiment (or Materials & Methods)

⑥ Results and Discussion

⑦ Acknowledgements

⑧ References

⑨ Tables and Figures

⑩ Supporting Materials

2. 论文各部分的要求

① Title：论文题目应醒目、准确，而不要含糊其词。

② Author affiliation information：提供完整的作者姓名、单位，通讯作者的联系方式。

③ Abstract & Keywords：总结论文的背景、实验思路、重要结论及展望内容；提供3～8个关键词。

④ Introduction：介绍研究背景，对已有研究进行适度总结归纳，清楚地表达为什么要进行本研究，论文研究思路是什么，期望解决的科学问题是什么。

⑤ Experiment (or Materials & Methods)：整理完整、清晰的研究路线、研究方法，要特别注意研究方法是否合理。

⑥ Results：结果是文章中最重要的部分，要求配图和表格清晰，文字解释合理。

⑦ Discussion：对实验结果进行讨论，并与同类研究结果进行多维度比较；注意结论应客观，不要夸大。

⑧ References：注意参考文献格式；尽量引用最新的参考文献；可适当引用拟投稿期刊近两年发表的相关文章。

⑨ Tables and Figures：论文中涉及的比较重要的图形和表格，分别整理；图形要清晰、整洁；表格要合理。

⑩ Supporting Materials：考虑论文大小，一些数据、图形、表格可以总结于此。

第三节 投稿

一、投稿信的撰写

投稿信（cover letter）是投稿必需的文本，在投稿前，应事先拟写一封适宜的投稿信。

1. 投稿信的内容

投稿信的主要内容包括：文稿的作者和题目，文章的主要创新点或结论，通讯作者的email、地址、电话号码等信息。投稿信的次要内容：有的期刊要求在投稿信中声明或承诺，文稿内容真实，所有列出作者均对文稿有贡献且同意投稿，未一稿多投；有些期刊要求提供3～5位审稿人的详细信息（姓名、工作单位、联系邮箱、选择原因等）。

2. 投稿信举例

以作者投稿至Journal of Molecular Liquids的文章为例，提供撰写的投稿信，作为参考。

Dear Editors,

We would like to submit the manuscript entitled "(Manuscript Title)", which we wish to be considered for publication in *Journal of Molecular Liquids*. We believe that this paper would be of interest to the journal's readers. The manuscript word count is 4，491（excluding references）. The paper contains 10 figures and 10 tables. The supplementary material contains 3 figures and 5 tables.

The following reviewers are suggested.

Name；Research affiliation；E-mail address.

Suggestion reason：Prof * * * published many articles on synthesis and application of surfactants or ionic liquid surfactants.

The work is original and has not been submitted elsewhere for publication，and all authors approved the submission. We will appreciate very much if the paper can be reviewed critically and any comment，suggestion and advice from the reviewers will be appreciated.

Correspondence about the paper should be directed to：

Correspondence author name；Research affiliation；Address；E-mail address；Telephone.

Thanks very much for your attention on our paper.

Sincerely yours，

* * * * * *

二、投稿一般程序

随着网络技术的发展，目前大多数 SCI 期刊都采用在线投稿系统。在线投稿就是利用期刊网站上设立的在线投稿系统，将论文在线提交。如 Elsevier ScienceDirect，ACS（美国化学学会），RSC（英国皇家化学学会），SpingerLink，Wiley-Blackwell 等出版社的 SCI 期刊，已经完全采用在线投稿方式投稿。以下简单介绍在线投稿的方法。

1. 在线投稿一般程序

选择拟投稿期刊→进入该期刊的论文投稿系统→阅读“投稿须知”→申请账号注册→登录系统→按照提示，一步步提交相关文件→确认投稿。

2. Elsevier ScienceDirect 在线投稿实例

现以 Colloids and Surfaces A：Physicochemical and Engineering Aspects 为例，介绍在线投稿流程。

注册账户，填写账户信息（Username），登录（图 8-2）。

进入投稿主页，Submit New Manuscript（图 8-3）。

将 Cover Letter，Graphical Abstract（for review），Manuscript，Highlights，Credit Author Statement，Figure（s），Table（s），Supporting Materials 等材料分步上传至投稿系统（图 8-4，图 8-5，图 8-6）。

提供 3～5 位审稿人信息（姓名，单位地址，邮箱地址，推荐理由等），如图 8-7。

审核并修正论文相关重要信息，审核论文的标题，摘要，关键词，所有作者信息（姓名、工作单位、邮箱地址等），提供研究项目资助机构信息（图 8-8）。

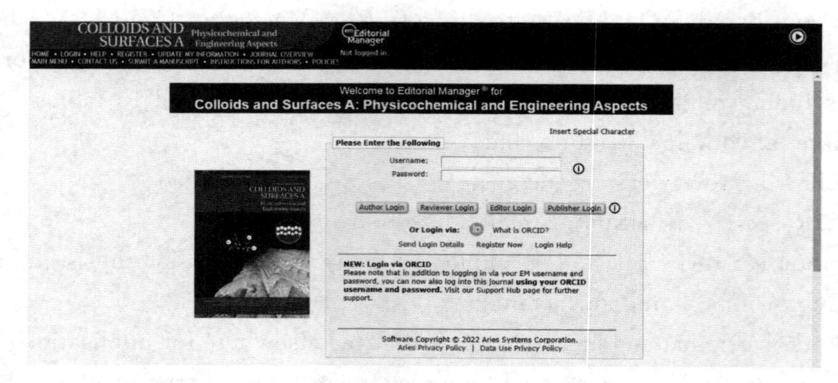

图 8-2　Colloids and Surfaces A 期刊投稿主页

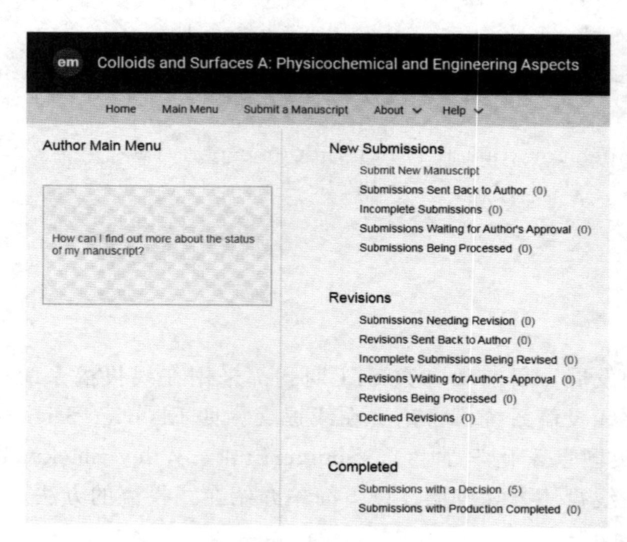

图 8-3　投稿主页

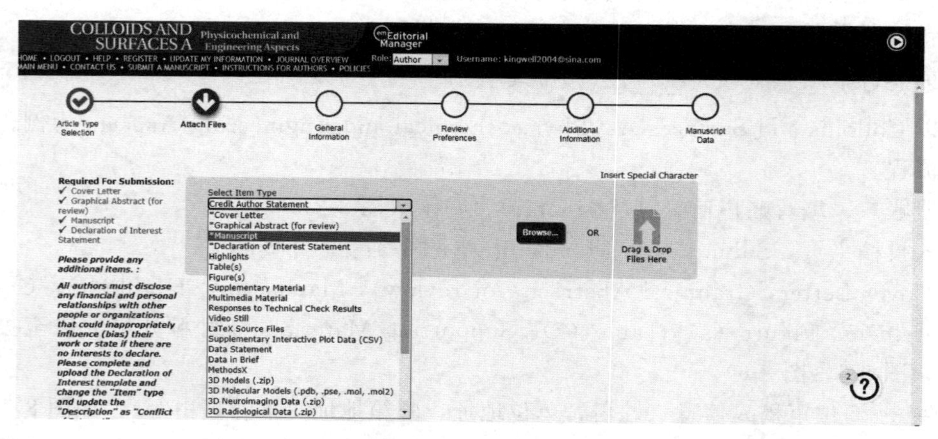

图 8-4　上传 Manuscript

系统将稿件生成 pdf 文件，投稿人下载 pdf 文件，并检查是否有问题，如果没有修改，确认投稿（图 8-9）。

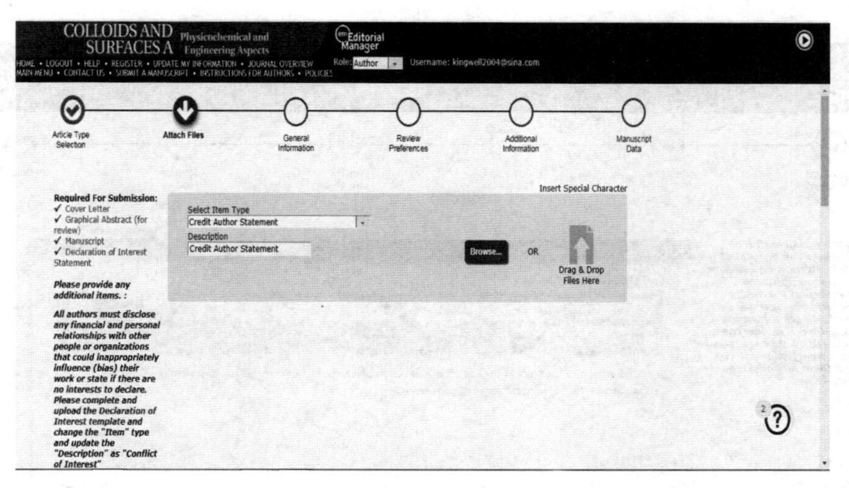

图 8-5　上传 Credit Author Statement

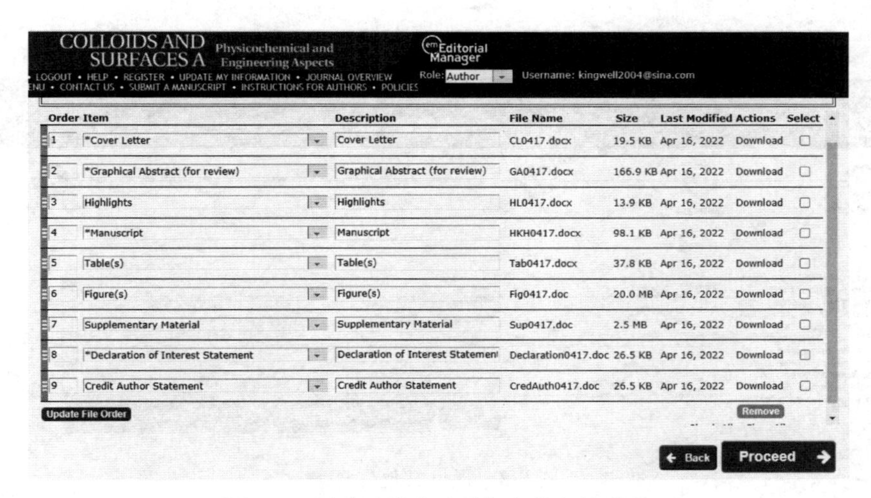

图 8-6　投稿系统中需要提交的文档清单

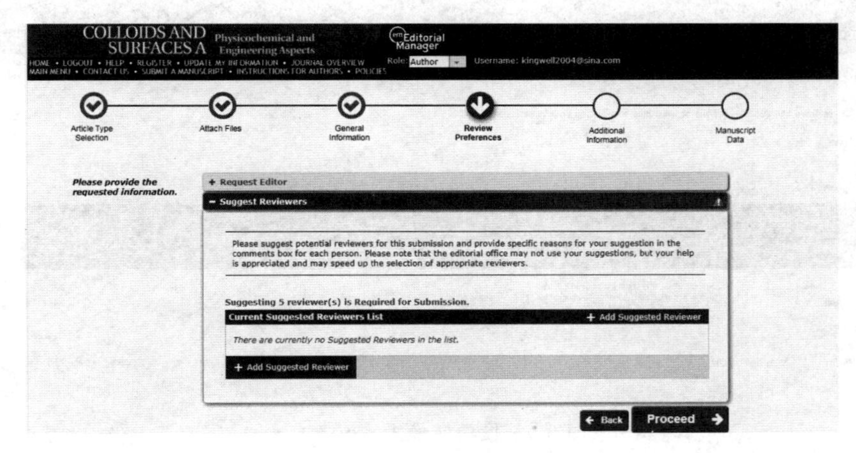

图 8-7　提供审稿人信息

跟踪稿件状态（图 8-10）。

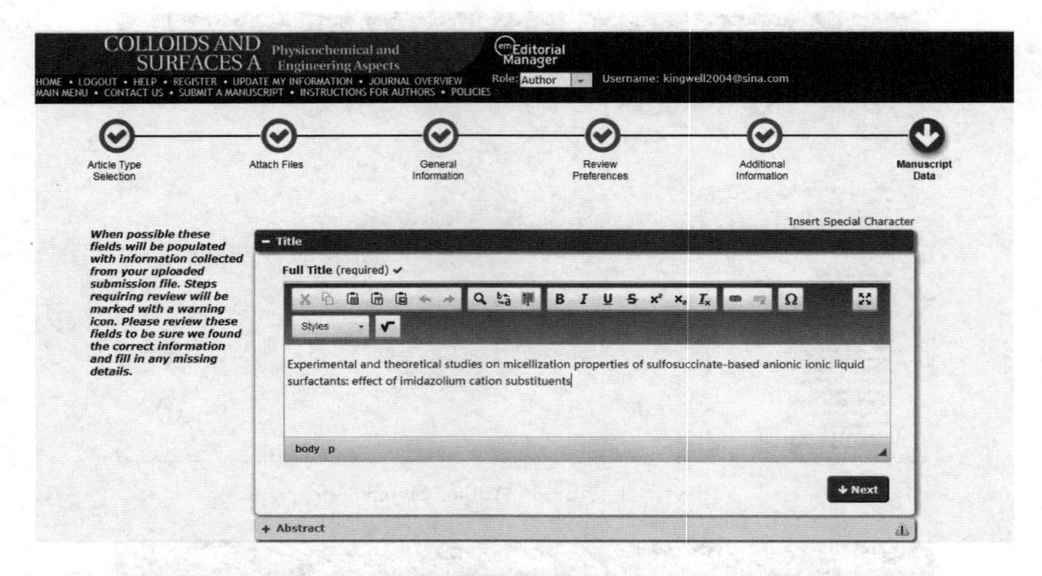

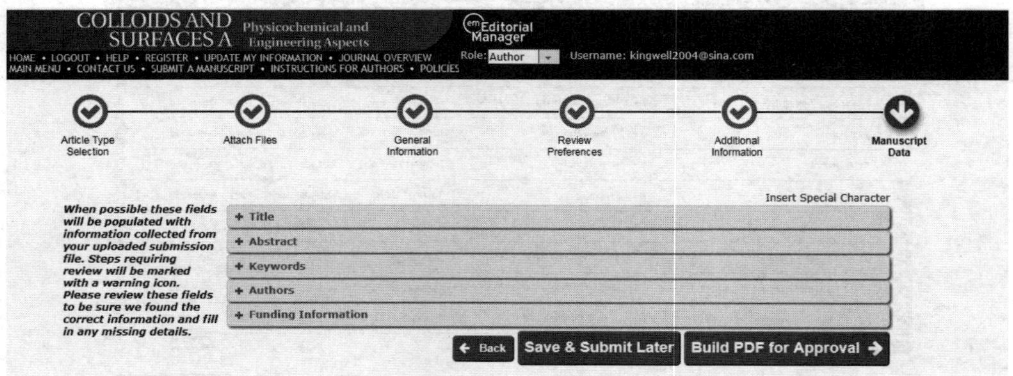

图 8-8　提供其他信息

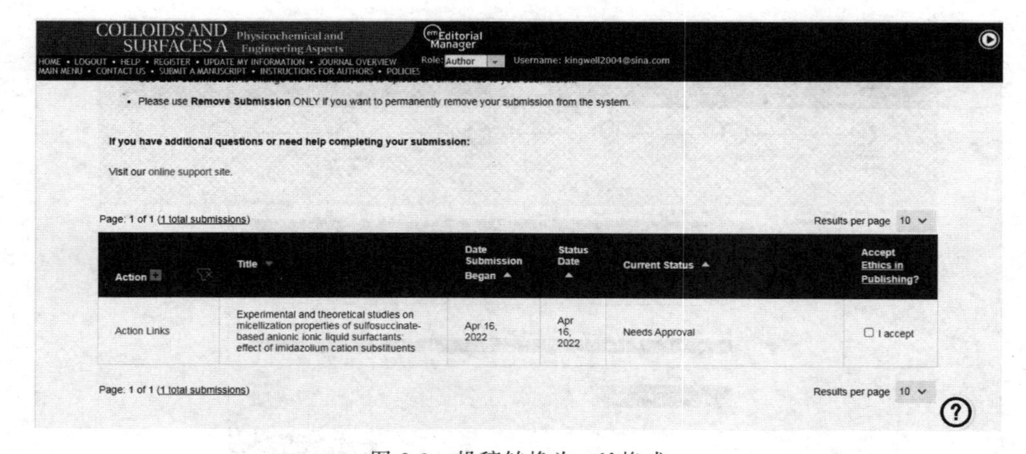

图 8-9　投稿转换为 pdf 格式

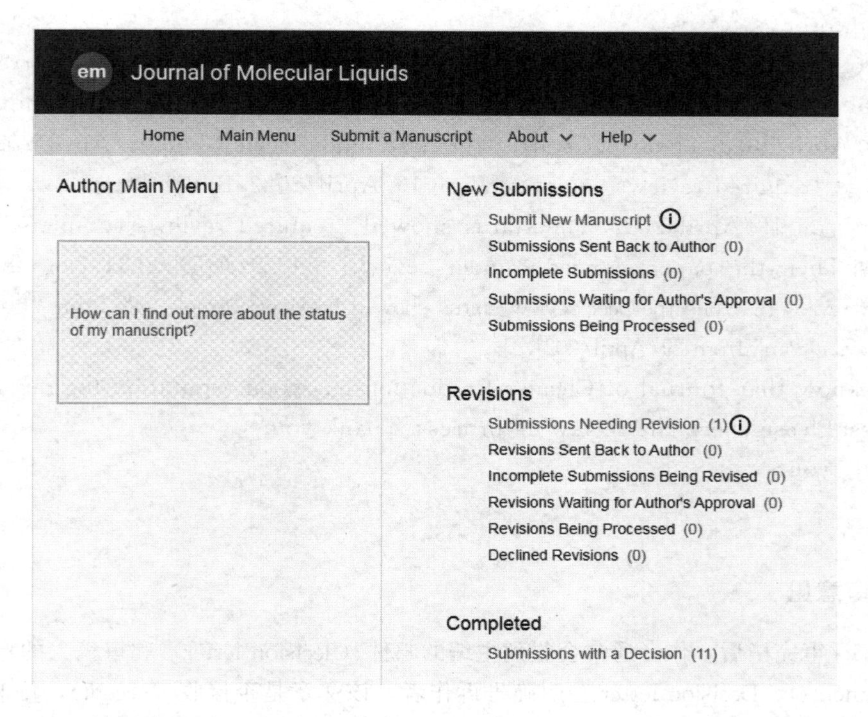

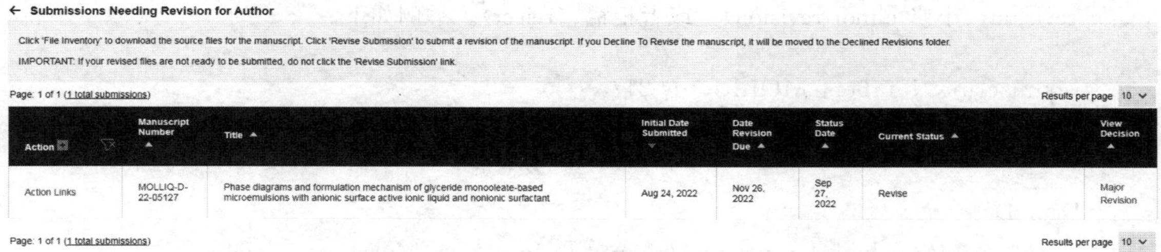

Action	Manuscript Number	Title	Initial Date Submitted	Date Revision Due	Status Date	Current Status	View Decision
Action Links	MOLLIQ-D-22-05127	Phase diagrams and formulation mechanism of glyceride monooleate-based microemulsions with anionic surface active ionic liquid and nonionic surfactant	Aug 24, 2022	Nov 26, 2022	Sep 27, 2022	Revise	Major Revision

图 8-10 稿件状态

第四节 专家评审

一、同行专家评审

SCI 期刊要求作者在投稿时推荐几名备选的评审专家。作者可在近几年发表的与本课题有关的学术论文中寻找评审专家，选择该论文的通讯作者作为评审专家。SCI 期刊一般由 3～7 名同行专家匿名评审。

论文投稿后，可以登录期刊投稿网站，实时跟踪投稿论文的状态。如果论文通过编辑的初步审核，发给审稿人进行论文评审，此时论文状态更新为 under review 状态，目前，大多数 SCI 期刊的论文审稿时间为 3～4 周，如果论文状态维持 under review 时间较长，比如超过 35 天，或者更长，可以发邮件询问论文进展（enquiry）。下面的邮件供参考。

Dear Editors,

Sorry to bother you. I am * * * * * * (Corresponding Author Name), corresponding author of JCLEPRO-D-22-* * * *, with title "Manuscript Title". We submitted the paper on 04/April/2022. The paper started the first "under review" on 05/April/2022. The status showed "required reviews completed" on 19/April/2022. But the status was "under review again" on 19/April/2022. The status showed "required reviews completed" after several days. Then the paper showed "under review" on 29/April/2021. Now the status shows "under review". While the peer review status showed "reviews completed" from "track. authorhub. elsevier. com" from 29/April/2021.

We all know that Journal of Cleaner Production has good reputation for rapid reviewing process. Please check the reviewing process. Thank you.

Sincerely yours,

* * * * * *

二、收到评审意见

同行专家评审完毕后，作者通常会收到主编的邮件（decision letter）和审稿人的意见（reviewers' comments）。Decision letter会明确告诉作者，该文章是否接收（accept），修改（大修major revision，小修 minor revision），或者拒稿（reject）。举例如下。

Manuscript Number：MOLLIQ-D-21-* * * *

Manuscript Title：* * * * * *

Dear Dr * * * *,

Thank you for submitting your manuscript to Journal of Molecular Liquids.

I have completed my evaluation of your manuscript. The reviewers recommend reconsideration of your manuscript following major revision. I invite you to resubmit your manuscript after addressing the comments below. Please resubmit your revised manuscript by Apr 02, 2021.

When revising your manuscript, please consider all issues mentioned in the reviewers' comments carefully：please outline every change made in response to their comments and provide suitable rebuttals for any comments not addressed. Please note that your revised submission may need to be re-reviewed.

To submit your revised manuscript, please log in as an author at https：//www. editorialmanager. com/molliq/, and navigate to the "Submissions Needing Revision" folder.

Journal of Molecular Liquids values your contribution and I look forward to receiving your revised manuscript.

Kind regards,

* * * * * *

Editor-in-Chief

Journal of Molecular Liquids

第五节 稿件退修

几乎每一篇已经发表的论文，在发表前都被退给作者修改过。被要求修改论文是个好消息，说明你的文章没有被拒稿。作者必须根据主编和审稿专家的意见，认真修改稿件。

一、修改稿件

修改稿件要注意以下问题：

（1）注意截止时间

论文在审稿后如果被通知修改，会有一个修改论文提交的截止日期。一定要明确修改的期限，保证在规定时间内完成修改并上传修改论文（revision），尽量提前提交修改论文。

（2）注意修改的内容

反复阅读、完全读懂审稿人的评审意见，明确哪些是必须修改、补充或解释的，哪些是可以探讨的。

① 对于必须修改、补充或解释的，必须认真地逐条修改、补充或解释，不容半点马虎。对于审稿人推荐的文献，一定要引用，并讨论透彻。

② 对于可以不予理会甚至找个理由直接拒绝的意见，有以下情况：

有的审稿意见是认为怎么样会更好或更有意思，对于这样的意见可以不予理会；有的审稿意见是要你补充一些实验，如有可能应尽量补充，如不能也不要回避，说明不能补充的合理理由；有的审稿意见的评论或评价有可能是错误的。如果要对审稿人的问题或质疑进行反驳，一定要提供充分有力的证据，可引用已发表的论文的观点，或学术界公认的结论等。

③ 不管审稿意见是否正确，针对审稿人的意见要逐条回复，不能忽视任何一条审稿意见。

二、修回说明

1. 修回说明的作用

修回说明又称为答辩函，是给主编和审稿人看的回复函件，目的是让主编和审稿人能够快速地知道论文的哪些地方做了哪些修改，以及作者是怎么回答审稿人提出的问题的。主编和审稿人不必再去阅读修改的论文，直接阅读修回说明就能知道作者所做的一切了。

2. 修回说明的内容

修回说明一般包括给主编看的内容和给审稿人看的内容。

（1）给主编的回函：对他们给文稿提出修改意见表示感谢。告诉主编已经按照审稿人的要求仔细修改过论文了，并对未作修改的地方说明理由。

（2）给审稿人的回函：对审稿人表示感谢。对每个审稿人按照审稿意见中的顺序分别回复（response to reviewer 1，2，3），对每个审稿人的每个问题按顺序逐条应答。对已作修改的地方，说明要具体，例如在哪一个 section，page，lines 等。如果没有按照审稿意见修改，也要说明理由。

3. 修回说明的格式

修回说明不是论文的一个组成部分，一般是一个单独的文件。期刊一般不提供修回说明的模板，也没有统一的格式要求。作者只需做到方便审稿人阅读、内容结构清晰易懂就可以了。一般以 word 文档编辑修回说明（Response Letter）。下面的修回说明供参考。

Response to Editor and Reviewers（MOLLIQ-D-21-＊＊＊＊）

Manuscript Title：＊＊＊＊＊＊

Journal of Molecular Liquids

Dear Editor and Reviewers，

Thank you very much for your work on my manuscript，and I agree with the comments on the paper and accordingly revised my manuscript. Here attached my response to all the comments of editor and reviewers.

Comments to Author：

The manuscript addresses the aspect related to the hydrogen bond interactions between ionic liquids and chitosan. The presented data is credible and well conducted. This work can be accepted for publication after minor corrections.

1）Mostly，in the introduction section，authors should include the comprehensive review on the solubility of saccharides in ionic liquids done by Zakrzewska et al. Energy Fuels，2010，24，737.

Response：We revised introduction accordingly. Please check.

2）Furthermore，authors should better position their work in light of other publications in this area already published.

Response：We revised accordingly. Please check.

3）In addition，the conclusions should provide an impact of this work may have on the research area.

Response：We revised accordingly. Please check.

第六节　发表或拒稿

一、发表

从文稿的修回到发表，通常会有反复。发表周期的长短，不同期刊有很大差别。有的期刊也许要经过一段漫长的时间才能将文章发表出来。此阶段要经常登录投稿系统或登录邮箱检查邮件，查看进展情况。

如果不需要再修改，期刊会和论文的联系作者联系，完成版权转让。国际上很多好的期刊不需要版面费。

一段时间后，论文会在线刊发（online）。到指定时间，论文便会印刷出版。至此，论文的投稿全部结束。

二、拒稿

被拒稿是不愉快的，但也是很正常的。一般科技期刊的录用率不到30%，高层次期刊的录用率不到10%。深入分析拒稿原因，大多数的编辑都会对拒稿给出详细的意见，要认真理解评审意见。不要放弃，每位作者都会有退稿经历。退稿后应完善稿件，改投其他期刊。

第七节　投稿注意要点和状态术语

一、 SCI期刊投稿注意要点

① 确定适宜的投稿邮箱，可使用本单位的邮箱，如高校或研究所的邮箱，相对比较正规；也可使用一些大门户网站的国际通用邮箱，比如新浪、雅虎等。

② 准备好投稿信。注意该期刊对投稿信的内容是否有明确要求。有的期刊在投稿须知中明确要求，在投稿信中必须做出一些申明，例如无一稿两投、无泄密、无版权纠纷等。

③ 注意该期刊对稿件格式（file formats）的要求。

④ 注意该期刊是否要求作者提供一些审稿专家；如果需要提供审稿专家，须提供审稿专家的工作单位、地址、电子信箱和推荐理由等。

⑤ 在线投稿后要记住自己的文章编号（manuscript number），以后与编辑联系的时候，就可以在email邮件主题中写上自己的文章编号。

⑥ 对于审稿人的意见，要逐条回答。做了哪些修改要让编辑和审稿人一目了然。一般情况一篇论文是由同一位审稿人一审到底，一直到审稿人没有意见为止。

⑦ 校正清样时，注意基金号是否写错，作者名字是否写错（大部分期刊是不允许投稿后增减作者的）。有的期刊清样校正后不允许再改动。

⑧ 按照要求签署版权转让协议书（assignment of copyright），注意什么地方要打印，什么地方要手写，什么时间必须返回协议书。

二、投稿状态术语

① Submitted to Journal：论文已经成功提交。

② Manuscript Received by Editorial Office：编辑已收到论文，证明投稿成功。

③ With Editor：编辑接手处理，邀请审稿人。

④ Reviewer Invited：编辑找到审稿人，邀请审稿。

⑤ Under Review：审稿专家同意审稿。

⑥ Required Reviews Completed：审稿人的意见已上传，审稿结束，等待编辑决定。

⑦ Evaluating Recommendation：正评估审稿人的意见，随后将收到编辑的决定；或者显示Decision Letter Being Prepared。

⑧ Minor Revision/Major Revision：文章的修改状态（大修或小修）。

⑨ Revision Submitted to Journal：又开始了一个投稿、审稿的过程。

⑩ Accept：稿件已被录用；Reject 拒稿。

⑪ Transfer Copyright Form：签署版权协议。

⑫ Uncorrected Proof：等待你校对样稿。

⑬ In Press，Corrected Proof：文章在印刷中，且该清样已经过作者校对。

⑭ Manuscript Sent to Production：排版。

⑮ In Production：出版中。

第九章

发明专利撰写与申请

Chapter 9

[要点提示]

介绍专利的基础知识，包括专利的类型，授予专利权的条件，专利权的期限、终止和无效；介绍专利申请、审查和批准；介绍发明专利申请文件的组成，发明专利请求书、权利要求书、说明书等专利申请文件的撰写要求。

第一节　专利的基础知识

一、专利的类型

专利分为三种类型：发明专利、实用新型专利、外观设计专利。

① 发明专利，是指对产品、方法或者其改进所提出的新的技术方案。

② 实用新型专利，是指对产品的形状、构造或者其结合所提出的适于实用的新的技术方案。

③ 外观设计专利，是指对产品的整体或者局部的形状、图案或者其结合以及色彩与形状、图案的结合所作出的富有美感并适于工业应用的新设计。

二、授予专利权的条件

发明专利、实用新型专利的授予必须具备三个条件：新颖性、创造性和实用性。

① 新颖性，是指该发明或者实用新型不属于现有技术；也没有任何单位或者个人就同样的发明或者实用新型在申请日以前向国务院专利行政部门提出过申请，并记载在申请日以后公布的专利申请文件或者公告的专利文件中。

② 创造性，是指与现有技术相比，该发明具有突出的实质性特点和显著的进步，该实用新型具有实质性特点和进步。

③ 实用性，是指该发明或者实用新型能够制造或者使用，并且能够产生积极效果。

按照《中华人民共和国专利法》的规定，对下列各项，不授予专利权：

① 科学发现；

② 智力活动的规则和方法；

③ 疾病的诊断和治疗方法；

④ 动物和植物品种；

⑤ 原子核变换方法以及用原子核变换方法获得的物质；

⑥ 对平面印刷品的图案、色彩或者二者的结合作出的主要起标识作用的设计。

对第④项所列动物和植物产品的生产方法，可以依照《中华人民共和国专利法》规定授予专利权。

三、专利权的期限、终止和无效

《中华人民共和国专利法》规定，发明专利权的期限为二十年，实用新型专利权的期限为十年，外观设计专利权的期限为十五年，均自申请日起计算。

自发明专利申请日起满四年，且自实质审查请求之日起满三年后授予发明专利权的，国务院专利行政部门应专利权人的请求，就发明专利在授权过程中的不合理延迟给予专利权期限补偿，但由申请人引起的不合理延迟除外。

专利权人应当自被授予专利权的当年开始缴纳年费。

有下列情形之一的，专利权在期限届满前终止：

① 没有按照规定缴纳年费的；

② 专利权人以书面声明放弃其专利权的。

专利权在期限届满前终止的，由国务院专利行政部门登记和公告。

自国务院专利行政部门公告授予专利权之日起，任何单位或者个人认为该专利权的授予不符合本法有关规定的，可以请求国务院专利行政部门宣告该专利权无效。

国务院专利行政部门对宣告专利权无效的请求应当及时审查和作出决定，并通知请求人和专利权人。宣告专利权无效的决定，由国务院专利行政部门登记和公告。对国务院专利行政部门宣告专利权无效或者维持专利权的决定不服的，可以自收到通知之日起三个月内向人民法院起诉。人民法院应当通知无效宣告请求程序的对方当事人作为第三人参加诉讼。

宣告无效的专利权视为自始即不存在。

宣告专利权无效的决定，对在宣告专利权无效前人民法院作出并已执行的专利侵权的判决、调解书，已经履行或者强制执行的专利侵权纠纷处理决定，以及已经履行的专利实施许可合同和专利权转让合同，不具有追溯力。但是因专利权人的恶意给他人造成的损失，应当给予赔偿。依照前款规定不返还专利侵权赔偿金、专利使用费、专利权转让费，明显违反公平原则的，应当全部或者部分返还。

第二节 专利申请、审查和批准

一、专利申请

按照《中华人民共和国专利法》规定，申请发明或者实用新型专利的，应当提交请求书、说明书及其摘要和权利要求书等文件。

请求书应当写明发明或者实用新型的名称，发明人的姓名，申请人姓名或者名称、地址，以及其他事项。

说明书应当对发明或者实用新型作出清楚、完整的说明，以所属技术领域的技术人员能够实现为准；必要的时候，应当有附图。摘要应当简要说明发明或者实用新型的技术要点。

权利要求书应当以说明书为依据，清楚、简要地限定要求专利保护的范围。

依赖遗传资源完成的发明创造，申请人应当在专利申请文件中说明该遗传资源的直接来源和原始来源；申请人无法说明原始来源的，应当陈述理由。

申请外观设计专利的，应当提交请求书、该外观设计的图片或者照片以及对该外观设计的简要说明等文件。

申请人提交的有关图片或者照片应当清楚地显示要求专利保护的产品的外观设计。

国务院专利行政部门收到专利申请文件之日为申请日。如果申请文件是邮寄的，以寄出的邮戳日为申请日。

二、专利申请文件的提交

专利申请手续应当以书面形式或者以国务院专利行政部门规定的其他形式（网络提交、邮寄提交等）办理。

①网络提交，采用电子形式办理的，专利申请人可通过专利业务办理系统，提交电子申请文件；②当面提交，采用纸件形式办理的，专利申请人可以寄交国家知识产权局专利局受理处或通过南京代办处当面提交纸件申请文件；③邮寄提交，采用纸件形式办理的，纸件申请文件也可通过邮局邮寄的方式提交。

可以将专利申请文件或其他文件直接面交或邮寄给国家知识产权局专利局受理处或任何一个国家知识产权局专利局设立的国家知识产权局代办处（34 个代办处，设立于沈阳、济南、长沙、成都、南京、上海、广州、西安、武汉等）；但代办处仅负责受理专利申请，不受理涉外申请、分案申请、要求国内优先权的申请，也不受理其他中间文件。中间文件、分案申请、要求本国优先权的申请应直接寄交国家知识产权局专利局受理处。误将申请文件提交给其他机关、单位或个人的，一律不产生法律效力。

专利申请文件或其他文件是邮寄的，应用挂号信函或特快专递邮寄，不要用包裹邮寄申请文件。邮寄时要盖清邮戳日，并妥善保管好挂号信件的挂号收据存根。一封挂号信内应只装同一件申请的申请文件或其他文件。

邮寄地址：100088 北京市海淀区蓟门桥西土城路 6 号 国家知识产权局专利局受理处。

国家知识产权局代办处地址请参见代办处机构通讯录。如国家知识产权局专利局南京代办处邮寄地址：江苏省南京市建邺区汉中门大街 145 号省政务服务中心，南京代办处受理部，邮政编码：210036。

三、专利申请的审查和批准

按照《中华人民共和国专利法》的规定，国务院专利行政部门负责管理全国的专利工作；统一受理和审查专利申请，依法授予专利权。省、自治区、直辖市人民政府管理专利工作的部门负责本行政区域内的专利管理工作。

按照《中华人民共和国专利法》和《中华人民共和国专利法实施细则》的规定，国务院专利行政部门收到发明或者实用新型专利申请的请求书、说明书（实用新型必须包括附图）和权利要求书，或者外观设计专利申请的请求书、外观设计的图片或者照片和简要说明后，应当明确申请日、给予申请号，并通知申请人。

国务院专利行政部门收到发明专利申请后，经初步审查认为符合本法要求的，自申请日起满十八个月，即行公布。国务院专利行政部门可以根据申请人的请求早日公布其申请。

发明专利申请自申请日起三年内，国务院专利行政部门可以根据申请人随时提出的请求，对其申请进行实质审查；申请人无正当理由逾期不请求实质审查的，该申请即被视为撤回。国务院专利行政部门认为必要的时候，可以自行对发明专利申请进行实质审查。

发明专利的申请人请求实质审查的时候，应当提交在申请日前与其发明有关的参考资料。发明专利已经在外国提出过申请的，国务院专利行政部门可以要求申请人在指定期限内提交该国为审查其申请进行检索的资料或者审查结果的资料；无正当理由逾期不提交的，该申请即被视为撤回。

国务院专利行政部门对发明专利申请进行实质审查后，认为不符合本法规定的，应当通知申请人，要求其在指定的期限内陈述意见，或者对其申请进行修改；无正当理由逾期不答复的，该申请即被视为撤回。

发明专利申请经申请人陈述意见或者进行修改后，国务院专利行政部门仍然认为不符合本法规定的，应当予以驳回。

发明专利申请经实质审查没有发现驳回理由的，由国务院专利行政部门作出授予发明专利权的决定，发给发明专利证书，同时予以登记和公告。发明专利权自公告之日起生效。

实用新型和外观设计专利申请经初步审查没有发现驳回理由的，由国务院专利行政部门作出授予实用新型专利权或者外观设计专利权的决定，发给相应的专利证书，同时予以登记和公告。实用新型专利权和外观设计专利权自公告之日起生效。

专利申请人对国务院专利行政部门驳回申请的决定不服的，可以自收到通知之日起三个月内向国务院专利行政部门请求复审。国务院专利行政部门复审后，作出决定，并通知专利申请人。专利申请人对国务院专利行政部门的复审决定不服的，可以自收到通知之日起三个月内向人民法院起诉。

四、费用

向国务院专利行政部门申请专利和办理其他手续时，应当缴纳下列费用：

① 申请费、申请附加费、公布印刷费、优先权要求费；

② 发明专利申请实质审查费、复审费；

③ 年费；

④ 恢复权利请求费、延长期限请求费；

⑤ 著录事项变更费、专利权评价报告请求费、无效宣告请求费、专利文件副本证明费。

各种费用的缴纳标准，由国务院发展改革部门、财政部门会同国务院专利行政部门按照职责分工规定。国务院财政部门、发展改革部门可以会同国务院专利行政部门根据实际情况对申请专利和办理其他手续应当缴纳的费用种类和标准进行调整。

《中华人民共和国专利法》和《中华人民共和国专利法实施细则》中规定的各种费用，应当严格按照规定缴纳。直接向国务院专利行政部门缴纳费用的，以缴纳当日为缴费日；以邮局汇付方式缴纳费用的，以邮局汇出的邮戳日为缴费日；以银行汇付方式缴纳费用的，以银行实际汇出日为缴费日。多缴、重缴、错缴专利费用的，当事人可以自缴费日起 3 年内，向国务院专利行政部门提出退款请求，国务院专利行政部门应当予以退还。

申请人应当自申请日起2个月内或者在收到受理通知书之日起15日内缴纳申请费、公布印刷费和必要的申请附加费；期满未缴纳或者未缴足的，其申请视为撤回。申请人要求优先权的，应当在缴纳申请费的同时缴纳优先权要求费；期满未缴纳或者未缴足的，视为未要求优先权。

当事人请求实质审查或者复审的，应当在专利法及本细则规定的相关期限内缴纳费用；期满未缴纳或者未缴足的，视为未提出请求。

申请人办理登记手续时，应当缴纳授予专利权当年的年费；期满未缴纳或者未缴足的，视为未办理登记手续。

授予专利权当年以后的年费应当在上一年度期满前缴纳。专利权人未缴纳或者未缴足的，国务院专利行政部门应当通知专利权人自应当缴纳年费期满之日起6个月内补缴，同时缴纳滞纳金；滞纳金的金额按照每超过规定的缴费时间1个月，加收当年全额年费的5%计算；期满未缴纳的，专利权自应当缴纳年费期满之日起终止。

恢复权利请求费应当在规定的相关期限内缴纳；期满未缴纳或者未缴足的，视为未提出请求。延长期限请求费应当在相应期限届满之日前缴纳；期满未缴纳或者未缴足的，视为未提出请求。著录事项变更费、专利权评价报告请求费、无效宣告请求费应当自提出请求之日起1个月内缴纳；期满未缴纳或者未缴足的，视为未提出请求。

申请人或者专利权人缴纳本细则规定的各种费用有困难的，可以按照规定向国务院专利行政部门提出减缴的请求。减缴的办法由国务院财政部门会同国务院发展改革部门、国务院专利行政部门规定。

第三节 发明专利申请文件的准备

一项发明创造必须由有权申请的人以书面形式或其他形式向国务院专利行政部门提出申请，才有可能取得专利权。这些以书面形式或其他形式提交的材料称为“专利申请文件”。专利申请文件是一种法律文件。相关文件模板可在国家知识产权局网站下载，如图9-1所示。

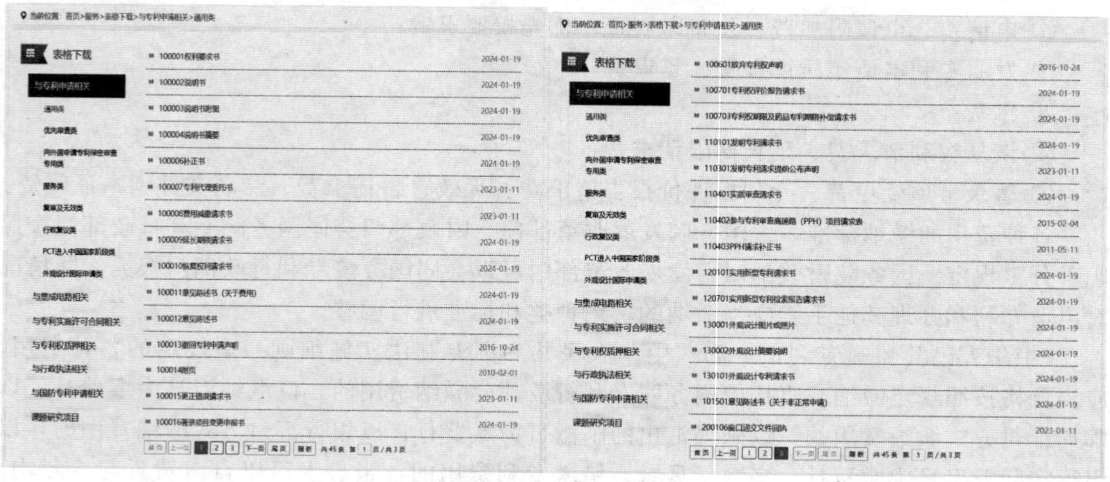

图9-1 专利申请文件

填写或撰写符合规定的专利申请文件非常重要。以下简要说明发明专利申请文件的准备。

一、发明专利请求书

从国家知识产权局网下载发明专利请求书。发明专利请求书应当写明发明名称、发明人、申请人、申请人地址以及其他事项，如图 9-2 所示。

发 明 专 利 请 求 书

请按照"注意事项"正确填写本表各栏 | 此框由国家知识产权局填写

⑦发明名称				①申请号
				②分案提交日
⑧发明人	发明人 1		不公布姓名	③申请日
	发明人 2		不公布姓名	④费减审批
	发明人 3		不公布姓名	⑤向外申请审批
⑨第一发明人国籍或地区 身份证件号码				⑥挂号号码
⑩申请人	全体申请人请求费用减缴且已完成费用减缴资格备案			
	申请人(1)	姓名或名称		申请人类型
		国籍或注册国家（地区）		电子邮箱
		身份证件号码或统一社会信用代码		电话
		经常居所地或营业所所在地信息	经常居所地或营业所所在地	邮政编码
			省、自治区、直辖市	市县
			城区（乡）、街道、门牌号	
	申请人(2)	姓名或名称		申请人类型
		国籍或注册国家（地区）		电子邮箱
		身份证件号码或统一社会信用代码		电话
		经常居所地或营业所所在地信息	经常居所地或营业所所在地	邮政编码
			省、自治区、直辖市	市县
			城区（乡）、街道、门牌号	
	申请人(3)	姓名或名称		申请人类型
		国籍或注册国家（地区）		电子邮箱
		身份证件号码或统一社会信用代码		电话
		经常居所地或营业所所在地信息	经常居所地或营业所所在地	邮政编码
			省、自治区、直辖市	市县
			城区（乡）、街道、门牌号	
⑪联系人	姓　名	电话		电子邮箱
	省、自治区、直辖市			邮政编码
	市县	城区（乡）、街道、门牌号		

图 9-2　发明专利请求书（部分）

① 发明、实用新型或外观设计的名称；

② 申请人是中国单位或者个人的，其名称或者姓名、地址、邮政编码、统一社会信用代码或者身份证件号码；申请人是外国人、外国企业或者外国其他组织的，其姓名或者名

称、国籍或者注册的国家或者地区；

③ 发明人或设计人的姓名；

④ 申请人委托专利代理机构的，受托机构的名称、机构代码以及该机构指定的专利代理师的姓名、专利代理师资格证号码、联系电话；

⑤ 要求优先权的，在先申请的申请日、申请号以及原受理机构的名称；

⑥ 申请人或者专利代理机构的签字或者盖章；

⑦ 申请文件清单；

⑧ 附加文件清单；

⑨ 其他需要写明的有关事项。

二、实质审查请求书

从国家知识产权局网下载实质审查请求书。实质审查请求书应当提供发明专利的相关信息（发明创造名称、申请人等）、请求内容、放弃主动修改权利、附件清单、备注等，合计8个栏目。认真填写实质审查请求书。如图9-3所示。

三、权利要求书

从国家知识产权局网下载权利要求书。按照《中华人民共和国专利法》的规定，申请发明专利时，权利要求书是必须提交的申请文件。权利要求书是申请专利的核心，是重要的法律文件。权利要求书确定了发明专利要求保护的内容，限定了专利保护范围，具有直接的法律效力。

权利要求书应当说明发明或者实用新型的技术特征，清楚和简要地表述请求保护的范围。权利要求书有几项权利要求时，应当用阿拉伯数字顺序编号，编号前不得冠以“权利要求”或者“权项”等词。权利要求中的技术特征可以引用说明书附图中相应的标记，该标记应当放在相应的技术特征后并置于括号内，便于理解权利要求。附图标记不得解释为对权利要求的限制。

权利要求书中使用的科技术语应当与说明书中使用的一致，可以有化学式或者数学式，必要时可以有表格，但不得有插图。不得使用“如说明书……部分所述”或者“如图……所示”等用语。权利要求的保护范围是由权利要求中记载的全部内容作为一个整体限定的，每一项权利要求仅允许在权利要求的结尾处使用句号。一项权利要求用一个自然段表述。权利要求书应当在每页下框线居中位置顺序编写页码。

权利要求书应当打字或者印刷，字迹应当整齐清晰，呈黑色，符合制版要求，不得涂改，字高应当不低于3.5毫米，行距应当在2.5毫米至3.5毫米之间。纸张应当纵向使用，只限使用正面，四周应当留有页边距：左侧和顶部各25毫米，右侧和底部各15毫米。

权利要求书应当有独立权利要求，也可以有从属权利要求。独立权利要求应当从整体上反映发明或者实用新型的技术方案，记载解决技术问题的必要技术特征。

独立权利要求应当包括前序部分和特征部分，按照下列规定撰写：

① 前序部分：写明要求保护的发明或者实用新型技术方案的主题名称和发明或者实用新型主题与最接近的现有技术共有的必要技术特征。

② 特征部分：使用“其特征是……”或者类似的用语，写明发明或者实用新型区别于最接近的现有技术的技术特征。这些特征和前序部分写明的特征合在一起，限定发明或者实

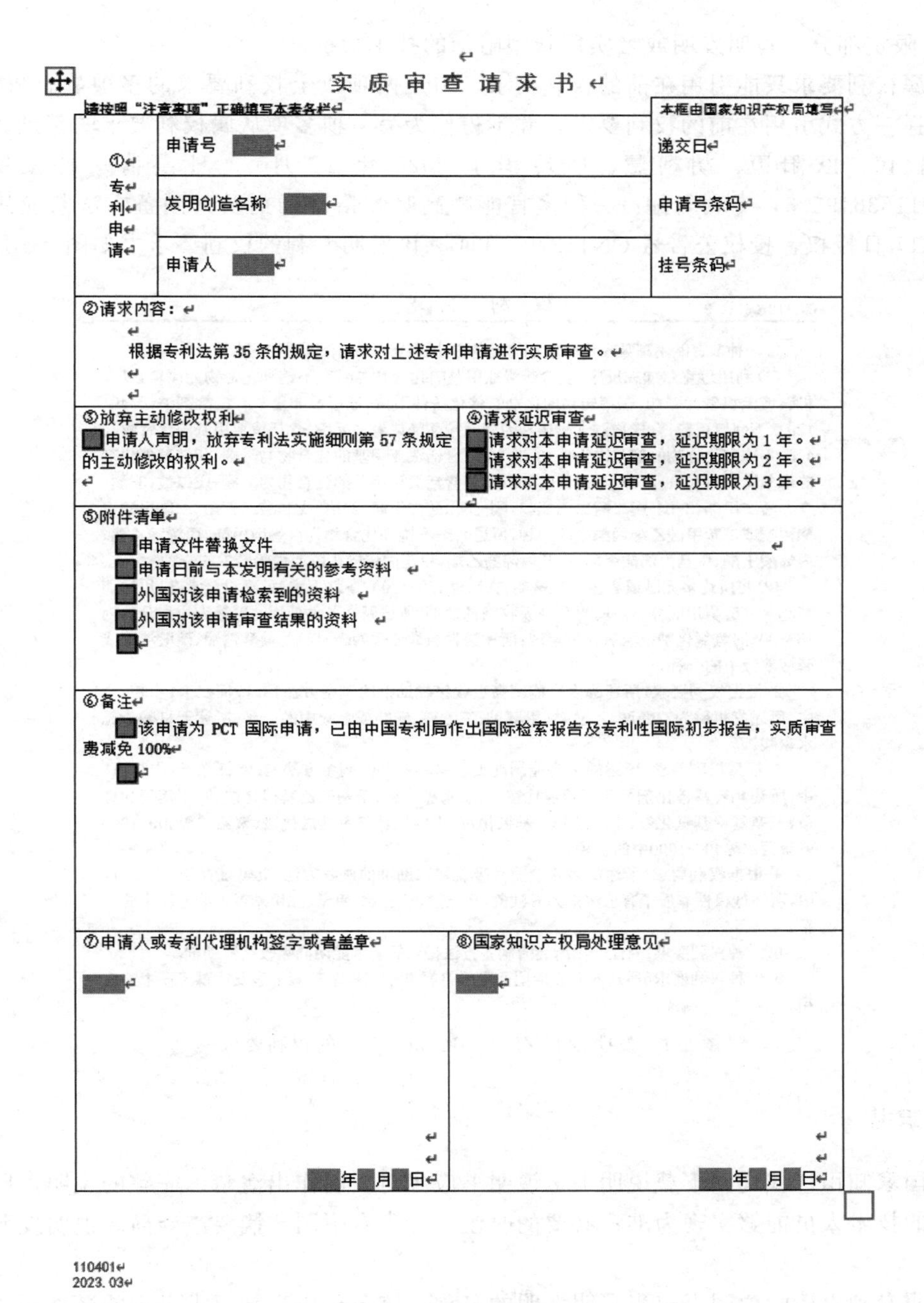

实质审查请求书

请按照"注意事项"正确填写本表各栏

		本框由国家知识产权局填写
①专利申请	申请号	递交日
	发明创造名称	申请号条码
	申请人	挂号条码

②请求内容：

根据专利法第35条的规定，请求对上述专利申请进行实质审查。

③放弃主动修改权利	④请求延迟审查
□申请人声明，放弃专利法实施细则第57条规定的主动修改的权利。	□请求对本申请延迟审查，延迟期限为1年。 □请求对本申请延迟审查，延迟期限为2年。 □请求对本申请延迟审查，延迟期限为3年。

⑤附件清单

□申请文件替换文件____________________

□申请日前与本发明有关的参考资料

□外国对该申请检索到的资料

□外国对该申请审查结果的资料

□

⑥备注

□该申请为PCT国际申请，已由中国专利局作出国际检索报告及专利性国际初步报告，实质审查费减免100%

□

⑦申请人或专利代理机构签字或者盖章	⑧国家知识产权局处理意见
年 月 日	年 月 日

110401

2023.03

图 9-3 实质审查请求书

用新型要求保护的范围。

发明或者实用新型的性质不适于用前款方式表达的，独立权利要求可以用其他方式撰写。一项发明或者实用新型应当只有一个独立权利要求，并写在同一发明或者实用新型的从属权利要求之前。

从属权利要求应当用附加的技术特征，对引用的权利要求作进一步限定。

从属权利要求应当包括引用部分和限定部分，按照下列规定撰写：

① 引用部分：写明引用的权利要求的编号及其主题名称；

② 限定部分：写明发明或者实用新型附加的技术特征。

从属权利要求只能引用在前的权利要求。引用两项以上权利要求的多项从属权利要求，只能以择一方式引用在前的权利要求，并不得作为另一项多项从属权利要求的基础。

王国伟、欧阳迈、胡柯慧、庄玲华于2020年12月23日申请一件发明专利，ZL202011536195.3，专利名称：一种多官能团高吸收铬鞣助剂及其制备方法与应用，2022年6月17日授权，授权公告号CN112795711B。该发明专利的权利要求书如图9-4所示。

CN 112795711 B　　权利要求书　　1/1页

1.一种多官能团高吸收铬鞣助剂的制备方法，其特征在于，包括如下步骤：

(1)利用迈克尔加成反应，以含活泼亚甲基的化合物与α，β-不饱和化合物为原料，以有机碱或无机碱为碱剂，在相转移催化剂的催化条件下，在低极性非质子有机溶剂中，于40-120℃下回流反应，合成得到含酮羰基的多元羧酸酯或者多元腈，含活泼亚甲基的化合物与α，β-不饱和化合物的摩尔比为1：(3.0-4.0)；含活泼亚甲基的化合物与碱剂、相转移催化剂的摩尔比为1：(0.1-0.5)：(0.01-0.05)；所述含活泼亚甲基的化合物为3-酮-戊二酸、3-酮-戊二酸二甲酯、3-酮-戊二酸二乙酯、2-酮-戊二酸二甲酯、2-酮-戊二酸二乙酯、二苯甲酸甲酯丙酮或二苯甲酸乙酯丙酮中的一种；所述α，β-不饱和化合物为丙烯酸甲酯、丙烯酸乙酯、丙烯酸丁酯、甲基丙烯酸甲酯、甲基丙烯酸乙酯、甲基丙烯酸丁酯或丙烯腈中的一种；

(2)将所述多元腈或者多元羧酸酯，在碱性、50-120℃条件下水解，降温至常温，用酸调节pH至4-5，析出固体，过滤，得到高吸收铬鞣助剂，所述碱性条件使用的碱液为质量分数为15%-30%的氢氧化钠或氢氧化钾溶液；所述酸为质量分数为5%-15%的盐酸溶液、硫酸溶液或磷酸溶液中的一种。

2.根据权利要求1所述的多官能团高吸收铬鞣助剂的制备方法，其特征在于：步骤(1)中，所述有机碱为乙醇胺、乙醇钠、甲醇钠、三乙胺、哌啶或吡啶中的一种；所述无机碱为无水碳酸钾。

3.根据权利要求1所述的多官能团高吸收铬鞣助剂的制备方法，其特征在于：步骤(1)中，所述相转移催化剂为四丁基溴化铵、四丁基氯化铵、苄基三乙基溴化铵、四丁基硫酸氢铵、三辛基甲基氯化铵、十二烷基甲基氯化铵、十四烷基三甲基氯化铵、聚乙二醇400-1000或聚丙二醇400-1000中的一种。

4.根据权利要求1所述的多官能团高吸收铬鞣助剂的制备方法，其特征在于：步骤(1)中，所述低极性非质子有机溶剂为石油醚、环已烷、正已烷、甲苯、二甲苯或乙酸乙酯中的一种。

5.一种权利要求1-4任一项所述的制备方法得到的多官能团高吸收铬鞣助剂。

6.一种权利要求5所述的多官能团高吸收铬鞣助剂在皮革浸酸工序及铬鞣工序中的应用。

图9-4　发明专利ZL202011536195.3的权利要求书

四、说明书

从国家知识产权局网下载说明书。说明书应当对发明作出清楚、完整的说明，以所属技术领域的技术人员能够实现为准；必要的时候，应当有附图。摘要应当简要说明发明的技术要点。

发明专利申请的说明书应当写明发明的名称，该名称应当与请求书中的名称一致。说明书应当包括下列内容：

① 技术领域：写明要求保护的技术方案所属的技术领域。

② 背景技术：写明对发明的理解、检索、审查有用的背景技术；有可能的，并引证反映这些背景技术的文件；至少引证一篇本申请最接近的现有技术；必要时，再引用几篇比较接近的或者相关的对比文件。这些对比文件可以是专利文件，也可以是非专利文件。

③ 发明内容：写明发明所要解决的技术问题以及解决其技术问题采用的技术方案，并对照现有技术写明发明的有益效果。

④ 附图说明：说明书有附图的，对各幅附图作简略说明。

⑤ 具体实施方式：详细写明申请人认为实现发明的优选方式；必要时，举例说明；有附图的，对照附图。

发明专利申请人应当按照前款规定的方式和顺序撰写说明书，并在说明书每一部分前面写明标题，除非其发明的性质用其他方式或者顺序撰写能节约说明书的篇幅并使他人能够准确理解其发明。

发明专利的说明书应当用词规范、语句清楚，并不得使用“如权利要求……所述的……”一类的引用语，也不得使用商业性宣传用语。

发明专利的几幅附图应当按照“图 1，图 2，……”顺序编号排列。

发明专利的说明书文字部分中未提及的附图标记不得在附图中出现，附图中未出现的附图标记不得在说明书文字部分中提及。申请文件中表示同一组成部分的附图标记应当一致。

附图中除必需的词语外，不应当含有其他注释。

说明书应当打字或者印刷，字迹应当整齐清晰，呈黑色，符合制版要求，不得涂改，字高应当不低于 3.5 毫米，行距在 2.5 毫米至 3.5 毫米之间。纸张应当纵向使用，只限使用正面，四周应当留有页边距：左侧和顶部各 25 毫米，右侧和底部各 15 毫米。说明书应当在每页下框线居中位置顺序编写页码。

图 9-5 提供了发明专利 ZL202011536195.3 说明书的发明专利的名称、技术领域、背景技术、（部分）发明内容。

CN 112795711 B　　说　明　书　　1/9 页

一种多官能团高吸收铬鞣助剂及其制备方法与应用

技术领域

[0001]　本发明涉及一种高吸收铬鞣助剂及其制备方法与应用，尤其涉及一种多官能团高吸收铬鞣助剂及其制备方法与应用。

背景技术

[0002]　铬鞣是迄今为止皮革制造中最重要且应用最广泛的鞣制方法，它赋予皮革最高的热稳定性，舒适的手感和优异的成革性能，目前在制革工业中占据绝对主导地位，无法被其他鞣制方法替代。然而，传统鞣制工艺中，铬鞣剂的吸收率通常只有70%左右，鞣制后会产生高浓度的含铬废水，造成大量铬鞣剂损失。这不仅增加了环境污染负荷和废水处理成本，也造成了极大的资源浪费。由于铬污染物对环境的不利影响，制革业已被列为高污染行业之一。因此，如何在鞣制过程中最大可能地提高铬的吸收量和铬鞣剂的利用率，实现高吸收铬鞣，是近年来制革学术界和工业界广泛关注的问题，也是保证制革工业持续发展迫切需要解决的关键科技问题（陈博，张辉，强西怀，等．高吸收铬鞣助剂的研究进展[J]．中国皮革，2019，48(04)：41-46；陈博，张辉，强西怀，等．羧基化改性水解胶原蛋白铬鞣助剂的制备及其性能[J]．陕西科技大学学报，2019，37(5)：27-32）。

[0003]　高吸收铬鞣旨在通过提高鞣制过程中铬鞣剂在皮革中的吸收率至80%～98%，降低铬鞣废液的三价铬的含量，从源头上实现铬的高吸收率，该类化学品被称为高吸收铬鞣助剂。高吸收铬鞣助剂一般在浸酸或鞣制阶段加入，对目前常规制革工艺影响不大，适用范围较广。

[0004]　胶原改性是实现高吸收铬鞣最常用的方法之一，通过引入多种官能团（醛基、羧基、氨基、羟基等），增加皮胶原与铬（III）配位点位，实现铬鞣剂的高吸收，减少废液中铬的排放。目前高吸收铬鞣助剂的研究包括醛酸类、丙烯酸聚合物、超支化聚合物等。

[0005]　强西怀等应用乙醛酸化合物对皮胶原进行化学改性，在皮胶原大分子侧链上引入羧基，从而增加铬鞣剂与皮胶原纤维的结合点。废铬液中的铬含量降低为0.63g/L，铬吸收率提升至91.1%，减少铬粉用量40%-50%。（强西怀，李闻欣，俞从正，等．乙醛酸助铬鞣应用工艺的研究[J]．中国皮革，2002，31(07)：28-32）张丽平等研究了在铬鞣过程中，应用多元醛酸帮助减少铬鞣废液中的残留铬含量，当铬粉用量为3%时，废液中Cr_2O_3含量可以降至0.3g/L以下，铬吸收率提升至80%以上，收缩温度可达100℃以上（张丽平，强西怀．多元醛酸助铬鞣工艺研究[J]．中国皮革，2006，35(21)：5-8）。张磊等以聚乙二醇-200（PEG-200）和马来酸酐（MA）为原料，合成多官能度烯类支化单体（PM），与丙烯酸（AA）单体通过自由基共聚法制备系列水溶性非线型共聚物PMAAs。制备的系列非线型共聚物PMAAs作为高吸收铬鞣助剂进行应用实验，结果表明，该高吸收铬鞣助剂在浸酸工序加入时效果最佳，当质量分数为1.5%时，铬吸收率最高可达96.57%，废液中铬含量为0.45g/L（张磊，兰云军．非线型共聚物高吸收铬鞣助剂的制备及应用[J]．精细化工，2012，29(04)：369-373）。姚棋等将端羧基超支化聚合物（HBPC）高吸收铬助剂应用于浸酸猪皮以及白皮粉的鞣制中，3%HBPC能够使铬的吸收率达95.2%，比常规铬鞣法提高了49.9%（姚棋，李征，王朝影，等．超支化聚合

CN 112795711 B　　说　明　书　　2/9 页

物作为高吸收铬鞣助剂的应用[J]．中国皮革，2019，48(03)：14-20）。

[0006]　随着高吸收铬鞣技术的研究不断深入，单种官能团的助剂已经无法满足高吸收铬鞣工艺的需要，如一元或二元的羧酸化合物，能对铬盐起到一定的蒙囿作用，但对铬的固定性差。

发明内容

[0007]　发明目的：本发明的第一目的为提供一种官能度高的多官能团高吸收铬鞣助剂，本发明的第二目的为提供该多官能团高吸收铬鞣助剂的制备方法，本发明的第三目的为提供该多官能团高吸收铬鞣助剂在皮革浸酸工序及铬鞣工序中的应用。

[0008]　技术方案：本发明的多官能团高吸收铬鞣助剂，助剂的分子结构如下：

[0009]

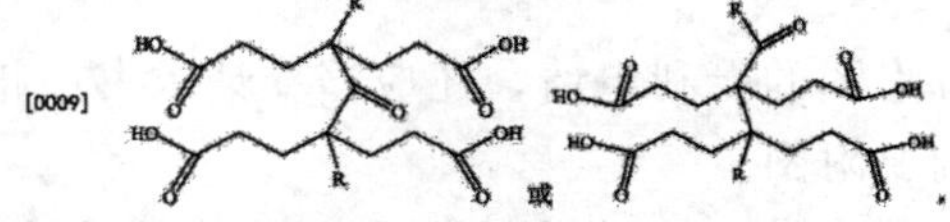

[0010]　其中R为$-COOH$或$-C_6H_4COOH$。

[0011]　本发明的多官能团高吸收铬鞣助剂的制备方法，包括如下步骤：

[0012]　(1)利用迈克尔加成反应，以含活泼亚甲基的化合物与α，β-不饱和化合物为原料，以有机碱或无机碱为碱剂，在相转移催化剂的催化条件下，在低极性非质子有机溶剂中，于40-120℃下回流反应，合成得到含酮羰基的多元羧酸酯或者多元腈；

[0013]　(2)将多元腈或者多元羧酸酯，在碱性、50-120℃条件下水解，降温至常温，用酸调节pH至4-5，析出固体，过滤，得到高吸收铬鞣助剂。

[0014]　优选的，回流反应时间为4-12h，水解时间为4-12h。

[0015]　进一步地，步骤(1)中，含活泼亚甲基的化合物为3-酮-戊二酸、3-酮-戊二酸二甲酯、3-酮-戊二酸二乙酯、2-酮-戊二酸二甲酯、2-酮-戊二酸二乙酯、二苯甲酸甲酯丙酮或二苯甲酸乙酯丙酮中的一种。

[0016]　步骤(1)中，α，β-不饱和化合物为丙烯酸甲酯、丙烯酸乙酯、丙烯酸丁酯、甲基丙烯酸甲酯、甲基丙烯酸乙酯、甲基丙烯酸丁酯或丙烯腈中的一种。

[0017]　步骤(1)中，有机碱为乙醇胺、乙醇钠、甲醇钠、三乙胺、哌啶或吡啶中的一种；无机碱为无水碳酸钾。

[0018]　步骤(1)中，相转移催化剂为四丁基溴化铵、四丁基氯化铵、苄基三乙基溴化铵、四丁基硫酸氢铵、三辛基甲基氯化铵、十二烷基甲基氯化铵、十四烷基三甲基氯化铵、聚乙二醇400-1000或聚丙二醇400-1000中的一种。

[0019]　步骤(1)中，低极性非质子有机溶剂为石油醚、环己烷、正己烷、甲苯、二甲苯或乙酸乙酯中的一种。

[0020]　步骤(1)中，含活泼亚甲基的化合物与α，β-不饱和化合物的摩尔比为1：(3.0-4.0)；含活泼亚甲基的化合物与碱剂、相转移催化剂的摩尔比为1：(0.1-0.5)：(0.01-0.05)。

图 9-5　发明专利 ZL202011536195.3 的说明书

五、说明书摘要

说明书摘要应当写明发明或者实用新型专利申请所公开内容的概要，即写明发明或者实用新型的名称和所属技术领域，并清楚地反映所要解决的技术问题、解决该问题的技术方案的要点以及主要用途。

说明书摘要可以包含最能说明发明的化学式；有附图的专利申请，还应当在请求书中指定一幅最能说明该发明或者实用新型技术特征的说明书附图作为摘要附图。摘要中不得使用商业性宣传用语。

发明专利 ZL202011536195.3 的说明书摘要如图 9-6 所示。

(54) 发明名称

一种多官能团高吸收铬鞣助剂及其制备方法与应用

(57) 摘要

本发明公开了一种多官能团高吸收铬鞣助剂及其制备方法与应用，该助剂结构为含酮羰基的多元羧酸化合物；本发明还公开了高吸收铬鞣助剂的制备方法和应用；本发明能够在皮胶原上通过酮羰基引入六元羧基，增加胶原侧链羧基数量，多倍地增加铬的配位基团，显著提高三价铬的吸收，减少铬鞣废水中三价铬的浓度，减少制革工业的环境污染，推进制革产业清洁化生产；本发明操作简单，为高吸收铬鞣助剂的研究提供了一种新思路。

图 9-6　发明专利 ZL202011536195.3 的说明书摘要

六、摘要附图

有附图的专利申请，还应当在请求书中指定一幅最能说明该发明技术特征的说明书附图作为摘要附图。

摘要附图应是说明书附图中的一幅。也可以不指定摘要附图。

参考文献

[1] 肖琼．信息资源检索与利用［M］．北京：北京邮电大学出版社，2014.
[2] 张惠芳，陈红艳．信息检索与利用［M］．武汉：华中科技大学出版社，2015.
[3] 陈新艳，陈振华．信息检索与利用［M］．武汉：武汉理工大学出版社，2015.
[4] 钟萍，林泽明．信息检索［M］．北京：中国书籍出版社，2014.
[5] 张永忠．信息检索与利用［M］．上海：复旦大学出版社，2016.
[6] 赵乃瑄．实用信息检索方法与利用［M］.3 版．北京：化学工业出版社，2018.
[7] 张永忠．信息检索与利用［M］．上海：复旦大学出版社，2010.
[8] 徐婷婷．数据库检索技巧［M］．哈尔滨：东北林业大学出版社，2016.
[9] 李修乾．科技论文写作与发表实用参考［M］．北京：国防工业出版社，2015.
[10] 郭倩玲．科技论文写作［M］．北京：化学工业出版社，2012.
[11] 赵鸣，丁燕．科技论文写作［M］．北京：科学出版社，2014.
[12] 戴起勋，赵玉涛．科技创新与论文写作［M］．北京：机械工业出版社，2004.
[13] 高烽．科技论文习作规则和写作技巧［M］．北京：国防工业出版社，2005.
[14] 梁福军．科技论文规范写作与编辑［M］．北京：清华大学出版社，2009.
[15] 闫茂德著．科技论文写作［M］．北京：机械工业出版社，2021.
[16] 张春蕾，朱朝凤，陈志鹏．信息检索与学术论文写作［M］．沈阳：东北大学出版社，2020.
[17] 张天桥，李东方．毕业论文（设计）信息检索与写作指南［M］．北京：国防工业出版社，2012.
[18] 孙洁，陈雪飞．毕业论文写作与规范［M］.2 版．北京：高等教育出版社，2014.
[19] 龚文静．信息检索与毕业论文写作［M］．北京：中国书籍出版社，2019.
[20] 崔桂友．科技论文写作与论文答辩［M］．北京：中国轻工业出版社，2015.
[21] 周新年．科学研究方法与学术论文写作［M］.2 版．北京：科学出版社，2019.
[22] 高欣．大学生科研训练理论与实践（人文社科类）［M］．南京：南京大学出版社，2014.
[23] 王连青，孙丽颖．创新创业理论与实践教程［M］．北京：科学出版社，2020.
[24] 葛海燕，黄华．大学生创新创业指导与训练［M］．北京：清华大学出版社，2021.
[25] 李明慧．大学生创新创业理论与技能指导［M］．成都：四川大学出版社，2021.
[26] 史梅，白冰，郑民．大学生创新思维与创业指导［M］．北京：科学出版社，2020.
[27] 陈吉胜，胡红梅，刘立．大学生创新思维训练与创业指导［M］．北京：电子工业出版社，2019.
[28] 陈坤杰，张伟林．大学生科研训练教程［M］．合肥：合肥工业大学，2009.
[29] 张伟刚．科学研究方法导论［M］．北京：科学出版社，2009.
[30] 张鹏，于菲，武春龙．大学生科技竞赛实践基础［M］．北京：科学出版社，2020.
[31] 全国信息与文献标准化技术委员会．信息与文献　参考文献著录规则：GB/T 7714—2015［S］．北京：中国标准出版社，2015.
[32] 全国信息与文献标准化技术委员会．中国标准连续出版物号 第 1 部分：CN：GB/T 9999.1—2018［S］．北京：中国标准出版社，2018.
[33] 全国信息与文献标准化技术委员会．信息与文献　资源描述：GB/T 3792—2021［S］．北京：中国标准出版社，2021.
[34] 全国信息与文献标准化技术委员会．信息资源的内容形式和媒体类型标识：GB/T 7713.2—2022［S］．北京：中国标准出版社，2022.
[35] 中华人民共和国专利法（2020 年修订）.
[36] 中华人民共和国专利法实施细则（2023 年修订）.